数字电路基础

丁　伟　主编

石　会　黄　颖　马丽梅　徐承龙　参编

东南大学出版社
SOUTHEAST UNIVERSITY PRESS
·南京·

内容提要

本书是依据教育部《电子电气基础课程教学基本要求》编写的。全书共 9 章，分为上、下两篇，上篇 1～6 章是数字电路基础理论部分，分别为逻辑代数基础、门电路、组合逻辑电路、触发器、时序逻辑电路、半导体存储器及可编程逻辑器件；下篇 7～ 9 章是数字电路基础实验部分，分别为实验基础知识、基本测试和设计实验、数字电路仿真实例。

本书精选重点内容，简明扼要，深入浅出，示例多样，习题丰富，重视数字电子技术应用能力的培养。

本书数字化资源丰富，有配套教学课件、微课视频、仿真实例、章节习题、试卷和参考答案，可作为高等学校电气类、电子类、计算机类等相近专业的基础教材，也可供相关工程技术人员学习参考。

图书在版编目(CIP)数据

数字电路基础/ 丁伟主编. —南京：东南大学出版社，2023. 9

ISBN 978 - 7 - 5766 - 0761 - 1

Ⅰ. ①数… Ⅱ. ①丁… Ⅲ. ①数字电路—高等学校—教材 Ⅳ. ①TN79

中国国家版本馆 CIP 数据核字(2023)第 092137 号

责任编辑：姜晓乐　　责任校对：韩小亮　　封面设计：王玥　　责任印制：周荣虎

数字电路基础

Shuzi Dianlu Jichu

主　　编：丁　伟
出版发行：东南大学出版社
出 版 人：白云飞
社　　址：南京四牌楼 2 号　邮编：210096
网　　址：http://www.seupress.com
经　　销：全国各地新华书店
印　　刷：广东虎彩云印刷有限公司
开　　本：787 mm×1 092 mm　1/16
印　　张：15.25
字　　数：380 千字
版　　次：2023 年 9 月第 1 版
印　　次：2023 年 9 月第 1 次印刷
书　　号：ISBN 978 - 7 - 5766 - 0761 - 1
定　　价：49.00 元

本社图书若有印装质量问题，请直接与营销部调换。电话(传真)：025 - 83791830

前　言

本书以现代数字电子技术的基本知识、基本理论为主线，注重内容的逻辑性、应用性和工程实践性，理论部分突出器件和电路的外特性和功能应用，注重逻辑思维和工程思维的培养，减少抽象理论推导和计算，打好数字电路基础知识；实验部分先易后难、循序渐进，引入基础性、设计性、综合性实验项目以及 EDA 仿真实例，提高学生的实践、应用能力，培养学生的信息素养。

本书介绍数字电路的基本概念、基本器件、基本方法和基本应用，将数字电路基础理论和实验合为一本介绍。全书共 9 章，分为上、下两篇。上篇 1～6 章，为数字电路基础理论部分；第 1 章为逻辑代数基础，主要介绍数制和码制、逻辑代数、逻辑函数的表示方法以及化简；第 2 章介绍门电路，主要介绍晶体管开关电路、集成逻辑门电路的分类、逻辑系列、主要电气指标以及特殊结构；第 3 章组合逻辑电路，主要介绍组合逻辑电路的分析方法、设计方法以及常用组合逻辑功能电路；第 4 章触发器，主要介绍常用集成触发器的逻辑功能以及由触发器组成的计数器和移位寄存器；第 5 章时序逻辑电路，主要介绍时序逻辑电路的基本概念、基于触发器的同步时序逻辑电路的分析和设计方法、常用集成计数器和移位寄存器的功能及应用；第 6 章半导体存储器及可编程逻辑器件，主要介绍存储器和可编程逻辑器件的基本概念、PLD 的表示方法和 VHDL 入门简介。下篇 7～9 章，为数字电路基础实验部分；第 7 章实验基础知识，主要介绍数字电路基础实验分类和过程、实验箱和常用仪器仪表的使用以及器件手册说明；第 8 章基本测试和设计实验，主要介绍门电路和常用功能模块的功能测试、常用应用电路的分析和设计以及综合实验的设计和测试；第 9 章数字电路仿真实例，主要介绍 EDA 常用软件和典型数字电路的仿真实例。书中总结近年来的教学实践经验，加强基本理论、概念的引入，注重典型例题的讲解，每章后附大量习题，实验部分附有实验操作视频和仿真实例二维码，方便课程教学和学生自学。

参加本书编写工作的有丁伟(第1、2、8、9章)、石会(第3、6章)、黄颖(第4、5章)、马丽梅(第7章)和徐承龙(图表统筹、绘制)等。丁伟担任主编,负责全书的组织和定稿。

由于编者水平有限,书中难免存在不妥之处,恳请读者批评指正。

编者

2023年3月

目　录

上篇　数字电路基础

下篇 数字电路基础实验

上　篇

数字电路基础

第1章　逻辑代数基础

逻辑代数是数字系统分析与设计的数学工具，利用逻辑代数，可以用数学方法研究数字电子系统中的信号处理过程。本章介绍数字逻辑代数基础，内容包括数字电路的基本概念、数字系统中信息的表示方法、逻辑代数基本公式以及逻辑函数描述方法和化简方法。

1.1　数字电路概述

就变化规律而言，自然界中的各种物理量分为连续变化和离散变化物理量。这些物理量可通过各种传感器转换为电信号，可分为模拟信号和数字信号。

1.1.1　模拟信号和数字信号

模拟信号的特征是具有连续变化的幅度，最典型的模拟信号是正弦电压信号，如图1-1所示。随着时间的增加，信号的幅度在一定范围内连续变化。

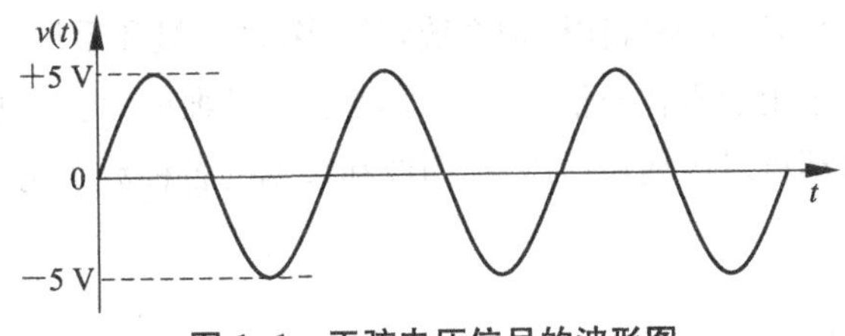

图1-1　正弦电压信号的波形图

数字信号的特征是其在时间上和幅度上都不是连续变化的，如图1-2所示，其幅度只有高、低两种电位（或称电平），变化时刻也按固定周期变化，即每个时间间隔内数字信号只有一个值。习惯上把高的电压和低的电压分别称为高电平（High Level）和低电平（Low Level），通常用符号“1”和“0”表示。若规定高电平为“1”，低电平为“0”，这种逻辑关系称为正逻辑（Positive Logic），反之称为负逻辑（Negative Logic），本书一律采用正逻辑。因此，图1-2中+5 V表示高电平，用“1”表示；0 V表示低电平，用“0”表示，图中所示数字信号的抽象取值就是“101100101110”。

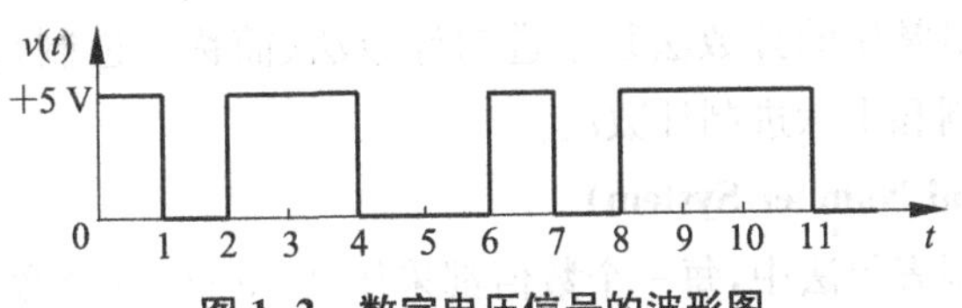

图1-2　数字电压信号的波形图

模拟信号和数字信号可以相互变换。例如，人的身高变化是一个模拟量，但测量身高时总以一个离散的数值来表示身高。在这个变换过程中，对取值连续的模拟量进行了离散化，用数字量的有限精度取代了模拟量的无限精度。将数字量变换成模拟量时，只能达到数字量具有的精度，并不具有原模拟量的无限精度。如手机播放的音乐是将数字量转换为模拟量，但听手机播放的音乐时，并不觉得音质受到了什么损失，因为数字电子系统可以通过提高分辨率达到需要的精度。

1.1.2 模拟电路和数字电路

电路是对电信号进行传输、变换和处理的装置，处理模拟信号的电路称为**模拟电路**(Analog Circuit)，处理数字信号的电路称为**数字电路**(Digital Circuit)。在模拟电路中，研究的主要问题是怎样不失真地放大模拟信号，而数字电路中研究的主要是电路的输入信号和输出信号之间的逻辑关系。

与模拟电路相比，数字电路具有以下显著优点。

(1) 结构简单，便于集成化，成本低廉，使用方便；

(2) 抗干扰性强，可靠性高，精度高；

(3) 处理能力强，不仅能实现数值运算，还能实现逻辑运算和判断；

(4) 可编程数字电路更容易实现各种算法，具有很大的灵活性；

(5) 数字信号更易于存储、加密、压缩、传输和再现。

随着电子技术的发展，数字电子装置不断取代模拟电子装置，已经成为电子系统的主要部分。在应用灵活性方面，数字系统比模拟系统强得多，计算机和手机已经成为不可缺少的研究、办公和娱乐工具；一个用于语音通信的模拟通信系统很难传输图像和数据，而采用数字电子技术的数字通信系统却可以传输包括语音、图像和数据的各种数字化信息。

1.2 数制和码制

数字系统中，所有信息都以高、低两种电平的形式存在，可以用“0”和“1”抽象表示。在计算机中，指令、数据、字母等信息都必须变换成硬件系统可以接收的信号形式——“0”和“1”。本节介绍数字系统中的信息表示法，以及如何将人们习惯使用的信息表示形式变换为数字系统可以接受的形式。数制和码制是学习和认识数字电子技术的基础。

1.2.1 数制

1-1

数制指计数的方法，数值计算是计算机的基本功能，数值表示法是数字系统应用的基础。生活中最常用的计数法是十进制计数法(简称十进制)，而在数字电路和计算机中最常用的是二进制和十六进制计数法。

1. 十进制(Decimal Number System)

人们熟知的十进制表示法中，每一个数值都采用0～9这10个数码中的数来表示，超过

9 就必须用多位数来表示。将十进制的进制数“10”称为该进制的**基数**(Base 或 Radix),低位和相邻高位之间的进位关系为“逢十进一”,即

$$9+1=10$$

数码处在不同的位置时,所代表的数值是不同的。例如:

$$2021.46=2\times10^3+0\times10^2+2\times10^1+1\times10^0+4\times10^{-1}+6\times10^{-2}$$

上式中 10^3、10^2、10^1 等按 10 的幂次变化,称为十进制数的**权**(weight),权值中的幂次以小数点的位置为基准,左边为正,按 0、1、2……的顺序增加;右边为负,按 −1、−2……的顺序变化。每位的数值为数码与对应权的乘积,即数码在所处的位置“加权”。因此,任意一个十进制数的数值等于每个数码被加权后的数值之和,称为按权展开式。因此,将十进制按照按位计数法归纳为:

① 基数是 10,使用 0、1、2、3、4、5、6、7、8、9 共 10 个字符。

② 第 i 位的权是 10^i。

③ 计数时,逢 10 进 1。

2. 二进制(Binary Number System)

十进制表示法是人们熟悉的数值表示法,但是数字电路中只使用 0 和 1 表示信息,因此十进制不适用于数字系统。二进制数的每个位置只有两种数码 0 或 1,与数字系统中只有高电平和低电平相对应,适合用于数字硬件的数值表示法。二进制表示法具有以下特性:

① 基数是 2,只使用 0、1 两个字符。

② 第 i 位的权是 2^i。

③ 计数时,逢 2 进 1。

在不同进制中,每个数码代表的含义不一样。为了避免混淆,会在数值下方标注相应的进制数。1001 是一个二进制数,可以写成$(1001)_2$,那么这个数按权展开式为

$$(1001)_2=1\times2^3+0\times2^2+0\times2^1+1\times2^0$$

一个二进制数所表示的整数范围是由二进制的位数决定的,表 1-1 列出了 4 位二进制数和十进制数的对应关系。

在二进制数中,最左边的数位叫最高有效位(Most Significant Bit, MSB),最右边的数位称为最低有效位(Least Significant Bit, LSB)。

由于二进制基数太小,位数较多时用二进制不便于读写,所以二进制数并不适合人们直接使用。为了减少位数,数字系统中经常使用与二进制数具有对应关系的十六进制表示法。

3. 十六进制(Hexadecimal Number System)

十六进制表示法具有以下特性:

① 基数是 16,使用 0、1、2、3、4、5、6、7、8、9、A、B、C、D、E、F 共 16 个字符,其中字符 A、B、C、D、E、F 分别表示十进制数值 10、11、12、13、14、15。

② 第 i 位的权是 16^i。

③ 计数时，逢 16 进 1。

十进制、二进制和十六进制的对应关系如表 1-1 所示。

表 1-1 常用数制及其对应关系

项 目	十进制	二进制	十六进制
数字符号	0, 1, 2, 3, 4, 5, 6, 7, 8, 9	0, 1	0, 1, 2, 3, 4, 5, 6, 7, 8, 9, A, B, C, D, E, F
第 i 位的权	10^i	2^i	16^i
运算规则	逢 10 进 1 借 1 为 10	逢 2 进 1 借 1 为 2	逢 16 进 1 借 1 为 16
对应关系	0	0000	0
	1	0001	1
	2	0010	2
	3	0011	3
	4	0100	4
	5	0101	5
	6	0110	6
	7	0111	7
	8	1000	8
	9	1001	9
	10	1010	A
	11	1011	B
	12	1100	C
	13	1101	D
	14	1110	E
	15	1111	F

1.2.2 数制转换

1. 任意进制数转换为十进制数

任意进制数转换为十进制数的转换方法为**按权展开求和**。首先写出待转换进制数的按权展开式，然后按十进制数的运算规则进行计算，即可得到转换后的等值十进制数。

例 1-1 分别将二进制数 $(10101)_2$ 和 $(1001.11)_2$ 转换为十进制数。

解 $(10101)_2=1\times2^4+0\times2^3+1\times2^2+0\times2^1+1\times2^0=(21)_{10}$

$(1001.11)_2=1\times2^3+0\times2^2+0\times2^1+1\times2^0+1\times2^{-1}+1\times2^{-2}=(9.75)_{10}$

例 1-2 分别将十六进制数 $(A3)_{16}$ 和 $(1C.8)_{16}$ 转换为十进制数。

解 $(A3)_{16}=10\times16^1+3\times16^0=(163)_{10}$

$(1C.8)_{16}=1\times16^1+12\times16^0+8\times16^{-1}=(28.5)_{10}$

2. 二进制数与十六进制数的相互转换

1 位十六进制数和 4 位二进制数的对应关系如表 1-1 所示。根据这种对应关系，可以方便地进行二进制数和十六进制数的相互转换。二进制数转换为十六进制数时，以小数点为基准，每 4 位二进制数转换为 1 位十六进制数，不足 4 位时添 0 补足。十六进制数转换为二进制数时，只要将每位十六进制数展开为 4 位二进制数，并去掉头尾多余的 0 即可。

例 1-3　将二进制数$(10100100)_2$和$(110011.11)_2$转换为十六进制数，将十六进制数$(4A.6)_{16}$转换为二进制数。

解　$(10100100)_2=(1010\ 0100)_2=(A4)_{16}$

$(110011.11)_2=(0011\ 0011.1100)_2=(33.C)_{16}$

$(4A.6)_{16}=(0100\ 1010.0110)_2=(1001010.011)_2$

3. 十进制数转换为二进制数

一个任意的十进制数可以由整数部分和小数部分构成，转换为二进制数时，整数部分和小数部分的转换方法不相同。

(1) 整数转换：除 2 取余法

十进制整数 N_{10} 转换为二进制数时，该二进制数也必然是整数，设与十进制整数 N_{10} 对应的二进制整数为 $b_{n-1}b_{n-2}\cdots b_1b_0$，按权展开式为

$$N_{10}=b_{n-1}\times 2^{n-1}+b_{n-2}\times 2^{n-2}+\cdots+b_1\times 2^1+b_0\times 2^0 \tag{1-1}$$

将等式(1-1)两边同时除以 2，两边得到的商和余数应相等，右边余数是 b_0，b_0 就是 N_{10} 除以 2 的余数；将两边的商再除以 2，b_1 是右边的余数；依此类推，直到商为 0。因此将十进制整数 N_{10} 连续除以 2 直到商为 0，余数便是与其对应的二进制整数 $b_{n-1}b_{n-2}\cdots b_1b_0$，

例 1-4　将十进制数 54 转换为二进制数。

解　采用竖式连除法，最先产生的余数 (b_0) 为 0，是最低有效位 LSB；最后产生的余数 (b_5) 为 1，是最高有效位 MSB。那么，将从最高有效位到最低有效位得到的数码整理成整数，就是该十进制整数对应的二进制整数。

除式		余数	对应数码
2 | 54	…	0(LSB)	b_0
2 | 27	…	1	b_1
2 | 13	…	1	b_2
2 | 6	…	0	b_3
2 | 3	…	1	b_4
2 | 1	…	1(MSB)	b_5
0			

转换结果为$(54)_{10}=(110110)_2$

(2) 小数转换：乘 2 取整法

十进制小数 N_{10} 转换为二进制数时，该二进制数也必然是小数，设与十进制小数 N_{10} 对应的二进制小数为 $0.b_{-1}b_{-2}\cdots b_{-m}$，按权展开式为

$$N_{10}=b_{-1}\times 2^{-1}+b_{-2}\times 2^{-2}+\cdots+b_{-m}\times 2^{-m} \tag{1-2}$$

等式两边同时乘以 2，则两边得到的整数部分和小数部分应分别相等，右边的整数就是 b_{-1}，即 b_{-1} 就是 N_{10} 乘以 2 的整数部分；将两边的小数部分再乘以 2，b_{-2} 是右边的整数部分；依此类推可以得到 b_{-1}、b_{-2}、…、b_{-m}。

例 1-5　将十进制数 0.812 5 转换为二进制数。

解　采用乘 2 取整法，最先产生的整数（b_{-1}）为 1，是最高有效位 MSB；最后产生的整数（b_{-4}）为 1，是最低有效位 LSB。将从最高有效位到最低有效位得到的数码整理成小数，就是该十进制小数对应的二进制小数。

	整数部分	对应数码
0.812 5×2=1.625	1(MSB)	b_{-1}
0.625×2=1.25	1	b_{-2}
0.25×2=0.5	0	b_{-3}
0.5×2=1.0	1(LSB)	b_{-4}

因此，转换结果为 $(0.8125)_{10}=(0.1101)_2$

若十进制小数转换为二进制数时，无法得到准确结果，可根据精度要求保留若干位小数。

除 2 取余法和乘 2 取整法合称为**基数乘除法**，该方法可以推广到十进制数转换为 R 进制数，称为除 R 取余法和乘 R 取整法。例如，将十进制数转换为十六进制数时，可以分别对整数和小数部分进行除 16 取余和乘 16 取整的转换。

1.2.3　符号的编码表示法

1-2

数字系统中的各种信息，包括数值、字母、操作命令，甚至语音信号、图像信号都必须用 0、1 表示，才能进入计算机系统。各种信息在数字系统中的表示方法统称为编码表示法，即用不同长度、不同组合方式，甚至不同出现时刻的 0、1 序列表示不同的信息。

1. 格雷码(Gray Codes)

格雷码又叫典型循环码(Typical Cyclic Code)，每位没有固定的权值，是一种无权码。格雷码用 0、1 的另一种组合方式来表示数值，表 1-2 给出了用 4 位自然二进制码和 4 位格雷码来表示十进制数 0～15。

当十进制数按照表 1-2 的顺序变化时，相邻两个格雷码之间只有一位码元发生变化，这种特性称为相邻性。例如，十进制数 7 转换到 8 时，格雷码从 0100 转换为 1100，格雷码只有最左边的一位码元发生变化，即便各位码元变化速率不一致，转换过程中也不会出现其他编

码，因此可用格雷码来提高计数器的可靠性以及通信抗干扰能力。此外，格雷码还具有反射性，即以编码最高位的 0 和 1 分界处为镜像点，处于对称位置的代码只有最高位不同，其余各位都相同。例如，4 位格雷码的镜像对称分界点在 0100 和 1100 之间，处于对称位置的格雷码 0101 和 1101 只有最高位不同。

表 1-2　4 位格雷码与自然二进制码

十进制数	自然二进制码	格雷码	十进制数	自然二进制码	格雷码
0	0000	0000	8	1000	1100
1	0001	0001	9	1001	1101
2	0010	0011	10	1010	1111
3	0011	0010	11	1011	1110
4	0100	0110	12	1100	1010
5	0101	0111	13	1101	1011
6	0110	0101	14	1110	1001
7	0111	0100	15	1111	1000

2. BCD 码(Binary Coded Decimal code)

在数字系统中，数值除了可以用二进制数的形式表示外，还可以采用二-十进制编码(Binary Coded Decimal code，BCD)形式表示。BCD 码，是将一个十进制数看作十进制符号的组合，对每个字符(0～9)用 4 位二进制代码进行编码表示。例如，将十进制数$(259)_{10}$看作十进制字符 2、5、9 的组合，并分别用二进制代码 0010、0101、1001 替换，即$(259)_{10}=$ (0010 0101 1001)，这种方法避免了十进制数转换为二进制数时比较烦琐的计算过程，具有简单、直观的优点。常用的 BCD 编码有 8421 码、5421 码和余 3 码等，如表 1-3 所示，其中 8421 码、5421 码都是按各位权值命名的有权码，余 3 码则是无权码。

表 1-3　常用 BCD 码

十进制数	8421 码	5421 码	余 3 码
0	0000	0000	0011
1	0001	0001	0100
2	0010	0010	0101
3	0011	0011	0110
4	0100	0100	0111
5	0101	1000	1000
6	0110	1001	1001
7	0111	1010	1010
8	1000	1011	1011
9	1001	1100	1100

(1) 8421BCD码

8421BCD码是最常用的BCD码，每位的权值从左到右依次为8、4、2、1，是一种有权码。8421BCD码与十进制数的相互转换十分方便，按照编码表逐个字符转换即可，例如

$$(179.8)_{10}=(0001\ 0111\ 1001.1000)_{8421BCD}$$

注意：BCD码中整数部分高位的0和小数部分低位的0都是不可省略的。

(2) 5421BCD码

5421BCD码也是有权码，各位的权值依次为5、4、2、1。5421码的特点是编码的最高位先为5个连续的0，后为5个连续的1，从而在十进制0～9的计数过程时，最高位对应的输出端可以产生高低电平对称的方波信号。

(3) 余3码

余3码是一种无权BCD码，就是找不到一组权值满足所有码字。余3码的码字比对应的8421码的码字大3，这就是余3码名称的由来。

例1-6 分别用8421码、5421码、余3码表示$(35.49)_{10}$和$(5A.C)_{16}$。

解 $(35.49)_{10}=(0011\ 0101.0100\ 1001)_{8421BCD}$

$=(0011\ 1000.0100\ 1100)_{5421BCD}$

$=(0110\ 1000.0111\ 1100)_{余3码}$

$(5A.C)_{16}=(90.75)_{10}$

$=(1001\ 0000.0111\ 0101)_{8421BCD}$

$=(1100\ 0000.1010\ 1000)_{5421BCD}$

$=(1100\ 0011.1010\ 1000)_{余3码}$

除了自然二进制编码、格雷码和BCD码以外，数字系统中常用的还有美国信息交换标准代码(American Standard Codes for Information Interchange, ASCII码)和奇偶校验码(Parity Check Code)。ASCII码采用7位二进制编码格式，用128种不同的编码表示十进制字符、英文字母、基本运算字符以及控制符等。奇偶校验码是一种差错控制编码，具有检出传输码字中奇数个误码的能力，但当传输码字出现了偶数个误码时，就无法检错了。

1.3 逻辑代数基本定律和规则

分析和设计数字逻辑电路的数学工具是逻辑代数(Logic Algebra)，它是由英国数学家乔治·布尔(George Bode)首先提出的，也称为布尔代数。逻辑代数中，参与运算的变量称为**逻辑变量**，用字符或字符串表示，取值1和0表示两种相对的状态，例如，电平的高和低、开关的闭合和打开、指示灯的亮和灭等。逻辑变量通过逻辑运算构成了**逻辑函数**，也称为因变量。数字系统中，电信号抽象为逻辑变量，电信号之间的关系抽象为逻辑运算，有了逻辑代数，电信号的变换与处理过程就可以用数学方法加以研究。

1-3

1.3.1　基本逻辑运算

逻辑代数定义了三种基本的逻辑运算：与运算、或运算和非运算。

1. 与运算(AND)

“所有前提都为真，结论才为真”的逻辑关系称为与逻辑。图 1-3 是与逻辑的电路示意图，只有当开关 A、B 都闭合时，灯 F 才亮；否则，灯灭。列出该与逻辑电路的关系表，见表 1-4 所示。

若定义逻辑变量 A 和 B 分别表示两开关的打开、闭合，用 1 表示开关闭合，0 表示开关打开；定义逻辑变量 F 表示灯的亮与灭，$F=1$ 表示灯亮，$F=0$ 表示灯灭。那么表 1-4 可转换为自变量 A、B 的 4 种取值和逻辑函数 F 的值，如表 1-5 所示。这种表示逻辑关系的表称为逻辑函数的真值表(Truth Table)，真值表是逻辑函数的一种表示方法。

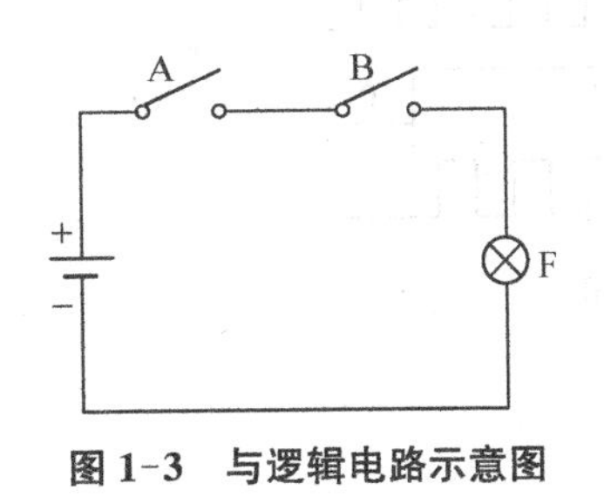

图 1-3　与逻辑电路示意图

表 1-4　与逻辑关系表

开关 A	开关 B	灯 F
断开	断开	灭
断开	闭合	灭
闭合	断开	灭
闭合	闭合	亮

表 1-5　与逻辑真值表

A	B	F
0	0	0
0	1	0
1	0	0
1	1	1

在逻辑代数中，将符合与逻辑的关系称为与运算，又称为逻辑乘，运算符号为“·”。那么灯 F 与开关 A、B 的逻辑函数关系，可以用与运算的逻辑表达式表示为

$$F=A\cdot B \tag{1-3}$$

由真值表可以看出，与运算的运算规则是

$$0\cdot 0=0\quad 0\cdot 1=0\quad 1\cdot 0=0\quad 1\cdot 1=1 \tag{1-4}$$

可见，与运算的特点是，只有当所有变量的取值都为“1”时，运算结果才是“1”。

在数字电路中，逻辑门(Logical Gate)是实现各种逻辑关系的基本电路。实现与运算的电路称为与门，一个 2 输入与门的逻辑符号如图 1-4 所示，符号中的“&”是与运算的定性符。已知输入变量 A、B 的波形图，根据与运算的特点，画出输出函数 F 的波形图，如图 1-5 所示。波形图反映了逻辑电路输入、输出的电平关系，是逻辑函数的一种表示方法。

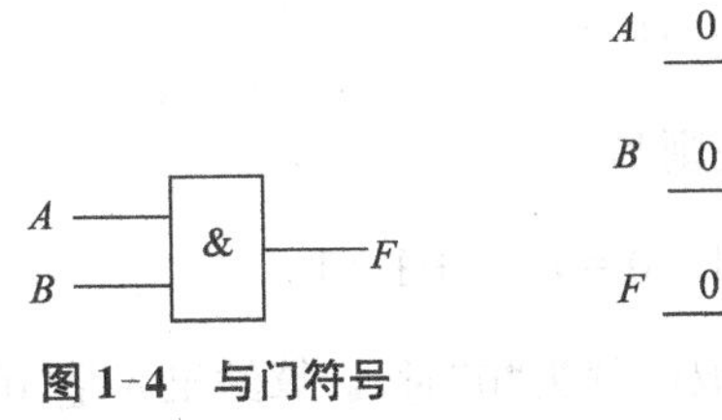

图 1-4　与门符号

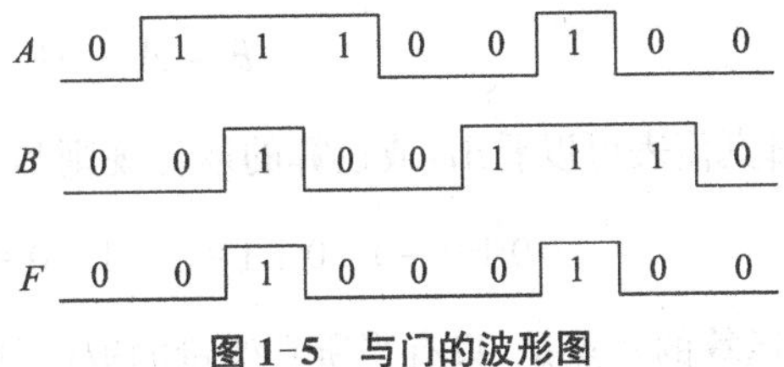

图 1-5　与门的波形图

由与门的真值表或波形图，可以归纳出与运算的运算规律有

$$A \cdot 0=0 \quad A \cdot 1=A \quad A \cdot A=A \tag{1-5}$$

可以看出，与门不但可以实现与逻辑关系，还可以起控制门的作用。如将二输入与门的输入端 A、B 分别作为信号的输入端和控制端，当 $B=1$ 时，$F=A$，相当于门打开，输入信号可以通过；当 $B=0$ 时，$F=0$，输出始终为低电平，相当于门关闭，输入信号不能通过。

例 1-7 有一条传输线，用来传送连续的矩形脉冲（方波）信号。现要求增设一个控制信号，使得只有在控制信号为高电平 1 时，方波才能送出，试问如何解决？

解 可采用一个二输入与门，将传输信号、控制信号分别接与门的输入端 A、B，与门输出端 F 作为方波输出端。$B=1$ 时，门打开，方波可以送出；$B=0$ 时，门关闭，方波不能送出。控制电路图和波形图如图 1-6(a)、(b)所示。

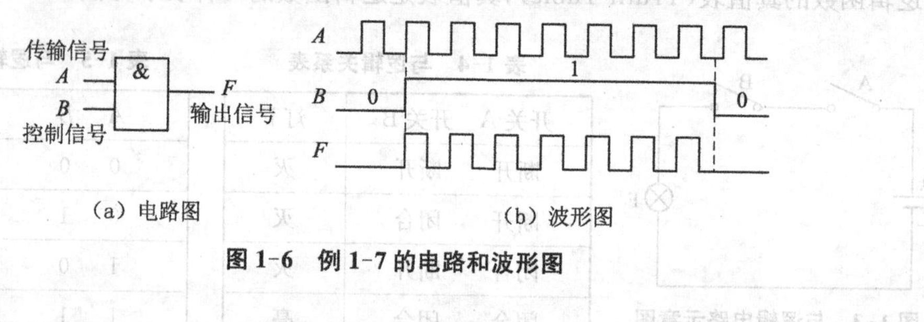

图 1-6 例 1-7 的电路和波形图

2. 或运算(OR)

"只要有一个前提为真，结论就为真"的逻辑关系称为或逻辑。图 1-7 是或逻辑的电路示意图，只要开关 A 或 B 闭合，灯 F 就亮。列出或逻辑关系表，见表 1-6 所示。经过定义后，得到或运算真值表，见表 1-7 所示。

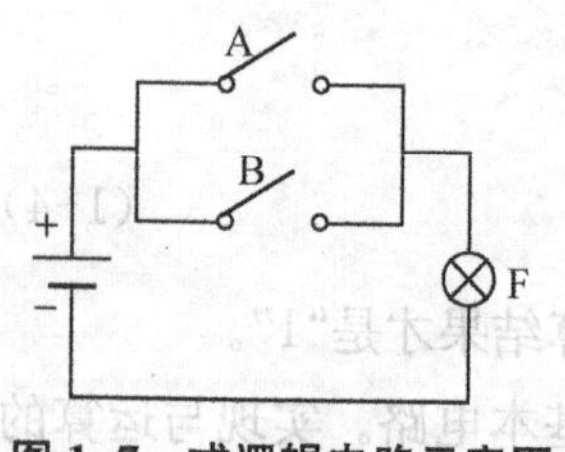

图 1-7 或逻辑电路示意图

表 1-6 或逻辑关系表

开关 A	开关 B	灯 F
断开	断开	灭
断开	闭合	亮
闭合	断开	亮
闭合	断开	亮

表 1-7 或逻辑真值表

A	B	F
0	0	0
0	1	1
1	0	1
1	1	1

在逻辑代数中，将或逻辑定义为或运算，又叫逻辑加，运算符号为"+"。图 1-7 所示电路，灯 F 与开关 A、B 的逻辑函数关系为

$$F=A+B \tag{1-6}$$

由或逻辑真值表可以看出，或运算的运算规则是

$$0+0=0 \quad 0+1=1 \quad 1+0=1 \quad 1+1=1 \tag{1-7}$$

可见，或运算的特点是，只有当所有变量的取值都为"0"时，运算结果才是"0"。

实现或运算的逻辑门称为或门，一个二输入或门的逻辑符号如图 1-8 所示，符号中的“≥1”是或运算的定性符。若已知输入变量 A、B 的波形图，可根据或运算的运算特点，画出或门输出函数 F 的波形图，如图 1-9 所示。

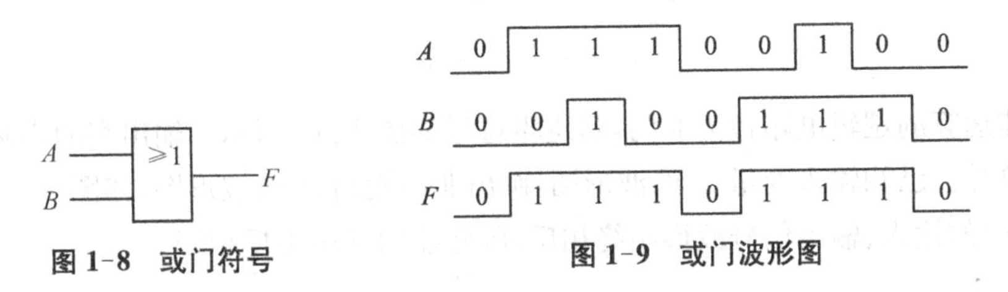

图 1-8　或门符号　　图 1-9　或门波形图

由或门的真值表或波形图可以归纳出或运算的运算规律有

$$A+0=A \quad A+1=1 \quad A+A=A \tag{1-8}$$

或门也可以起控制门的作用。如将 A 端作为信号输入端，B 端作为信号控制端，当 $B=0$ 时，$F=A$，输出信号等于输入信号，相当于门打开，输入信号可以通过；当 $B=1$ 时，$F=1$，输出始终为高电平，相当于门关闭，输入信号不能通过。

例 1-8　图 1-10 所示为保险柜的防盗报警电路。保险柜的两层门上各装有一个开关 A 和 B，当门关上时，开关闭合；当门打开时，开关断开。该保险柜的功能是任一层门打开时，报警灯 F 点亮，请说明电路的工作原理。

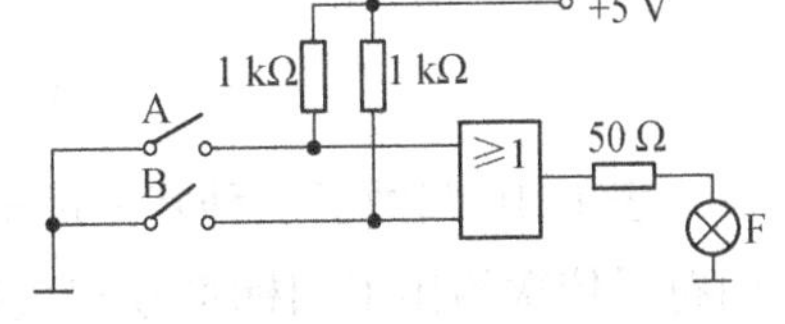

图 1-10　例 1-8 的电路

解　该电路采用了一个 2 输入或门，当保险柜的两层门都关上时，开关 A、B 都闭合，或门的输入端全部接地，$A=0$、$B=0$，根据或门运算特点，或门输出为 0，故 $F=0$，报警灯熄灭。当保险柜任意一个门打开时，相应的开关断开，该输入端经 1 kΩ 电阻接 5 V 电源，使得对应的或门输入为高电平，那么或门的输出也为高电平，$F=1$，报警灯点亮。

3. 非运算(NOT)

“前提为真，结论就为假；前提为假，结论就为真”的逻辑关系称为非逻辑。图 1-11 是非逻辑的电路示意图，只要开关 A 打开，灯 F 就亮。列出逻辑关系表，见表 1-8 所示。经过定义后，得到真值表，如表 1-9 所示。

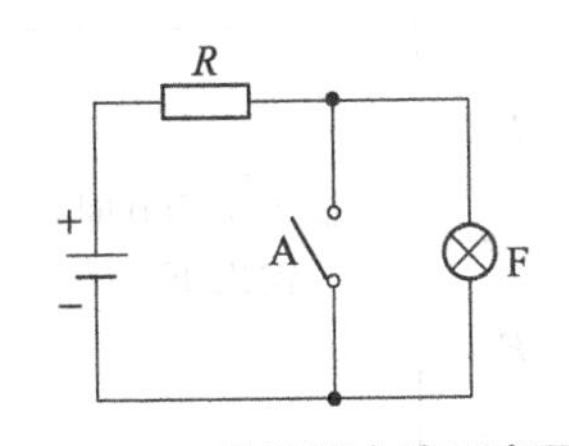

图 1-11　非逻辑电路示意图

表 1-8　非逻辑关系表

开关 A	灯 F
打开	亮
闭合	灭

表 1-9　非逻辑真值表

A	F
0	1
1	0

逻辑代数中将非逻辑定义为非运算，可对逻辑变量的值取相反值，因此非运算又称为逻辑反。对于图 1-11 所示电路，有

$$F=\bar{A} \tag{1-9}$$

式(1-9)中，A 的非运算表示为 $\bar{A}$，称为“A 非”，通常 A 称为原变量，$\bar{A}$ 称为反变量。

非运算的真值表如表 1-8 所示，运算规则为

$$\bar{0}=1 \quad \bar{1}=0 \tag{1-10}$$

实现非运算的逻辑电路称为非门，其逻辑符号如图 1-12 所示。输出端的小圆圈是非运算的电路符号。已知输入变量 A 的波形图，画出非门输出 $\bar{A}$ 的波形图，如图 1-13 所示。可以看出，非门的输入、输出信号波形始终相反，因此非门又称为反相器。

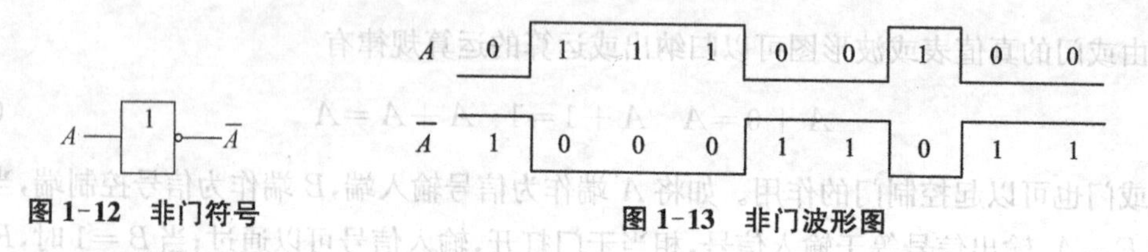

图 1-12　非门符号　　　　图 1-13　非门波形图

结合与运算、或运算的特点，可以归纳出非运算的运算规律有

$$A+\bar{A}=1 \quad A\cdot\bar{A}=0 \quad \bar{\bar{A}}=A \tag{1-11}$$

表 1-10 归纳了三种基本逻辑运算的表达式、真值表、逻辑门符号和运算特点，其中逻辑门符号依次给出了国标符号和美标符号。（注：国标符号是中国国家标准 GB/T 4728.12-2022 规定的图形符号，国内教材和资料大多采用国标符号；美标符号是美国 MIL-STD-806B 规定的图形符号，器件手册和仿真软件大多采用美标符号。）

表 1-10　基本逻辑运算

运算名称	逻辑表达式	真值表	逻辑门符号	运算特点
与	$F=A\cdot B$	A B F 0 0 0 0 1 0 1 0 0 1 1 1	国标（&） 美标	输入全为 1 时，输出 $F=1$
或	$F=A+B$	A B F 0 0 0 0 1 1 1 0 1 1 1 1	国标（≥1） 美标	输入全为 0 时，输出 $F=0$
非	$F=\bar{A}$	A F 0 1 1 0	国标（1） 美标	输出与输入取值相反

三种基本逻辑运算的优先级由高到低依次为非运算、与运算、或运算。利用基本逻辑运算可以构建无数个逻辑表达式，逻辑表达式中的运算次序必须按照非、与、或的顺序执行。

例 1-9　直接画出函数 $F(A,B,C)=A+\bar{B}\cdot C$ 的电路图。

解　由函数 F 的表达式可知，A、B、C 是自变量，F 是因变量。根据逻辑运算的优先级，先通过非运算求出 $\bar{B}$，再用与运算求出 $\bar{B}\cdot C$，最后用或运算求出 F。因此由输入至输出，依次画出非门、与门和或门，连接对应信号，即可得到 F 的电路图，如图 1-14 所示。

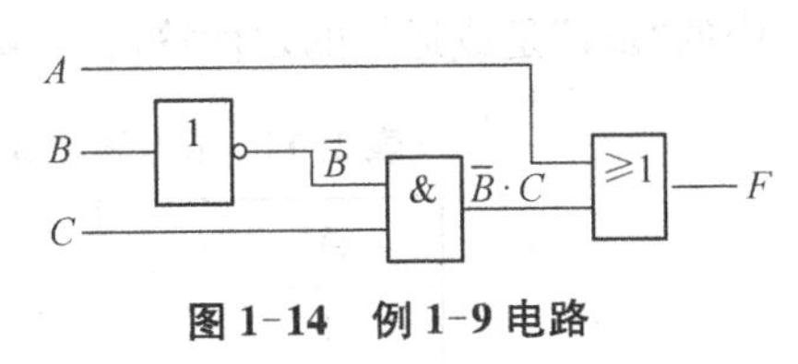

图 1-14　例 1-9 电路

逻辑表达式中的与运算符号“·”可以省略，因此表达式也可写成 $F(A,B,C)=A+\bar{B}C$。

1.3.2　复合逻辑运算

实际应用中，为了减少逻辑门的数目，使数字电路的设计更方便，常常将与、或、非这三种基本逻辑运算组合起来，构成复合逻辑运算。常用的复合逻辑运算有与非、或非、异或和同或等，对应的常用逻辑门有与非门、或非门、异或门和同或门等。

1. 与非运算(NAND)

与非逻辑运算是由与、非两种基本逻辑运算按照“先与后非”的顺序复合而成。两变量与非逻辑的逻辑表达式为

$$F=\overline{A\cdot B} \tag{1-12}$$

两变量的与非逻辑真值表见表 1-11，可见与非运算的特点是，只有当所有变量的取值都为“1”时，运算结果才是“0”。

表 1-11　与非逻辑真值表

A	B	F
0	0	1
0	1	1
1	0	1
1	1	0

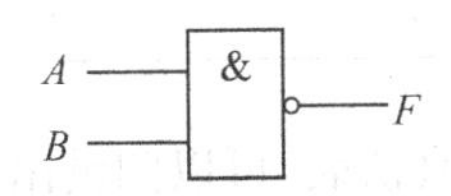

图 1-15　与非门符号

实现与非运算的电路称为与非门，一个二输入与非门的逻辑符号如图 1-15 所示，符号中的“&”是与运算的定性符，输出端的小圆圈表示非运算。

2. 或非运算(NOR)

或非逻辑运算是由或、非两种基本逻辑运算按照“先或后非”的顺序复合而成。两变量或非逻辑的逻辑表达式为

$$F=\overline{A+B} \tag{1-13}$$

两变量的或非逻辑真值表见表 1-12。或非运算的特点是，只有当所有变量的取值都为“0”时，运算结果才是“1”。

实现或非运算的电路称为或非门，一个二输入或非门的逻辑符号如图 1-16 所示，符号中的“≥1”是或运算的定性符，输出端的小圆圈表示非运算。

表 1-12　或非逻辑真值表

A	B	F
0	0	1
0	1	0
1	0	0
1	1	0

图 1-16　或非门符号

3. 异或运算(XOR)

两变量异或的逻辑关系为“不同为真，相同为假”。异或运算的逻辑符号为“⊕”，读作“异或”。两变量的异或表达式为

$$F=A\oplus B=A\bar{B}+\bar{A}B \tag{1-14}$$

两变量的异或真值表见表 1-13。可以看出，异或运算的运算规则是

$$0\oplus 0=0\quad 1\oplus 0=1\quad 0\oplus 1=1\quad 1\oplus 1=0 \tag{1-15}$$

表 1-13　异或逻辑真值表

A	B	F
0	0	0
0	1	1
1	0	1
1	1	0

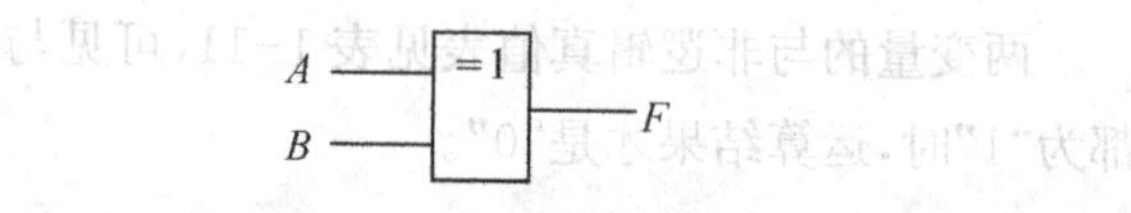

图 1-17　异或门符号

由异或逻辑的真值表，可以归纳出异或运算的运算规律有

$$A\oplus 0=A\quad A\oplus 1=\bar{A}\quad A\oplus A=0\quad A\oplus\bar{A}=1 \tag{1-16}$$

实现异或运算的电路称为异或门，其逻辑符号如图 1-17 所示，符号中的“=1”是异或运算的定性符。多变量异或运算的特点是，只有奇数个 1 异或时函数值为 1。

例 1-10　电子系统中有一种故障检测法叫冗余法，检测电路的结构图如图 1-18 所示，该电路包含并行工作的两个相同电路 A 和 B，两个电路的输出连接到异或门的输入端，异或门的输出作为故障指示。试分析该电路，解释冗余故障检测法的原理。

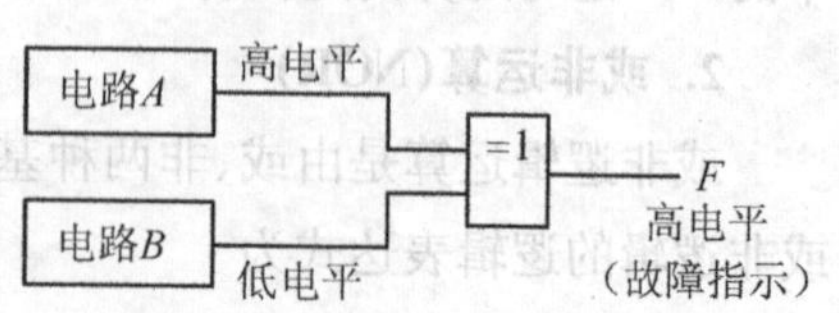

图 1-18　例 1-10 的结构图

解　当电路 A、B 正常工作时，其输出电平总是相

同，异或门输出低电平，表示没有故障发生。一旦其中一个电路运行不正常，输出发生错误，那么两个电路的输出电平不同，异或门输出高电平，用来指示其中一个电路出现故障。

4. 同或运算(XNOR)

两变量同或的逻辑关系为"相同为真，不同为假"。同或运算的逻辑符号为"⊙"，读作"同或"。两变量的同或表达式为

$$F = A \odot B = \bar{A}\bar{B} + AB \tag{1-17}$$

两变量的同或真值表见表1-14。可见，两变量的同或是两变量异或的非运算，其运算规则是

$$0 \odot 0 = 1 \quad 1 \odot 0 = 0 \quad 0 \odot 1 = 0 \quad 1 \odot 1 = 1 \tag{1-18}$$

表1-14 同或逻辑真值表

A	B	F
0	0	1
0	1	0
1	0	0
1	1	1

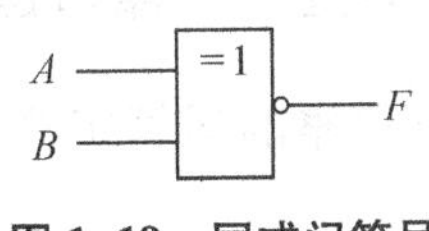

图1-19 同或门符号

由同或的真值表，可以归纳出同或运算的运算规律有

$$A \odot 0 = \bar{A} \quad A \odot 1 = A \quad A \odot A = 1 \quad A \odot \bar{A} = 0 \tag{1-19}$$

实现同或运算的电路称为同或门，其逻辑符号如图1-19所示，符号中的"=1"为定性符，输出端的小圆圈表示非运算。多变量同或运算的特点是，只有偶数个0同或时函数为1。

表1-15给出了常用复合逻辑运算的表达式、真值表、逻辑门符号及运算特点。

表1-15 复合逻辑运算与常用逻辑门

运算名称	逻辑表达式	真值表	逻辑门符号	运算特点
与非	$F = \overline{A \cdot B}$	A B F 0 0 1 0 1 1 1 0 1 1 1 0	国标：A、B → & → F 美标：A、B → F	输入全为1时，输出 $F=0$
或非	$F = \overline{A + B}$	A B F 0 0 1 0 1 0 1 0 0 1 1 0	国标：A、B → ≥1 → F 美标：A、B → F	输入全为0时，输出 $F=1$

（续表）

运算名称	逻辑表达式	真值表	逻辑门符号		运算特点
异或	$F=A\oplus B$ $=\bar{A}B+A\bar{B}$	A B F 0 0 0 0 1 1 1 0 1 1 1 0	国标	A, B —[=1]— F	输入奇数个1时，输出 $F=1$
			美标	A, B — F	
同或 （异或非）	$F=A\odot B$ $=\overline{A\oplus B}$ $=AB+\bar{A}\bar{B}$	A B F 0 0 1 0 1 0 1 0 0 1 1 1	国标	A, B —[=1]o— F	输入偶数个0时，输出 $F=1$
			美标	A, B — F	

1.3.3 逻辑代数的基本定律与运算规则

逻辑代数有一套完整的运算定律和运算规则，可用于对逻辑表达式进行化简、变换等处理。

1. 逻辑代数运算定律

逻辑代数的基本运算定律如表1-16所示，其中交换律、结合律和分配律含义与初等代数相同，而互补律、0-1律、对合律、重叠律、吸收律和反演律是逻辑代数特有的。

表1-16 逻辑代数的基本定律

名称	公式1	公式2
交换律	$A+B=B+A$	$AB=BA$
结合律	$A+(B+C)=(A+B)+C$	$A(BC)=(AB)C$
分配律	$A+BC=(A+B)(A+C)$	$A(B+C)=AB+AC$
互补律	$A+\bar{A}=1$	$A\cdot\bar{A}=0$
0-1律	$A+0=A$	$A\cdot 1=A$
	$A+1=1$	$A\cdot 0=0$
对合律	$\bar{\bar{A}}=A$	$\bar{\bar{A}}=A$
重叠律	$A+A=A$	$A\cdot A=A$
吸收律	$A+AB=A$	$A(A+B)=A$
	$A+\bar{A}B=A+B$	$A(\bar{A}+B)=AB$
	$AB+A\bar{B}=A$	$(A+B)(A+\bar{B})=A$
	$AB+\bar{A}C+BC=AB+\bar{A}C$	$(A+B)(\bar{A}+C)(B+C)=(A+B)(\bar{A}+C)$
反演律	$\overline{A+B}=\bar{A}\bar{B}$	$\overline{AB}=\bar{A}+\bar{B}$

证明逻辑等式有两种方法。一是真值表法，如果不论自变量取什么值，等式两边的函数值都相等，则等式成立。二是表达式变换法，通过逻辑代数的相关定律和运算规则，对表达式进行恒等变换，使等式两边的函数表达式相同。

例 1-11　用真值表证明分配律公式 $A+BC=(A+B)(A+C)$。

解　将自变量 A、B、C 所有取值组合代入分配律公式中，依据表达式中逻辑运算的优先级，逐一求出逻辑运算 BC、$A+B$、$A+C$ 的逻辑值，最终得到等式左边函数 $A+BC$ 和右边函数 $(A+B)(A+C)$ 的逻辑值。列出如表 1-17 所示真值表，可见，对于自变量 A、B、C 的任意一种取值，$A+BC$ 和 $(A+B)(A+C)$ 的逻辑值都相同。因此，分配律公式等式成立。

表 1-17　例 1-11 真值表

A　B　C	BC	$A+B$	$A+C$	$A+BC$	$(A+B)(A+C)$
0　0　0	0	0	0	0	0
0　0　1	0	0	1	0	0
0　1　0	0	1	0	0	0
0　1　1	1	1	1	1	1
1　0　0	0	1	1	1	1
1　0　1	0	1	1	1	1
1　1　0	0	1	1	1	1
1　1　1	1	1	1	1	1

例 1-12　用表达式变换的方法证明吸收律中的公式 $AB+\bar{A}C+BC=AB+\bar{A}C$。

解
$$\begin{aligned} AB+\bar{A}C+BC &= AB+\bar{A}C+(A+\bar{A})BC &&\text{(添加项)}\\ &= AB+\bar{A}C+ABC+\bar{A}BC &&\text{(去括号)}\\ &= (AB+ABC)+(\bar{A}C+\bar{A}BC) &&\text{(重组、合并)}\\ &= AB+\bar{A}C &&\text{(吸收)} \end{aligned}$$

这个吸收律说明，三个与项进行或运算时，若其中两个与项（AB、$\bar{A}C$）分别包含同一变量（A）的原变量（A）和反变量（$\bar{A}$），那么由这两个与项中其余变量（B、C）构成的第三个与项（BC）可以被吸收。

2. 逻辑代数运算规则

逻辑代数常见的运算规则有代入规则、对偶规则和反演规则。

（1）代入规则

对于任何逻辑等式，以任意一个逻辑变量或逻辑函数同时取代等式两边的某个变量后，等式仍然成立，这就是代入规则。

例 1-13　用代入规则将反演律公式 $\overline{A+B}=\bar{A}\bar{B}$ 推广到三变量的形式。

解　用 $(B+C)$ 取代等式中的变量 B，由代入规则，有 $\overline{A+(B+C)}=\bar{A}\cdot\overline{(B+C)}$。对等式右边的 $\overline{B+C}$ 运用反演律，可得 $\bar{A}\cdot\overline{(B+C)}=\bar{A}\bar{B}\bar{C}$。

因此有，$\overline{A+B+C}=\bar{A}\bar{B}\bar{C}$。显然，这就是反演律的三变量形式。

利用代入规则可以将各种逻辑运算和表 1-16 中的基本定律推广到多变量。

(2) 对偶规则

将逻辑表达式 F 中出现的所有“·”和“+”互换，“0”和“1”互换，就得到了一个新的函数表达式 F'（也可以写作 F_d），该表达式 F' 和原表达式 F 互为对偶式。

对偶规则就是如果两个逻辑函数相等，那么它们的对偶表达式也相等。

例 1-14 分别计算 $F_1=AB+\bar{A}C+BC$ 和 $F_2=AB+\bar{A}C$ 的对偶表达式。

解 将 F_1 和 F_2 中的与运算和或运算的运算符号互换后，有

$$F'_1=(A+B)(\bar{A}+C)(B+C) \quad F'_2=(A+B)(\bar{A}+C)$$

注意：转换得到的表达式中，需要保持原有的计算次序不变，必要时应在对偶式中加上括号，长非号（多个变量上的非号）要保留不变。

例 1-14 中的函数 F_1 和 F_2 是表 1-16 公式 1 中的吸收律公式，根据对偶规则，若 $F_1=F_2$，则 $F'_1=F'_2$，即 $(A+B)(\bar{A}+C)(B+C)=(A+B)(\bar{A}+C)$，该等式为公式 2 中的吸收律。由此可见，表 1-16 中同一运算定律的公式 1 和公式 2 互为对偶关系，只要其中一个等式成立，依据对偶规则，另一个等式也成立。

(3) 反演规则

反演规则是求反函数的一种方法。**反函数**，就是与原函数取值相反的函数，若原函数为 F，则反函数记作 $\bar{F}$，由原函数求反函数的过程叫**反演**或取反，既可以用反演律求反函数，也可以用反演规则求反函数。

反演规则：将函数 F 表达式中出现的所有“·”和“+”互换，“0”和“1”互换，原变量和反变量互换，可以**直接**得到反函数 $\bar{F}$。

用反演规则求反函数时，多变量运算的长非号要保持不变，此外原有的运算顺序也保持不变，因此反函数中与运算转换为或运算时，可能要加括号。

例 1-15 分别用反演律和反演规则求函数 $Z=\overline{A+\bar{B}}+\bar{C}D$ 的反函数 $\bar{Z}$。

解 用反演律求反函数，得 $\bar{Z}=\overline{\overline{A+\bar{B}}+\bar{C}D}=(A+\bar{B})\cdot\overline{\bar{C}D}=(A+\bar{B})(C+\bar{D})$

用反演规则直接求反函数，得 $\bar{Z}=\overline{\bar{A}B}\cdot(C+\bar{D})$

表面上看，用反演律和反演规则得到的反函数 $\bar{Z}$ 的表达式不同。其实，只要用反演律消去 $\overline{\bar{A}B}$ 中的长非号，就可以得到相同结果。

1.4 逻辑函数的表示方法

逻辑函数有多种表示方法，常见的有真值表、逻辑表达式、逻辑电路图以及波形图等。其中，真值表是通过自变量和函数的取值关系来表示逻辑函数；逻辑表达式通过变量和运算来表示函数；各种逻辑运算都可以用相应的逻辑门实现，每个函数表达式都有对应的逻辑电

路;波形图反映了逻辑电路输入、输出电平关系,这些表示方法之间可以相互转换。

1.4.1 真值表

真值表(Truth Table),就是通过罗列自变量的取值和相应的函数值,得到的反映函数关系的表格,这种方法是用逻辑代数描述实际设计问题的基本方法。

例 1-16 设计一个表决电路,参加表决的3个人中有任意2人或3人同意,则提案通过;否则,提案不能通过。列出此电路的真值表。

解 定义自变量 A、B、C 和函数 Z,A、B、C 分别表示参加表决的三个人,变量取值为1表示同意,变量取值为0表示不同意;Z 表示表决的结果,取值为1表示提案通过,取值为0表示提案不能通过。

由题意可知,当有两个或两个以上的自变量取值为1时,函数值为1。因此 ABC 输入组合为011、101、110、111时,输出 Z 为1;其余输入组合对应的 Z 为0。列出完整反映题目要求的真值表如表1-18所示。

表 1-18 例 1-16 真值表

A	B	C	Z
0	0	0	0
0	0	1	0
0	1	0	0
0	1	1	1
1	0	0	0
1	0	1	1
1	1	0	1
1	1	1	1

1.4.2 逻辑函数表达式

逻辑函数表达式就是把函数关系表示为变量的与、或、非等运算的形式。

1. 与或表达式

与或表达式(Sum of Products Form, SOP Form),简称与或式,是若干个乘积项的和。所谓乘积项,就是原变量或反变量的与运算,如 $\bar{A}B$、$AC\bar{D}$,那么 $\bar{A}B+AC\bar{D}$ 就是与或表达式。与或表达式是逻辑函数最基本的表达形式。

例 1-17 举重比赛中安排了三个裁判,包括一个主裁判和两个副裁判,只有主裁判同意且至少有一个副裁判同意时,运动员的动作才算合格。试将判决结果表示成逻辑表达式的形式。

解 首先定义三个自变量 A、B、C,分别表示主裁判和两个副裁判的判决,$A=0$ 表示主裁判认为动作不合格,$A=1$ 表示主裁判认为动作合格;B 和 C 的取值含义类似。定义变量 Z 表示最终判决结果,$Z=1$ 表示运动员动作合格,$Z=0$ 表示运动员动作不合格。

主裁判同意且至少有一个副裁判同意,即 A、B 都同意或者 A、C 都同意时,动作才合格。"都同意"是与逻辑,即 AB、AC;"或者"是或逻辑,因此 $Z=AB+AC$。在 Z 表达式中先算与运算再算或运算,这样的表达式称为与或表达式,简称与或式。

由逻辑代数的分配律可知 $A(B+C)=AB+AC$,因此 Z 的表达式也可写成 $Z=A(B+C)$。这种先进行或运算再进行与运算的表达式称为或与表达式,简称或与式。可见,逻辑函数有多种不同的表达形式,常见的有与或式、或与式、与非-与非式以及或非-或非式,它们之间能互相转换。例如:

$$
\begin{aligned}
Z &= AB + AC && \text{与或式} \\
&= \overline{\overline{AB}\cdot\overline{AC}} && \text{与非-与非式（与或式经过对合律转换，简称与非式）} \\
&= A\cdot(B+C) && \text{或与式} \\
&= \overline{\overline{A}+\overline{B+C}} && \text{或非-或非式（或与式经过对合律转换，简称或非式）}
\end{aligned}
$$

例 1-18 某发射场有正、副指挥员各一名，操作员两名。当正、副指挥员都下达发射命令且有操作员按下发射按键，则产生一个点火信号进行发射任务，请将点火信号的控制表示成逻辑表达式，列出真值表。

解 定义 A 为正指挥员、B 为副指挥员，取值为 1 表示下达发射命令；C 和 D 为两名操作员，取值为 1 表示按下发射按键；Z 为点火信号，取值为 1 表示产生点火信号。

产生点火信号需要正指挥员下达命令、副指挥员下达命令以及操作员按下按键三个条件同时满足，这三个条件是与逻辑，用与运算实现；两个操作员中只要有一个操作员按下按键即可，故 C 和 D 之间是或逻辑。因此，逻辑表达式为 $Z=AB(C+D)=ABC+ABD$。

将自变量 A、B、C、D 所有取值组合逐一代入 Z 的表达式中进行逻辑运算，求出逻辑函数 Z 的值，列出真值表，如表 1-19 所示。

表 1-19 例 1-18 真值表

$A\ B\ C\ D$	Z	$A\ B\ C\ D$	Z
0 0 0 0	0	1 0 0 0	0
0 0 0 1	0	1 0 0 1	0
0 0 1 0	0	1 0 1 0	0
0 0 1 1	0	1 0 1 1	0
0 1 0 0	0	1 1 0 0	0
0 1 0 1	0	1 1 0 1	1
0 1 1 0	0	1 1 1 0	1
0 1 1 1	0	1 1 1 1	1

2. 最小项表达式

1-4

由例 1-18 可以看到，一个确定的逻辑函数只有一个真值表，真值表对逻辑函数的描述是唯一的，而一个逻辑函数的表达式却可以有多种形式。那么从真值表出发，可以建立一种与之相对应的逻辑函数的标准形式——最小项表达式。

(1) 最小项(Minterm)

最小项又称为**标准与项**，所有的自变量都参与"与运算"，自变量以原变量或反变量的形式出现，且仅出现一次。例如，A、B、C 3 个逻辑变量构成的最小项有 $\overline{A}\overline{B}\overline{C}$、$\overline{A}\overline{B}C$、$\overline{A}B\overline{C}$、$\overline{A}BC$、$A\overline{B}\overline{C}$、$A\overline{B}C$、$AB\overline{C}$和$ABC$，即三变量有 2^3(8)个最小项，那么 n 变量共有 2^n 个最小项。每个最小项与逻辑变量的一组取值有着一一对应的关系，这组取值仅使得该最小项的值为 1，如表 1-20 所示。例如，能使最小项 $\overline{A}\overline{B}\overline{C}=1$ 的变量取值只有 000，并且 000 只能使 $\overline{A}\overline{B}\overline{C}$

值为1,可见最小项 $\bar{A}\bar{B}\bar{C}$ 和变量取值000相对应。

为了简化最小项的表示,通常用 m_i 表示最小项,其中 m 是最小项标识符,下标 i 就是与该最小项对应的自变量取值(十进制数)。逻辑变量 A、B、C 构成的最小项也可以分别记作 m_0、m_1、m_2、m_3、m_4、m_5、m_6、m_7。

表1-20 三变量的最小项表示方法

自变量形式	$\bar{A}\bar{B}\bar{C}$	$\bar{A}\bar{B}C$	$\bar{A}B\bar{C}$	$\bar{A}BC$	$A\bar{B}\bar{C}$	$A\bar{B}C$	$AB\bar{C}$	ABC
简写形式	m_0	m_1	m_2	m_3	m_4	m_5	m_6	m_7
对应"1"的取值	000	001	010	011	100	101	110	111

(2) 最小项表达式

最小项表达式就是把逻辑函数写成最小项之和的形式。每个逻辑函数的最小项表达式都是唯一的,因此最小项表达式又叫标准与或式(The Standard SOP Form)。最小项表达式有变量和简写两种形式,其中简写形式还可以写成连加的形式,如:

$$L(A,B,C)=\bar{A}\bar{B}\bar{C}+A\bar{B}C+ABC=m_0+m_5+m_7=\sum m(0,5,7)$$

任何逻辑函数都可以写成最小项表达式的形式。若函数表达式不是与或式,应该先将其变换为与或式,然后再求最小项表达式。

例1-19 求出函数 $F(A,B,C)=A(B+C)+BC$ 的最小项表达式。

解

$$\begin{aligned}F(A,B,C)&=A(B+C)+BC\\&=AB+AC+BC &\text{(去括号)}\\&=AB(\bar{C}+C)+A(\bar{B}+B)C+(\bar{A}+A)BC &\text{(添加项)}\\&=AB\bar{C}+ABC+A\bar{B}C+ABC+\bar{A}BC+ABC &\text{(去括号)}\\&=\bar{A}BC+A\bar{B}C+AB\bar{C}+ABC &\text{(重叠律)}\\&=\sum m(3,5,6,7)\end{aligned}$$

函数的最小项表达式和真值表是一一对应的,最小项表达式中的最小项与真值表中函数值为"1"的行相对应。如例1-16题所示,3人表决电路的真值表中,使函数 $Z=1$ 的自变量 ABC 的取值有011、101、110、111,这些取值对应的最小项分别为 m_3、m_5、m_6、m_7,则函数的最小项表达式为 $Z(A,B,C)=m_3+m_5+m_6+m_7$。反之,根据最小项表达式也可以求真值表。

例1-20 求出最小项表达式 $Z(A,B,C)=\sum m(1,2,4,7)$ 对应的函数真值表。

解

$$\begin{aligned}Z(A,B,C)&=\sum m(1,2,4,7)=m_1+m_2+m_4+m_7\\&=\bar{A}\bar{B}C+\bar{A}B\bar{C}+A\bar{B}\bar{C}+ABC\end{aligned}$$

与或表达式中任一个与项的值为"1",都会使函数 Z 的逻辑值为"1",所以函数 $Z(A,B,C)$ 最小项表达式中,只要使 m_1、m_2、m_4 和 m_7 中任一最小项的值为1,则函数 $Z=1$。

而使每个最小项的值为“1”的自变量取值只有一组，即为最小项简写形式的下标。

因此，自变量 ABC 的取值为 001、010、100 和 111 时，会使得 $Z=1$；自变量 ABC 取其他值时，m_1、m_2、m_4 和 m_7 这 4 个最小项均为 0，故 $Z=0$。由此可得真值表如表 1-21 所示。

表 1-21 例 1-20 真值表

A B C	Z	A B C	Z
0 0 0	0	1 0 0	1
0 0 1	1	1 0 1	0
0 1 0	1	1 1 0	0
0 1 1	0	1 1 1	1

1.4.3 逻辑电路图

逻辑表达式中的各种逻辑运算都可以用相应的逻辑门实现，所以任意给定的函数表达式都存在对应的逻辑电路图，简称逻辑图(logic diagram)。逻辑表达式不同，对应的电路也不同。例 1-17 中输出函数为 $Z=AB+AC$，其对应电路如图 1-20(a)所示；若将该函数写成 $Z=A(B+C)$，则相应电路如图 1-20(b)所示。两表达式表示同一逻辑函数，因此两电路逻辑功能相同，但图 1-20(b)中电路少用一个逻辑门，更简单些。可见，表达式的简化程度与电路的简化程度相对应。为了获得简单的电路，应该尽量化简逻辑表达式。

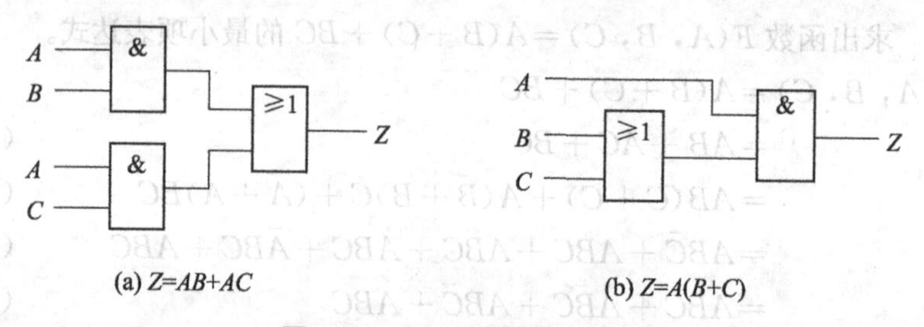

图 1-20 例 1-17 逻辑电路图

例 1-21 如图 1-21 所示是一个密码锁控制电路。插入钥匙后，开关 S 闭合。若拨对密码，电路产生开锁信号，将密码锁打开；若拨错密码，电路产生报警信号，接通警铃。试分析该密码锁控制电路的工作原理，开锁信号和报警信号高电平(逻辑 1)有效，指出密码 $ABCD$ 的值。

解 该密码锁控制电路中，输入信号 A、B、C、D 为输入的密码，输出信号 F_1、F_2 分别为开锁信号和报警信号。

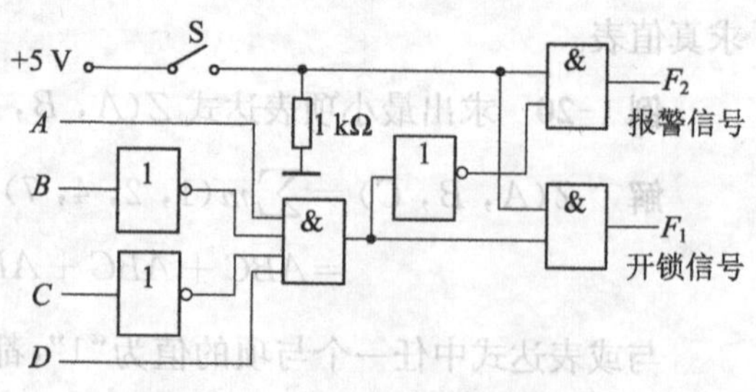

图 1-21 例 1-21 逻辑电路图

开关 S 断开时，F_1、F_2 对应的与门输入端通过电阻接地，相当于输入为低电平，与门输出 $F_1=0$、$F_2=0$，因开锁信号和报警信号高电平(逻辑 1)有效，故此时密码锁电路不报警、不开锁。

开关 S 闭合时，+5 V 电源输入到 F_1、F_2 对应与门，即输入高电平(逻辑 1)。从该密码锁控制电路的输入端逐级分析，写出各逻辑门的输出表达式，得到 $F_1=A\bar{B}\bar{C}D$、$F_2=\overline{F_1}=\overline{A\bar{B}\bar{C}D}$，开锁信号高电平(逻辑 1)有效，故 $F_1=1$ 时开锁，此时 $A=1$、$B=0$、$C=0$、$D=1$，故输入密码为 1001。若拨对密码，$F_1=1$、$F_2=\overline{F_1}=0$，密码锁控制电路开锁、不报警；一旦密码拨错，$F_1=0$，$F_2=\overline{F_1}=1$，密码锁控制电路报警、不开锁。

1.4.4 波形图

将输入变量按照时间顺序求出对应输出变量值，就得到逻辑函数的波形图(waveform)。波形图是反映输入和输出波形变化规律的图形，也称为时序图，是逻辑函数的一种表示方法。前文 1.3.1 节中，给出了与、或、非三种逻辑运算的波形图，可见波形图能直观反映输入、输出变量取值随时间变化的规律，与实际电路中的电压波形相对应。

1.5 逻辑函数的化简

简单的电路成本低、功耗低、故障率低，因此实现逻辑功能的电路越简单越好。逻辑门电路的最简标准为所用逻辑门数量最少、每个逻辑门的输入端个数最少。最简电路对应于最简表达式。一般情况下，可将逻辑函数转换为最简与或式，即表达式乘积项个数最少、每个乘积项所含变量数最少。逻辑函数化简的基本方法有代数化简法和卡诺图化简法。

1.5.1 逻辑函数的代数化简法

1-5

代数化简法就是利用表 1-16 所示的逻辑代数基本定律，通过项的合并($AB+A\bar{B}=A$)、项的吸收($A+AB=A$)、消去冗余变量($A+\bar{A}B=A+B$)等手段进行表达式变换。

例 1-22 试用代数法化简下列逻辑函数

$$F_1=AB+AB\bar{C}+AB(\bar{C}+D)$$

$$F_2=\bar{A}BC+A\bar{B}C+ABC$$

$$F_3=\overline{\bar{A}\cdot\overline{BD}}+\overline{\bar{C}+B\bar{D}}$$

解

$$\begin{aligned}F_1&=AB+AB\bar{C}+AB(\bar{C}+D)\\&=AB[1+\bar{C}+(\bar{C}+D)] &&\text{(分配律)}\\&=AB &&\text{(0-1 律)}\end{aligned}$$

$$\begin{aligned}F_2&=\bar{A}BC+A\bar{B}C+ABC\\&=(\bar{A}BC+ABC)+(A\bar{B}C+ABC) &&\text{(重叠律)}\\&=BC(\bar{A}+A)+AC(\bar{B}+B) &&\text{(分配律)}\\&=BC+AC &&\text{(互补律)}\end{aligned}$$

$$
\begin{aligned}
F_3 &= \overline{\overline{A}\cdot\overline{BD}}+\overline{\overline{C}+B\overline{D}} \\
&= A+BD+C\overline{B\overline{D}} && \text{(反演律)} \\
&= A+BD+C(\overline{B}+D) && \text{(反演律)} \\
&= A+BD+\overline{B}C+CD && \text{(分配律)} \\
&= A+BD+\overline{B}C && \text{(吸收律)}
\end{aligned}
$$

用代数法化简逻辑函数时，灵活使用逻辑代数公式可方便地将逻辑函数化为最简表达式。但是，当表达式比较复杂、项数较多时，利用代数化简会十分困难且不易判断结果是否最简，因此代数化简法只能作为函数化简的辅助手段。

1.5.2 逻辑函数的卡诺图化简法

1-6

当逻辑函数的自变量个数较少（小于 6 个）时，卡诺图法是化简逻辑函数的有效工具。**卡诺图**（Karnaugh Map）是变形的真值表，用方格图表示自变量取值和相应的函数值，其构造特点是自变量取值按循环码方式排列。三变量和四变量的卡诺图分别如图 1-22(a)、(b)所示，方格左上角的编号是与自变量二进制取值所对应的十进制数值。

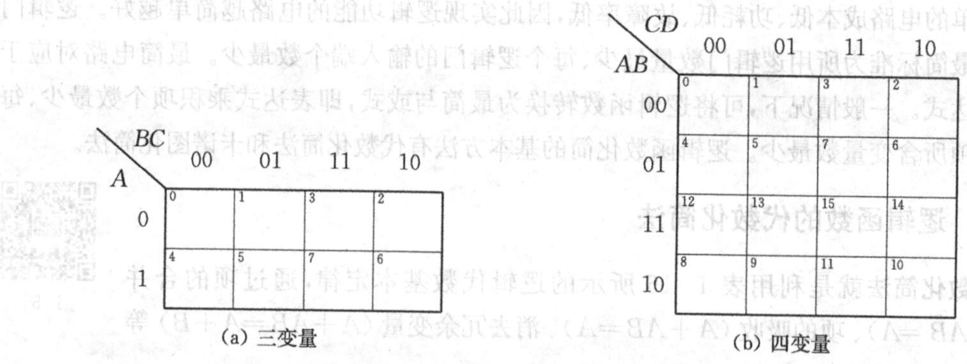

图 1-22 三变量和四变量的卡诺图

1. 用卡诺图表示逻辑函数

卡诺图中的每个方格对应于真值表中的一行，用卡诺图来表示函数，只需在方格中填入函数值“0”或“1”。由于逻辑函数的真值表与最小项表达式一一对应，所以卡诺图中函数值为“1”的方格对应于最小项表达式中的最小项。

例 1-23 用卡诺图表示函数 $F(A, B, C)=m_3+m_5+m_6+m_7$。

解 函数 F 有三个输入变量 A、B、C，故采用三变量的卡诺图。由函数的最小项表达式可见，输入变量 ABC 取值（10 进制）为 3、5、6、7 时函数 $F=1$，因此卡诺图中方格左上角编号为 3、5、6、7 这 4 个格子内的函数值为“1”，其余方格的函数值都为“0”。函数 F 的卡诺图如图 1-23 所示。

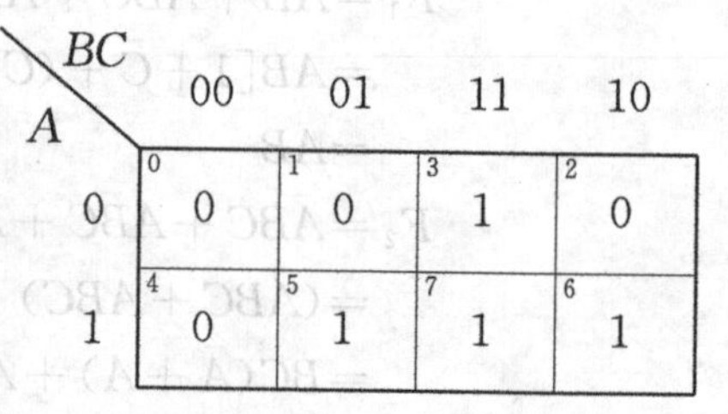

图 1-23 例 1-23 卡诺图

例 1-24 用卡诺图表示函数 $F(A,B,C,D)=AB+A\overline{C}+\overline{B}\overline{D}+\overline{C}D$。

解 函数表达式为与或式，可直接根据与或运算的特点来填写卡诺图，当输入变量 $AB=11$、$AC=10$、$BD=00$、$CD=01$ 时，函数 $F=1$，那么与这些输入变量取值对应的方格中函数值为“1”，其余方格函数值都为“0”。采用四变量的卡诺图表示逻辑函数，如图1-24所示。卡诺图中的每个函数为1的方格对应函数 F 的最小项，即 m_0、m_1、m_2、m_5、m_8、m_9、m_{10}、m_{12}、m_{13}、m_{14}、m_{15}。

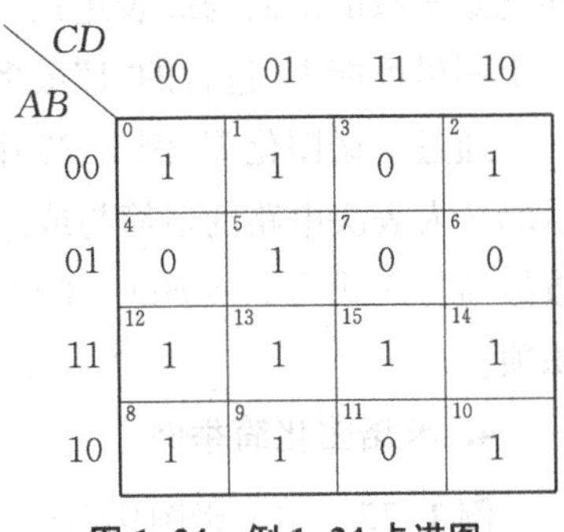

图1-24 例1-24卡诺图

2. 卡诺图合并最小项

卡诺图中，逻辑相邻与几何相邻相一致，相邻的方格对应着逻辑相邻项。由逻辑代数基本定律可知，两个逻辑相邻的最小项可以合并为一项，消去一个取值不同的变量，4个相邻最小项可以消去两个取值不同的变量。进一步归纳为：2^n 个相邻最小项可以合并为一个乘积项，消去 n 个取值不同的变量。实际上，卡诺图化简法就是在卡诺图上寻找(圈出)、合并相邻项，以实现逻辑函数的化简。

利用卡诺图化简例1-23题中的函数，只需圈出相邻的两个函数值为“1”的方格，方格对应的两个最小项可以合并为一个乘积项，即 m_3 和 m_7 画圈合并为 BC，消去变量 A；m_5 和 m_7 画圈合并为 AC，消去变量 B；m_6 和 m_7 画圈合并为 AB，消去变量 C，化简过程见图1-25(a)所示卡诺图。同理，用卡诺图化简例1-24中的函数，圈出相邻的4个函数值为“1”的方格，m_0、m_2、m_8、m_{10} 画圈合并成 $\overline{B}\overline{D}$，消去取值不同的变量 A 和 C；m_1、m_5、m_9、m_{13} 画圈合并成 $\overline{C}D$，消去取值不同的变量 A 和 B；m_{12}、m_{13}、m_{14}、m_{15} 画圈合并成 AB，消去取值不同的变量 C 和 D；化简过程见图1-25(b)所示卡诺图。

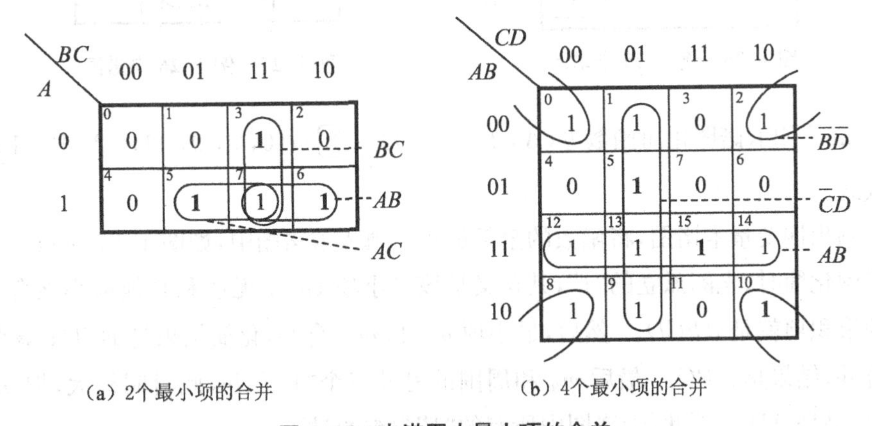

图1-25 卡诺图中最小项的合并

3. 卡诺图圈“1”的原则

在卡诺图中，要圈完所有的“1”，并将每个圈内最小项合并成一个乘积项，所有乘积项之和就是函数的最简与或表达式。要使表达式最简，圈“1”时的原则为：圈的个数尽可能少，每个圈尽可能大(包含的“1”最多)，每个圈中至少有一个“1”没有被其他圈圈过。

通过卡诺图化简，例 1-23 中函数最简与或式为 $F = BC + AC + AB$，这就是例 1-16 所示的 3 人表决电路的最简与或式，由最简与或式画出的电路图也是最简单的。例 1-24 中函数最简与或式为 $F = \bar{B}\bar{D} + \bar{C}D + AB$，通过卡诺图化简函数，由 4 个乘积项简化为 3 个乘积项。

4. 卡诺图化简举例

例 1-25 用卡诺图化简函数 $F(A, B, C, D) = \sum m(1, 2, 3, 4, 6, 10, 12, 14)$，写出最简与或式。

解 画出四变量卡诺图，将函数的全部最小项依次填入卡诺图中，如图 1-26 所示。

在卡诺图中，最小项 m_1 和 m_3 画圈合并，化简后的乘积项是 $\bar{A}\bar{B}D$；m_2 可以和 m_3 也可以和第二行 m_6 合并，这种情况可先不圈 m_2，将 m_4 和 m_6、m_{12}、m_{14} 画圈合并，此时圈内有 4 个“1”，圈最大，化简后的乘积项是 $B\bar{D}$。m_{10} 和 m_2、m_6、m_{14} 画圈合并，不但圈最大，把 m_2 也圈了，化简后的结果是 $C\bar{D}$。至此，卡诺图中所有的“1”都已圈完。

将三个圈对应的乘积项相加，得到函数的最简与或式为 $F = \bar{A}\bar{B}D + B\bar{D} + C\bar{D}$。

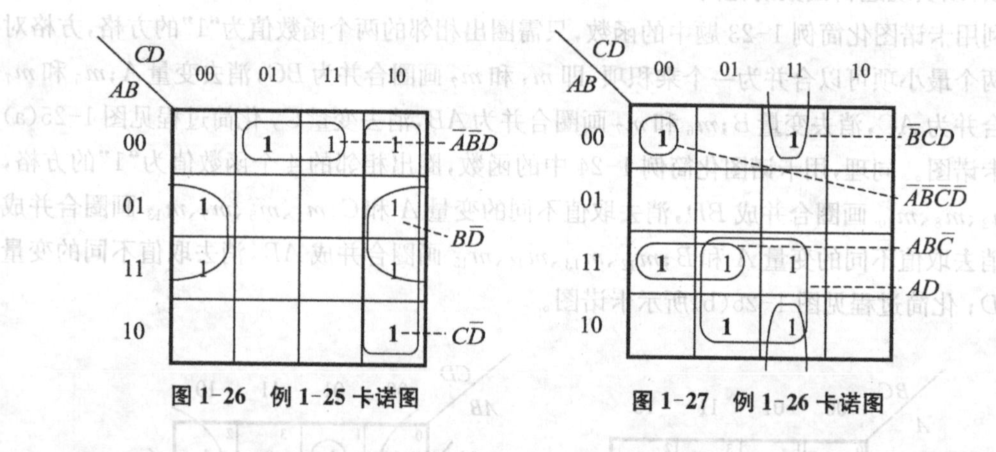

图 1-26 例 1-25 卡诺图

图 1-27 例 1-26 卡诺图

例 1-26 用卡诺图化简函数 $F(A, B, C, D) = \sum m(0, 3, 9, 11, 12, 13, 15)$，写出最简与或式。

解 画出四变量卡诺图，将函数的全部最小项填入卡诺图中，如图 1-27 所示。

卡诺图化简时，先圈孤立的“1”，其含义是该最小项 (m_0) 无法和其他最小项合并，该圈化简后的乘积项就是 $\bar{A}\bar{B}\bar{C}\bar{D}$。然后，最小项 m_3 和 m_{11} 合并，化简结果是 $\bar{B}CD$；最小项 m_{12} 和 m_{13} 合并，结果是 $AB\bar{C}$。最后 m_9 和周围的另外三个“1”合并，此时圈最大，把 m_{15} 也圈了，化简结果是 AD。至此，卡诺图中所有的“1”都被圈过了。

将四个圈对应的乘积项相加，得到函数的最简与或式为 $F = \bar{A}\bar{B}\bar{C}\bar{D} + \bar{B}CD + AB\bar{C} + AD$。

注意：图中加粗“1”为确定圈的最小项。

本章小结

数字电路可以对数字信号进行存储、传输和处理，是数字系统的基本电路。数字信号由高、低两种电平构成，通常用“0”表示低电平，用“1”表示高电平。

用0和1两个符号不仅可以表示二进制数值，还可对文字和符号编码。数制是数值的表示方法，常见的数制有十进制、二进制和十六进制等，不同数制之间利用按权展开法、基数乘除法等实现相互转换。常见的二进制编码有格雷码和BCD码等，格雷码是循环码，具有相邻性、循环性和反射性，常见的BCD码有8421BCD码、5421BCD码、余3BCD码等。

逻辑代数是研究逻辑变量和逻辑运算的代数体系。逻辑变量的取值只有两个，用0或1表示两种截然不同的状态。基本逻辑运算为与、或、非运算，常用复合逻辑运算有与非、或非、异或和同或运算等。逻辑代数中的基本定律和规则是逻辑代数运算的基础。逻辑函数有真值表、逻辑表达式、逻辑电路图和波形图等常用的表示方法，不同表示方法各有特点，适合不同的应用且能相互转换。

设计电路越简单越好，一般通过逻辑函数的化简来实现。逻辑函数化简方法主要有代数化简法和卡诺图化简法。代数化简法可以化简任何复杂的逻辑函数，但需要一定的技巧和经验，而且不易判断结果是否最简。卡诺图化简法直观简便，易判断结果是否最简，但一般用于6变量以下的逻辑函数化简，本章主要介绍卡诺图圈“1”得到函数最简与或式的方法。

习题1

1-1 填空题

(1) 数字信号的特点是幅值和时间都是________。

(2) 在数字电路中，用________和________两种符号来表示信息。

(3) BCD码是用________位二进制数来表示________位十进制数。

(4) 逻辑代数中的三种基本运算是________、________和________。

(5) 写出二进制数的按权展开式：$(11011.011)_2=$________。

(6) $(10C.A)_{16}=$________$_{10}=$________$_{5421}$。

(7) $(37.25)_{10}=$________$_{8421}=$________$_{2}$。

(8) $(11011011.01)_2=$________$_{16}=$________$_{10}$。

(9) 根据逻辑代数化简表达式，$A\cdot 0=$________，$A+\overline{A}B=$________，$A\oplus\overline{A}=$________，$A\oplus B\oplus(AB)=$________。

(10) 根据对偶规则，直接写出函数 $F=A+\overline{\overline{BC}+B\overline{A}}$ 的对偶式________。

(11) 根据反演规则，直接写出函数 $F=A+B+\overline{A}C\cdot D$ 的反函数________。

(12) 设四位二进制数 $A=(A_3A_2A_1A_0)_2$，那么 A 能被 4 整除的条件是________。

(13) 已知函数 $F(A, B, C)=AB\bar{C}+A\bar{B}+BC$，则 $F(0, 1, 0)=$__________，$F(1, 0, 1)=$________。

(14) 两个逻辑变量 A 和 B 可以构成________个最小项，分别是________。

(15) 已知函数 $F(A, B, C)=A\bar{B}C+BC$，函数的最小项表达式为 $F(A, B, C)=\sum m($________$)$。

(16) 卡诺图化简中，4 个相邻最小项可以消去________个变量，合并为________个乘积项。

1-2　选择题

(1) 数字电路中机器识别和常用的数制是________。

A. 二进制　　B. 八进制　　C. 十进制　　D. 十六进制

(2) 图 1-28 中数字信号________表示二进制数 0110。

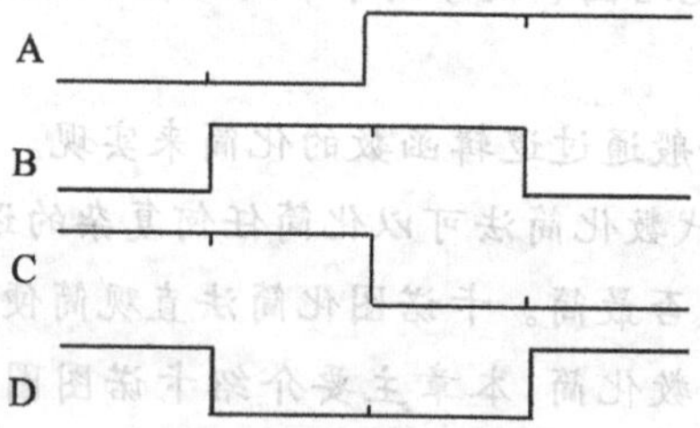

A

B

C

D

图 1-28　题 1-2(2)图

(3) 下列 4 个数中，与十进制数 $(15)_{10}$ 不相等的是________。

A. $(1111)_2$

B. $(E)_{16}$

C. $(00010101)_{8421BCD}$

D. $(01001000)_{余3BCD}$

(4) 下列说法正确的是________。

A. 若 $A+B=A+C$，则 $B=C$

B. $(2.4)_8$ 的 8421BCD 码为 $(0010.0100)_2$

C. 格雷码是有权码，任何两个相邻的十进制数的格雷码仅有一位不同

D. BCD 码是一种人为选定的表示 0～9 十个数字的代码

(5) 数字电路中，正、负逻辑的规定是________。

A. 正负逻辑都是高电平为“0”，低电平为“1”

B. 正负逻辑都是高电平为“1”，低电平为“0”

C. 正逻辑低电平为“0”，高电平为“1”；负逻辑高电平为“0”，低电平为“1”

D. 正逻辑低电平为“1”，高电平为“0”；负逻辑高电平为“1”，低电平为“0”

(6) 已知逻辑门电路的输入 A、B 和输出 F 的波形图如图 1-29 所示，试判断这是________的波形。

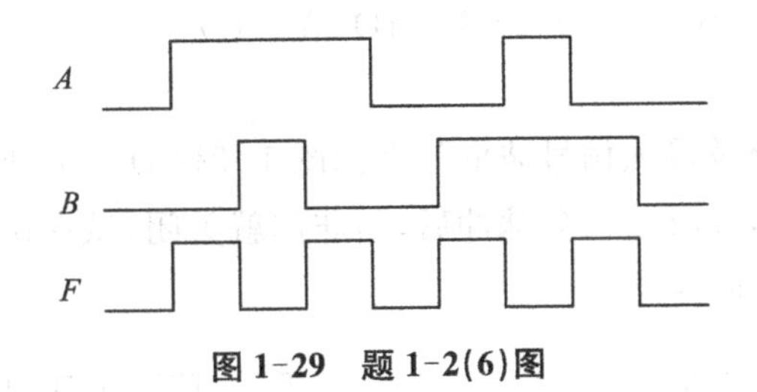

图 1-29 题 1-2(6)图

A. 与非门　　B. 或非门　　C. 同或门　　D. 异或门

(7) 图 1-30 所示逻辑符号中,能实现 $F=A\bar{B}+\bar{A}B$ 逻辑功能的是________。

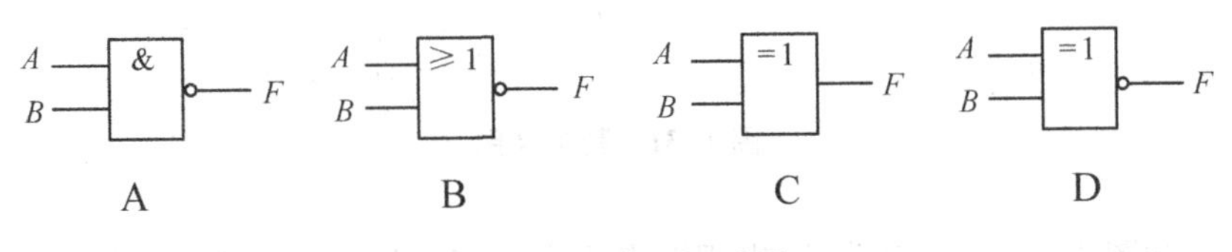

图 1-30 题 1-2(7)图

(8) 使三输入或非门输出为 0 的输入值有________种。

A. 1　　B. 3　　C. 7　　D. 8

(9) 已知逻辑函数 $F(A, B, C)=\overline{A+\overline{BC}}$,当输入信号 ABC 的取值为________时,函数 $F=1$。

A. 000　　B. 011　　C. 100　　D. 111

(10) 在四变量卡诺图中,逻辑上不相邻的一组最小项为________。

A. m_1 与 m_3　　B. m_4 与 m_6　　C. m_5 与 m_{13}　　D. m_2 与 m_8

(11) 下列函数中,________是函数 $F(A,B,C)=A\bar{B}+A\bar{B}C+ABC$ 的最小项表达式。

A. $F(A,B,C)=A\bar{B}+AC$

B. $F(A,B,C)=\bar{A}\bar{B}C+A\bar{B}C+ABC$

C. $F(A,B,C)=A\bar{B}\bar{C}+A\bar{B}C+ABC$

D. $F(A,B,C)=A\bar{B}C+AB\bar{C}+ABC$

(12) 下列说法正确的是________。

A. 两个表达式不同的逻辑函数一定不相等

B. 任意两个不同的最小项之积恒为 1

C. 任何一个逻辑函数均可以写成最小项之积的形式

D. 若逻辑函数 F 和 G 的变量均为 A、B、C、D,且 $F\oplus G=1$,则 $F=\bar{G}$

1-3 证明下列等式,方法不限。

(1) $AB+A\bar{B}+\bar{A}B+\bar{A}\bar{B}=1$

(2) $\overline{AB+\bar{A}\bar{B}}=A\bar{B}+\bar{A}B$

(3) $ABC+A\bar{B}C+AB\bar{C}=AB+AC$

(4) $(A+B)(A+\bar{B})=A$

(5) $(A+B)(\bar{A}+C)(B+C)=(A+B)(\bar{A}+C)$

(6) $X\oplus X\oplus X=X$

1-4 已知逻辑电路及输入信号波形分别如图 1-31(a)、(b)所示，A 为信号输入端，B 为信号控制端，当输入信号通过三个脉冲后，与非门就关闭，试在图 1-31(b)中画出控制信号 B 和输出信号 F 的波形。

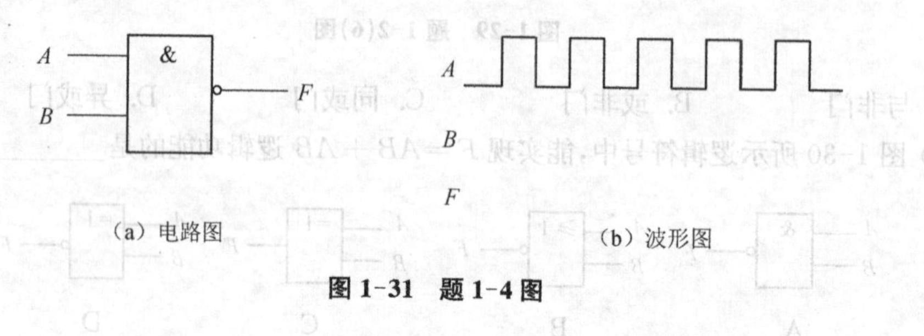

图 1-31 题 1-4 图

1-5 已知图 1-32 所示电路，写出逻辑表达式 $F(A,B,C)$，列出真值表。

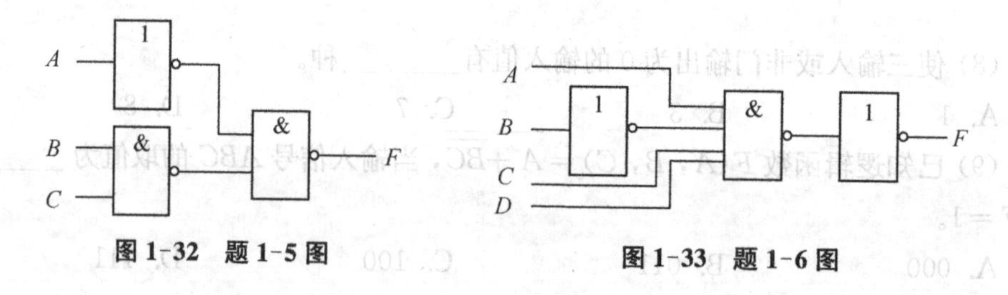

图 1-32 题 1-5 图 **图 1-33 题 1-6 图**

1-6 逻辑电路如图 1-33 所示，由电路写出输出 F 的逻辑表达式，并指出 $ABCD$ 为何取值时，能使 $F=1$。

1-7 逻辑电路如图 1-34 所示，由电路直接写出输出函数 F 的逻辑表达式。

1-8 由异或门构成的转换电路如图 1-35 所示，输入信号 $ABCD$ 为 4 位自然二进制编码，输出信号 $WXYZ$ 为 4 位格雷码。列出电路真值表，验证电路功能。

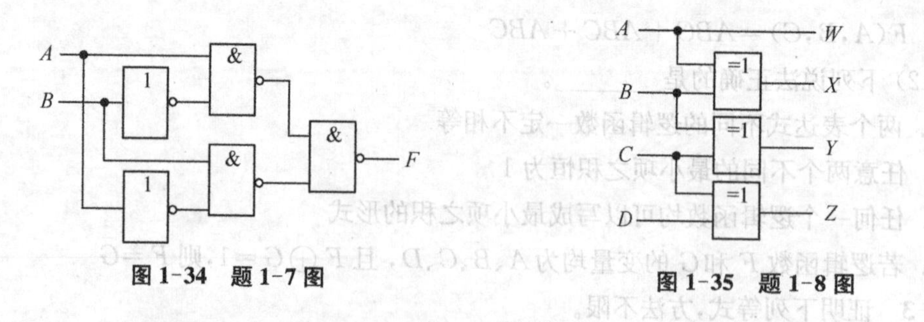

图 1-34 题 1-7 图 **图 1-35 题 1-8 图**

1-9 已知某电路的输出函数 F 与输入信号 A、B、C 之间的逻辑关系，见表 1-22 所示的真值表，写出输出函数 F 的最小项表达式的变量形式和简写形式。

1-10 图 1-36 中，已知输入信号 A、B、C 和输出信号 F 的波形，列出真值表，写出输出函数 F 的最小项表达式。

表1-22　题1-9真值表

A	B	C	F	A	B	C	F
0	0	0	0	1	0	0	0
0	0	1	1	1	0	1	1
0	1	0	0	1	1	0	1
0	1	1	1	1	1	1	0

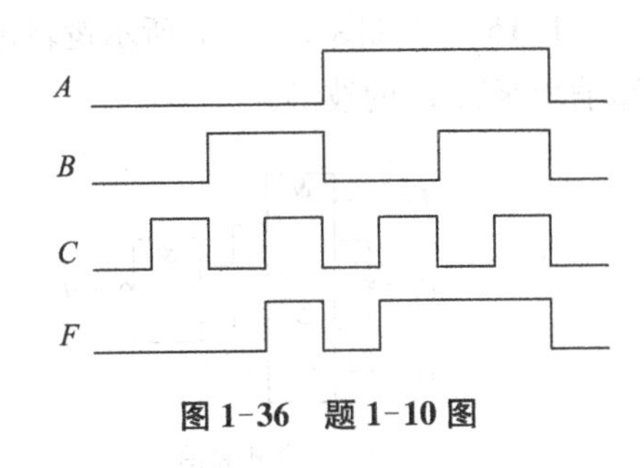

图1-36　题1-10图

1-11　列出函数$X(A,B,C)=A\bar{B}+A(\bar{B}\oplus C)$的真值表，写出其最小项表达式的变量形式和简写形式。

1-12　用代数法化简下列函数，写出函数的最简与或式。

(1) $F_1=\bar{A}B+A+A\bar{B}$

(2) $F_2=A\bar{B}C+\bar{A}+B+\bar{C}$

(3) $F_3=\bar{A}BC+A\bar{B}C+AB\bar{C}+ABC$

(4) $F_4=AB+\bar{A}C+\overline{BC}$

(5) $F_5=\bar{A}+\bar{B}+\bar{C}+ABCD$

(6) $F_6=\overline{(\bar{A}+B)C+A\bar{B}}+A\bar{C}+BC$

1-13　用卡诺图化简下列函数，写出函数的最简与或式。

(1) $F_1(A,\ B,\ C)=\sum m(0,\ 1,\ 3,\ 4,\ 6)$

(2) $F_2(A,\ B,\ C)=\overline{\bar{A}\bar{B}C+\bar{A}B\bar{C}+A\bar{B}\bar{C}+A\bar{B}C+AB\bar{C}}$

(3) $F_3(A,\ B,\ C,\ D)=\sum m(0,\ 4,\ 8,\ 9,\ 10,\ 11)$

(4) $F_4(A,\ B,\ C,\ D)=\sum m(1,\ 2,\ 3,\ 4,\ 6,\ 10,\ 12,\ 14)$

(5) $F_5(A,\ B,\ C,\ D)=A\bar{B}+B\bar{C}\bar{D}+ABD+\bar{A}B\bar{C}D$

(6) $F_6(A,\ B,\ C,\ D)=\bar{A}(C\oplus D)+AD+\overline{\bar{A}+C+D}$

1-14　已知图1-37(a)所示逻辑电路，输入信号A、B的波形如图1-37(b)，画出电路输出函数X、Y的波形，指出G_1、G_2两个逻辑门的名称。

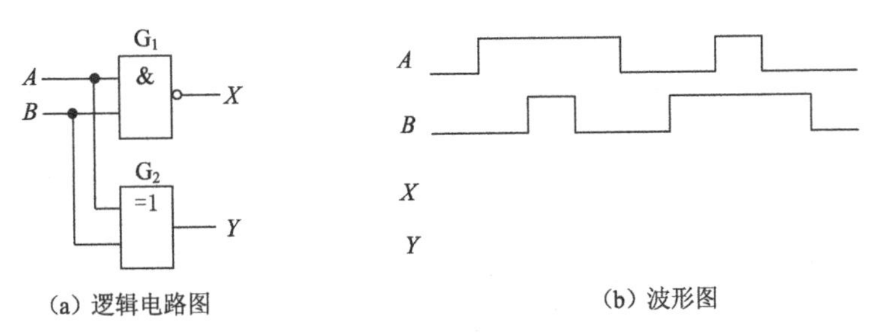

(a) 逻辑电路图　　(b) 波形图

图1-37　题1-14图

1-15 已知图 1-38(a)所示逻辑电路，输入信号 A、B、C 的波形如图 1-38(b)，画出电路输出函数 F 的波形。

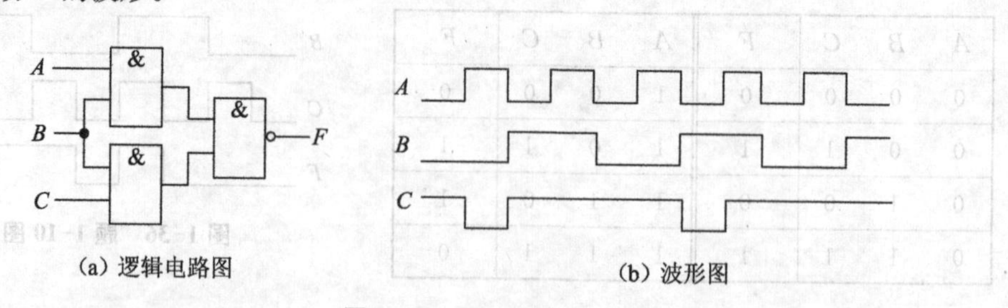

图 1-38　题 1-15 图

1-16 图 1-39 是一个楼梯照明灯控制电路，楼上和楼下各安装一个单刀双掷的开关 A 和 B 用于同时控制同一盏灯 F，任一开关变化都能控制灯的亮灭，即楼下开灯后可在楼上关灯，楼上开灯后同样也可在楼下关灯。试用逻辑门设计实现同样功能的电路，画出电路图。

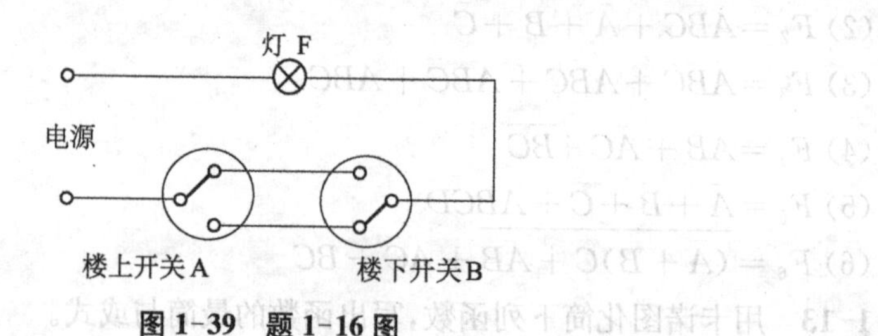

图 1-39　题 1-16 图

第 2 章　逻辑门电路

逻辑门电路，简称门电路，是实现各种逻辑运算的单元电路。目前使用的门电路一般是集成逻辑门电路，其具有体积小、功耗低、焊点少、速度快以及可靠性高等优点，应用极为广泛。本章重点介绍数字集成逻辑门的分类、集成门电路的逻辑系列和主要电气特性，这对理解逻辑门的逻辑功能以及正确使用逻辑门十分必要。

2-1

2.1　晶体管开关电路

所谓“门”，就是一种开关，在一定条件下允许信号通过，若条件不满足，信号就不能通过。常用的逻辑门电路有与门、或门、非门、与非门、或非门和异或门等。门电路可以是晶体管开关电路和集成逻辑门电路。晶体管开关电路是由半导体二极管、三极管和场效应管等晶体管构成的分立元件门电路，结构简单，便于分析电路逻辑功能。晶体管开关电路中，利用输入的二值电压控制晶体管，使其处于导通或截止状态，晶体管导通视为开关的闭合，晶体管截止视为开关的断开。

2.1.1　二极管开关电路

二极管具有单向导电性，外加正向电压时二极管导通，外加反向电压时二极管截止，所以二极管相当于是受外加电压控制的开关。多个二极管可以构成二极管开关电路，如二极管与门和或门电路等。

图 2-1(a)所示为二极管构成的与门电路，A 和 B 是输入信号，Y 为输出信号。当输入信号 A 和 B 全为高电平(设电位为 5 V)时，二极管 D_1、D_2 都截止，R 上无电流，输出端与 +5 V 电源(电源采用单端画法，负端接“地”未标出)相连，输出 Y 的电位为 5 V，因此 Y 为高电平。当 A 和 B 有低电平(电位为 0 V)时，如 A 为低电平、B 为高电平时，+5 V 电源经电阻 R 向低电平 A 端流通电流，二极管 D_1 导通、D_2 截止，忽略二极管的正向导通压降，Y 的电位为 0 V，即 Y 为低电平。电路分析时，二极管 D_1、D_2 可视为由输入信号 A、B 控制的开关，当输入信号为高电平(逻辑 1)时，对应的二极管开关断开；当输入信号为低电平(逻辑 0)时，对应的二极管开关闭合，由此可得二极管与门电路等效模型，如图 2-1(b)所示。列出反映输入变量与输出变量取值关系的真值表，如表 2-1 所示。可见，只有当输入变量全为 1 时，输出变量才为 1，该电路实现的是“与运算”。

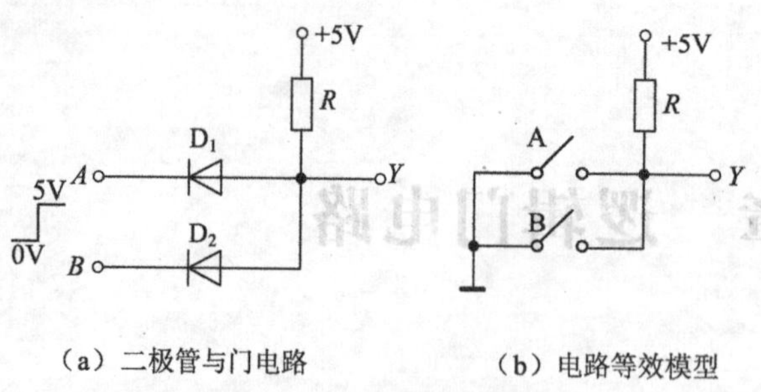

图 2-1 二极管与门电路

表 2-1 与门电路真值表

A	B	Y
0	0	0
0	1	0
1	0	0
1	1	1

如图 2-2(a)所示电路为二极管或门电路，当输入信号 A 和 B 全为低电平(设电位为 0 V)，二极管 D_1、D_2 都截止，输出 Y 的电位为 0 V，即 Y 为低电平；当输入信号 A 和 B 有高电平(电位为 5 V)时，如 A 为低电平、B 为高电平时，二极管 D_1 截止、D_2 导通，输出 Y 为 5 V，即 Y 为高电平。电路分析时，二极管 D_1、D_2 视为由输入信号 A、B 控制的开关，输入高电平时，对应二极管开关闭合；输入低电平时，对应二极管断开。二极管或门电路等效模型如图 2-2(b) 所示，其真值表如表 2-2 所示。可见，只有当输入变量全为 0 时，输出变量才为 0，该电路实现的是“或”运算。

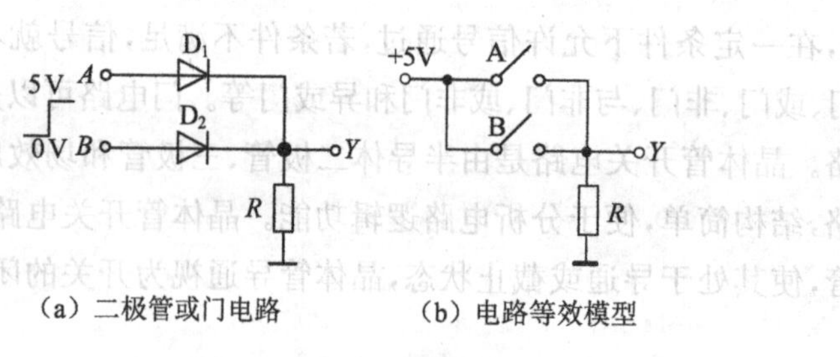

图 2-2 二极管或门电路

表 2-2 或门电路真值表

A	B	Y
0	0	0
0	1	1
1	0	1
1	1	1

2.1.2 三极管开关电路

三极管开关电路中，三极管通常工作在饱和区或截止区。三极管饱和时，集电极与发射极之间近似短路，相当于开关的闭合；当三极管截止时，集电极与发射极之间断路，相当于开关的断开。

图 2-3(a)为三极管构成的非门电路，输入信号 A 为低电平(设电位为 0 V) 时，三极管截止，相当于开关断开，输出 Y 的电位为电源 5 V，Y 为高电平；输入信号 A 为高电平(设电位为 5 V) 时，三极管饱和导通，相当于开关闭合，Y 的电位近似为 0 V，Y 为低电平。三极管可视为输入信号 A 控制的开关，$A=1$ 时开关闭合，$A=0$ 时开关断开，电路等效模型如图 2-3(b) 所示，其真值表如表 2-3 所示，输入、输出信号的逻辑值始终相反，电路实现“非”运算。

将二极管与门电路和三极管非门电路串接，便可构成与非门的电路，如图 2-4 所示。当输入信号 A 和 B 全为 1 时，与门输出 $Y_1=1$，三极管 T 饱和导通，电路输出 $Y=0$；当输入信号 A 和 B 有 0 时，$Y_1=0$，三极管 T 截止，$Y=1$。电路的真值表如表 2-4 所示，电路实现的是“与非”运算。

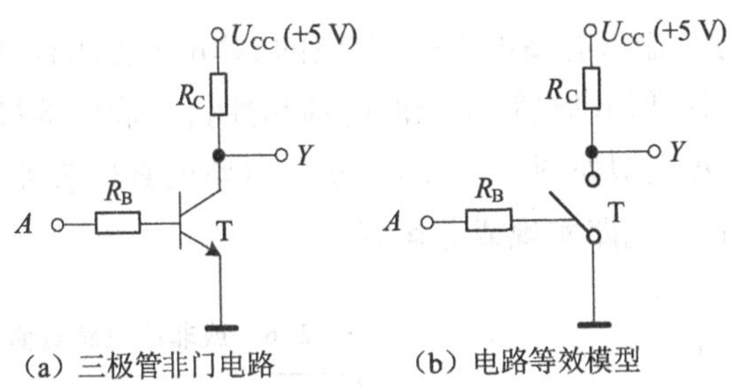

图 2-3 三极管非门电路

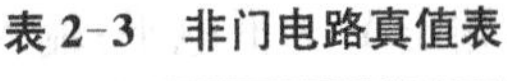

表 2-3 非门电路真值表

A	Y
0	1
1	0

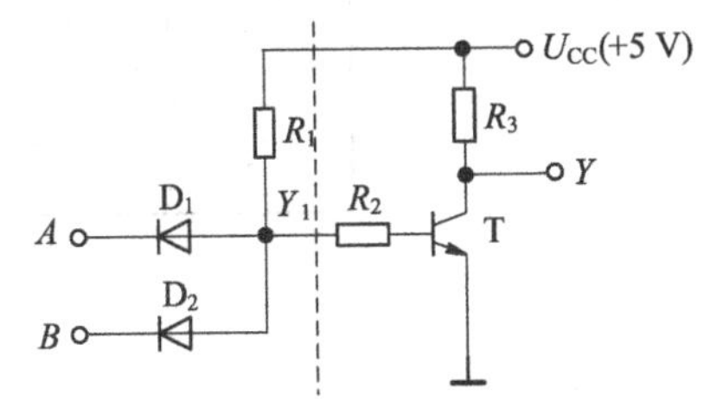

图 2-4 三极管与非门电路

表 2-4 与非门电路真值表

A B	Y_1	Y
0 0	0	1
0 1	0	1
1 0	0	1
1 1	1	0

2.1.3 MOS 管开关电路

金属-氧化物-半导体(Metal-Oxide-Semiconductor)场效应管称为MOS晶体管,简称为MOS管。按照导电载流子的不同,MOS管分为N沟道MOS管(简称NMOS管)和P沟道MOS管(简称PMOS管)。MOS管开关电路采用增强型MOS管,没有原始导电沟道;当增强型MOS管的栅源电压为0时,MOS管截止,相当于开关断开;一旦增强型MOS管的栅源电压大于阈值电压时,会产生导电沟道,MOS管导通,相当于开关闭合。

由互补的一对增强型NMOS管和PMOS管构成的CMOS非门电路,如图2-5(a)所示。当输入信号 $A=1$ 时,NMOS管导通,PMOS管截止,电路输出端与地连接;当输入信号 $A=0$ 时,PMOS管导通,NMOS管截止,电路输出端与电源连接。可见CMOS电路中,可将NMOS管、PMOS管视为由输入信号 A 控制的开关,$A=1$ 时,NMOS管闭合,PMOS管断开,$Y=0$;$A=0$ 时,NMOS管断开,PMOS管闭合,$Y=1$。CMOS非门电路的等效模型如图2-5(b)所示。电路的真值表如表2-5所示,该电路实现的是"非"运算。

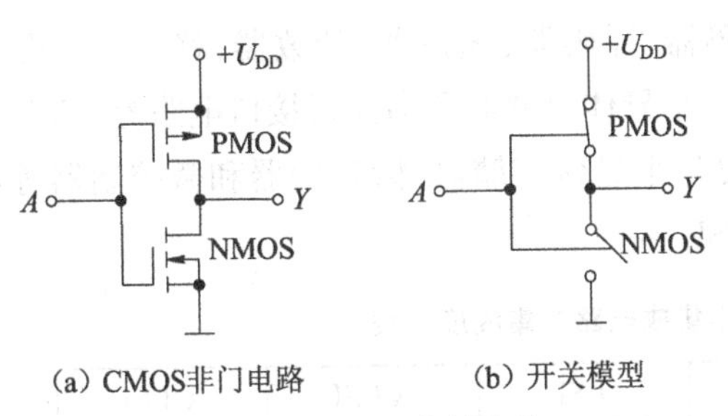

图 2-5 CMOS 非门电路

表 2-5 非门真值表

A	Y
0	1
1	0

CMOS二输入或非门电路如图2-6(a)所示,两个增强型NMOS管(T_1 和 T_3)并联,两

个增强型 PMOS 管(T_2 和 T_4)串联。显然,输入有高电平时,对应的 NMOS 管闭合,输出端接地,输出 Y 为低电平;输入全为低电平时,PMOS 管(T_2 和 T_4)同时闭合,输出端接电源,输出 Y 为高电平。CMOS 或非门电路等效模型如图 2-6(b)所示。电路的真值表如表 2-6 所示,电路具有"全 0 为 1,有 1 出 0"的特点,电路实现或非运算。

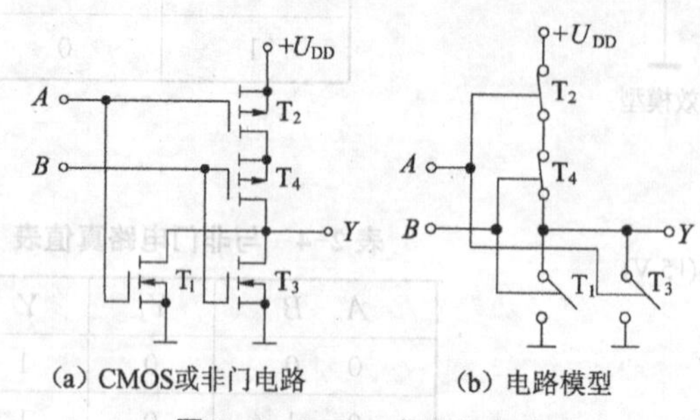

图 2-6 CMOS 或非门电路

表 2-6 或非门电路真值表

A	B	Y
0	0	1
0	1	0
1	0	0
1	1	0

2.2 集成逻辑门电路

2-2

利用半导体集成工艺,将构成门电路的晶体管、电阻、电容等元器件以及它们之间的连线制作在一块半导体芯片上封装起来,便构成了集成逻辑门电路。集成逻辑门电路是数字集成电路(Integrated Circuits, IC)的一部分。近年来数字集成电路得到迅速发展,大规模、超大规模集成电路不断问世,数字电路的可靠性和智能化水平不断提高,使数字集成电路被广泛应用到计算机、通信、工业控制等领域。

2.2.1 数字集成电路的分类

通常用芯片中的逻辑门或晶体管数量来衡量数字集成电路的集成度。数字集成电路按集成度可分为小规模集成电路(Small Scale Integration, SSI)、中规模集成电路(Medium Scale Integration, MSI)、大规模集成电路(Large Scale Integration, LSI)、超大规模集成电路(Very Large Scale Integration, VLSI)、特大规模集成电路(Ultra Large Scale Integration, ULSI)和巨大规模集成电路(Giga Scale Integration, GSI)等六类,其分类标准如表 2-7 所示。SSI 主要是一些逻辑单元电路,如逻辑门电路、集成触发器;MSI 主要是一些逻辑功能器件,如加法器、比较器、编码器、译码器、选择器、计数器、移位寄存器等。LSI 主要是一些数字逻辑系统,如中央控制器、半导体存储器和串并行接口电路等。VLSI、ULSI 和 GSI 是高集成度的数字逻辑系统,主要是半导体存储器、微处理器和微控制器等,三者集成规模达到了超大规模,故常统称为 VLSI。

表 2-7 数字集成电路的集成度分类

类别	SSI	MSI	LSI	VLSI	ULSI	GSI
芯片所含门电路数	<10	$10\sim10^2$	$10^2\sim10^4$	$10^4\sim10^6$	$10^6\sim10^8$	10^8
芯片所含元件个数	$<10^2$	$10^2\sim10^3$	$10^3\sim10^5$	$10^5\sim10^7$	$10^7\sim10^9$	$>10^9$

2.2.2 逻辑系列

将集成逻辑门按照制作工艺、电气特性来分类，分为不同的逻辑系列。同一逻辑系列的芯片有类似的输入、输出和内部电路特征，可以互接实现各种逻辑功能。常用的集成逻辑门系列有晶体管-晶体管逻辑（Transistor-Transistor Logic，TTL）、互补金属氧化物半导体（Complementary Metal-Oxide Semiconductor，CMOS）和发射极耦合逻辑（Emitter Coupled Logic，ECL），不同逻辑系列的门电路可以实现相同的逻辑功能，但它们在结构、制造工艺、性能指标上有所区别。

1. TTL系列

TTL系列集成逻辑门电路主要由双极型晶体三极管构成，其电路内部输出级和输入级都是晶体管结构，因此称为晶体管-晶体管逻辑，简称TTL电路。TTL系列电路应用最早、技术比较成熟，在20世纪70年代和80年代曾占据统治地位。最早的TTL逻辑系列是美国TI公司于20世纪60年代推出的54/74标准逻辑系列。54系列是军用型产品，74系列为商用型产品，两个系列的区别主要在于工作温度范围（54系列工作温度范围为－55～＋125℃，74系列工作温度范围为0～70℃）以及电源电压允许工作范围不同。

根据功耗、工作速度等特性的不同，TTL电路又分为54/74标准系列、高速(H)系列、肖特基(S)系列和低功耗肖特基(LS)系列等子系列。LS系列产品速度较高、功耗较低、品种多、价格便宜，其综合性能最佳，应用最广，是TTL集成电路的主要产品系列。各子系列同型号芯片的逻辑功能和引脚排列完全相同，所不同的只是各逻辑门的电气特性，如传输延迟时间 t_{pd}、平均功耗 P 和最大工作频率 f_M 等，如表2-8所示。

表2-8 TTL子系列逻辑门特性

国际型号	子系列名称	传输时间 t_{pd}	平均功耗 P	最大工作频率 f_M
54/74	标准（通用系列）	10 ns	10 mW	35 MHz
54/74H	高速系列	6 ns	22 mW	55 MHz
54/74S	肖特基系列	3 ns	19 mW	125 MHz
54/74LS	低功耗肖特基系列	9.5 ns	2 mW	40 MHz

常见的集成门电路采用14脚的双列直插式封装（Dual Inline Package，DIP）外观，器件外形如图2-7(a)所示，有四2输入、三3输入、二4输入等结构，每种结构包括与门、或门、与非门和或非门等。TTL 74系列产品集成电路7400的引脚图如图2-7(b)所示，该芯片集成了4个二输入与非门（采用美标符号），14脚 V_{CC} 接电源，7脚GND接地。附录A中列出了与非门74LS00、74LS10、74LS20，非门74LS04，与门74LS08，或非门74LS02、74LS27，或门74LS32，异或门74LS86等常用TTL逻辑门的引脚排列图和逻辑符号。

国产TTL门电路名称以CT开头，与国际标准系列相对应，如CT74系列相当于国际74系列，CT74H系列相当于国际74H系列，CT74S系列相当于国际74S系列，CT74LS系列相当于国际74LS系列等。

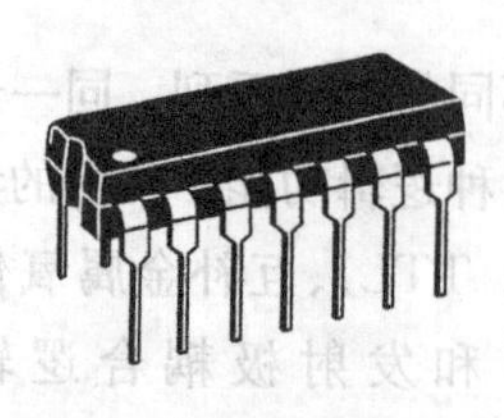

（a）DIP封装

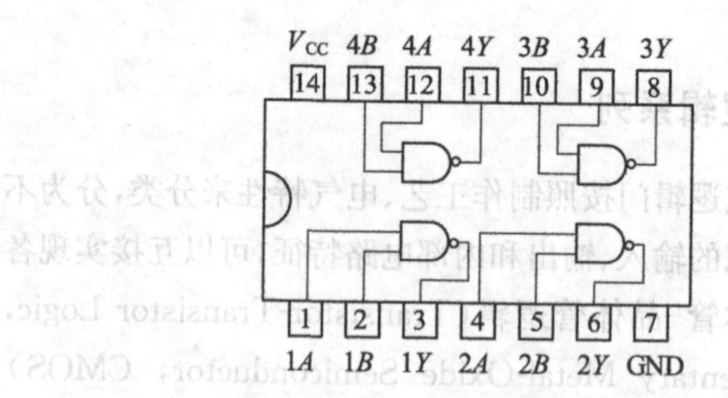

（b）7400引脚图

图 2-7　数字集成电路芯片示例

TTL 系列门电路的结构可以保证悬空的输入端等效于输入高电平，但为了避免多余输入端产生的干扰，一般按照逻辑关系将多余输入端接电源、地或者与有用端并接。

TTL 系列门电路用＋5 V 电源供电，输出高电平典型值为 3.6 V，输出低电平典型值为 0.3 V，逻辑摆幅小，抗干扰能力不如 CMOS 电路；此外 TTL 电路的静态功耗比 CMOS 电路高得多，不满足大规模集成电路的结构简单、功耗低的发展要求，逐渐被 CMOS 系列电路所取代。目前 TTL 系列电路主要应用于简单的中小规模数字电路。

2. CMOS 系列

CMOS 系列门电路是由 NMOS 管和 PMOS 管组成的互补 MOS 集成电路，简称 CMOS 电路。CMOS 电路因具有结构简单、制造方便、集成度高、功耗低、抗干扰能力强等优点，发展很快，是目前使用最广泛、占主导地位的集成电路。

CMOS 数字电路主要分为 4000B(4500B)系列、54HC/74HC 系列、54HCT/74HCT 系列等。其中，最常见的就是标准型 4000B(4500B)系列，其工作电压范围宽（电源电压范围为 3～18 V）、功耗低、品种多、价格低廉，综合性能较好，是目前 CMOS 集成电路的主要应用产品，但其输入、输出电平和 TTL 系列不兼容。随着半导体制造工艺的改进，高性能 HC/HCT 系列出现了，其工作速度、抗干扰能力和温度稳定性远优于 TTL 逻辑门。HCT 系列采用＋5 V 的电源电压，其与 TTL 电路完全兼容，可互换使用。半导体制造工艺的发展和人们对便携式设备的需求，更是促使 54/74LVC、54/74ALVC、54/74AVC 等低电压、超低电压以及低功耗的 CMOS 系列的出现。

附录 A 中列出了与非门 CD4011、或非门 CD4002、与门 CD4081、或门 CD4071 等常用的 CMOS 逻辑门的符号和引脚排列图。国产 CMOS 门电路名称以 CC 开头，与国际标准系列相对应，如 CC4000 系列相当于国际 4000 系列。

CMOS 的逻辑高电平和低电平分别接近于电源电压 V_{DD} 和地，逻辑摆幅大，电路抗干扰能力强，驱动同类逻辑门的能力强。由于 CMOS 器件采用绝缘栅结构，容易因静电感应造成器件击穿而损坏。虽然集成电路芯片内部有一定的保护措施，但使用中还应注意器件用防静电材料包装、操作人员和设备良好接地、CMOS 逻辑门多余的输入端不能悬空（应根据逻辑关系接电源、地或者与其他输入端并接），防止静电感应。

3. ECL 系列

ECL 系列门电路，也称为电流开关型逻辑电路，是多个晶体三极管的发射极相互耦合加上射极跟随器组成的电路。ECL门电路中的晶体三极管工作在放大区或截止区，可以克服晶体三极管饱和状态下产生的存储电荷对速度的影响。ECL电路具有互补输出的特点，能同时实现或/或非功能，使用灵活。通用ECL集成电路系列主要有ECL10K系列和ECL100K系列等，ECL10K属于ECL中的低功耗系列，而ECL100K的特点是速度快、集成度高。

ECL系列门电路的平均传输延迟时间可低于1 ns，是目前各类数字集成电路中速度最快的，多用于高速数字系统中。ECL电路功耗大、结构复杂，不适合制成大规模集成电路。此外，ECL电路逻辑摆幅小，抗干扰能力较弱，与其他系列门电路连接需要电平移位，因此ECL电路没有像CMOS或TTL系列电路那样被广泛使用。

2.2.3　数字集成电路的主要电气指标

在电气指标规定的范围内正确使用数字器件，是实现电路逻辑功能的重要保证。数字集成逻辑门的主要电气指标包括逻辑电平、噪声容限、输出驱动能力、功耗以及时延等。

1. 逻辑电平(Logic Levels)

逻辑电平指逻辑器件的输入电平和输出电平，可分为**输入低电平**U_{IL}、**输入高电平**U_{IH}、**输出低电平**U_{OL}**和输出高电平**U_{OH}。图2-8为非门输出电压U_O随输入电压U_I变化的曲线，输入低电平(如$U_I=0$ V)时，$U_O=4.9$ V，输出高电平；输入高电平(如$U_I=5$ V)时，$U_O=0.1$ V，逻辑门输出低电平，可见输入信号、输出信号之间是“非”逻辑关系。由图2-8可见，当输入信号的电压值从0 V增加或从5 V降低时，输出信号的高电平或低电平的电压值都会维持一段时间不变，这说明输入高、低电平是一个取值范围，当输入电平在该范围内变化时，输入电平能被准确识别且逻辑器件能输出可靠的电平值。

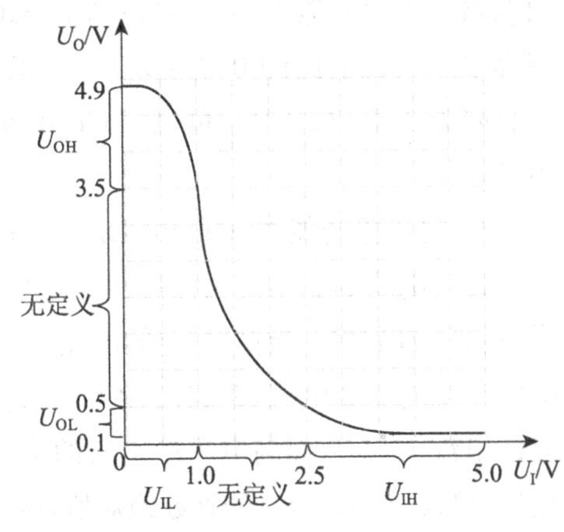

图2-8　非门的电压传输特性示意图

不同系列的集成门电路的输入高电平、低电平的范围不同，一般会规定输入低电平的最大值U_{ILMAX}(又叫关门电平U_{OFF})和输入高电平的最小值U_{IHMIN}(又叫开门电平U_{ON})。图2-8中非门的$U_{ILMAX}=1.0$ V，$U_{IHMIN}=2.5$ V，即输入电压在0～1.0 V范围内时，判定输入为低电平，非门输出高电平；输入电压在2.5～5.0 V范围内时，判定输入为高电平，非门输出低电平。输出高电平、低电平值也允许有一个波动范围，有输出低电平的最大值U_{OLMAX}和输出高电平的最小值U_{OHMIN}。正常使用时，器件厂家可以确保逻辑门输出低电平的值不会高于U_{OLMAX}，输出高电平的值不会低于U_{OHMIN}。图2-8中$U_{OLMAX}=0.5$ V，$U_{OHMIN}=3.5$ V。

2. 噪声容限(Noise Margin)

在数字系统中，叠加在输入信号上的干扰噪声会改变输入电平值，严重时会造成逻辑电平误判,因此要使得电路稳定可靠,逻辑门需要具有较强的抗干扰能力。衡量逻辑门抗干扰能力的指标是**噪声容限**,它是指在前级逻辑门输出最坏的情况下,为保证后一级逻辑门能正常工作所允许的最大噪声幅度。

不同类型的集成电路是不能随意级联的,所以讨论逻辑门电路的噪声容限时,门电路的输入信号是同类门的输出信号。图 2-9 所示为两个同类逻辑门级联,前级逻辑门的输出信号 U_O 叠加噪声后作为后级集成逻辑门的输入信号 U_I。集成逻辑门输入低电平时,前级逻辑门输出低电平的最大值 U_{OLMAX} 叠加噪声后的实际输入低电平,只要不高于集成逻辑门输入低电平的最大值 $U_{ILMAX}(U_{OFF})$ 就行,所以集成逻辑门低电平输入时的噪声容限 $U_{NL}=U_{OFF}-U_{OLMAX}$。类似地,逻辑门输入高电平时,前级逻辑门输出高电平的最小值 U_{OHMIN} 叠加噪声后的实际输入高电平,只要不低于输入高电平的最小值 $U_{IHMIN}(U_{ON})$ 就行,所以集成逻辑门高电平输入时的噪声容限 $U_{NH}=U_{OHMIN}-U_{ON}$。集成逻辑门的噪声容限 U_N 取 U_{NL} 和 U_{NH} 中较小的值。一般,TTL 逻辑门电路的噪声容限为 0.4~0.6 V,CMOS 电路的噪声容限为电源电压的 0.3~0.45 倍,ECL 电路的噪声容限为 0.1~0.3 V。可见,ECL 电路的抗干扰能力较低。

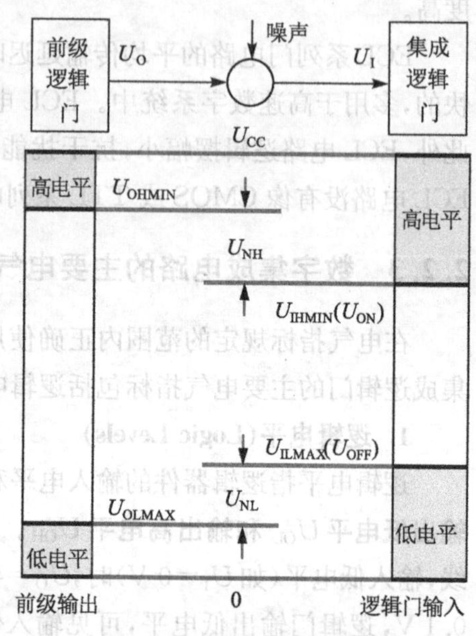

图 2-9 噪声容限示意图

3. 输出驱动能力(Output Driving Capability)

逻辑电路的驱动能力用扇出系数(Fan-out)N_O 表示。扇出系数是指逻辑门能驱动的同类逻辑门的个数。当逻辑门输出端连接同类逻辑门的输入端时,逻辑门的输入电流就是前级输出端的负载电流,逻辑门输入端所需电流分为输入高电平时的电流 I_{IH} 和输入低电平时的电流 I_{IL}。从而高电平输出时的扇出系数就是 I_{OH}/I_{IH} 的整数绝对值,低电平输出时的扇出系数就是 I_{OL}/I_{IL} 的整数绝对值,该类器件的扇出系数 N_O 就是两者之中较小的那个值。

表 2-9 给出了各系列 TTL 逻辑门的输入、输出电流以及扇出系数,由此也可以得到各系列逻辑门相互驱动时的逻辑门个数。

表 2-9 各 TTL 系列逻辑门的输入、输出电流

系列	输入低电平电流 I_{IL}/mA	输入高电平电流 I_{IH}/μA	输出低电平电流 I_{OL}/mA	输出高电平电流 I_{OH}/μA	扇出系数 N_O
74	−1.6	40	16	−400	10
74H	−2	50	20	−500	10
74S	−2	50	20	−1 000	10
74LS	−0.4	20	8	−400	20

4. 功耗(Power Consumption)

功耗是指逻辑门电路消耗的电源功率，是集成逻辑门的重要参数之一。门电路的功耗通常分为静态功耗和动态功耗。静态功耗是逻辑门输出状态不变(稳定输出某个逻辑电平)时的功耗，逻辑门在输出高电平和输出低电平时的静态功耗可能不同，所以常用平均静态功耗来表示静态功耗。动态功耗是器件工作状态变化(输出电平由 0 变 1、由 1 变 0)时产生的功耗的平均值。低速电路的动态功耗很小，芯片功耗以静态为主；高速应用的电路，动态功耗是逻辑门功耗的主要部分。CMOS 器件的静态功耗很低，在微瓦量级，使其可以用于电池供电的场合。TTL 器件的静态功耗较高，通常在毫瓦量级。

5. 传输延迟时间(Propagation Delay Time)

任何电路对信号的传输与处理都会产生传输延迟。图 2-10 是非门传输延迟时间的波形示意图，图中 t_{pHL} 是输入信号 U_I 上升沿的中点到输出信号 U_O 下降沿中点之间的延迟时间，称为下降时延；t_{pLH} 是输入信号 U_I 下降沿中点到输出信号 U_O 上升沿中点之间的延迟时间，称为上升时延。

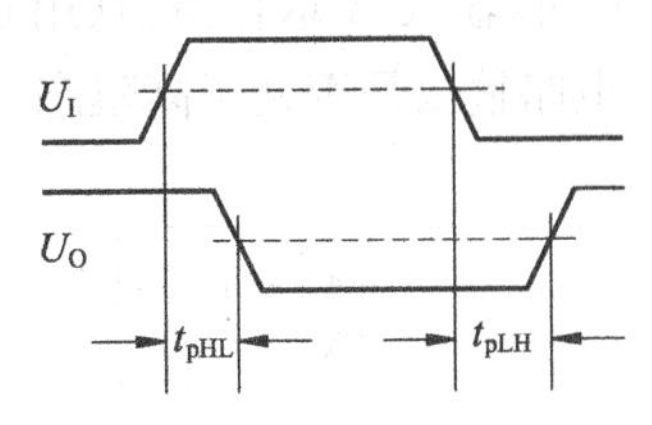

图 2-10　非门传输延迟时间的波形示意图

逻辑门的上升时延和下降时延通常不相等，逻辑门的传输延迟时间 t_{pd} 是 t_{pHL} 和 t_{pLH} 的平均值。t_{pd} 越小，说明电路的工作速度越快，TTL 逻辑门的 t_{pd} 约为 3～10 ns，CMOS 逻辑门的 t_{pd} 约为 10～20 ns，ECL 逻辑门的 t_{pd} 约为 0.1～3 ns。随着工艺的发展，大规模集成 MOS 电路的工作速度大大提高，近年来已出现延迟时间小于 1 ns，工作频率在吉赫兹量级的电路。

2.2.4　逻辑电路的特殊结构

为了满足特定应用需要，集成电路厂家以多种方式对基本逻辑电路结构进行了修改。使用时如果需要将两个逻辑门的输出端连在一起，需要选择漏极(集电极)开路的逻辑门，如果要对逻辑门电路的输出加以控制，则选择三态输出逻辑门。

1. 漏极(集电极)开路逻辑门

将 CMOS 电路中输出端连接的 NMOS 管漏极开路(Open Drain，OD)，或将 TTL 电路中输出三极管的集电极开路(Open Collector，OC)，这样的逻辑门统称为漏极/集电极开路逻辑门，简称 OD/OC 门。常用的 OD/OC 与非门的逻辑符号如图 2-11 所示，符号"◇"表示漏极开路或集电极开路。

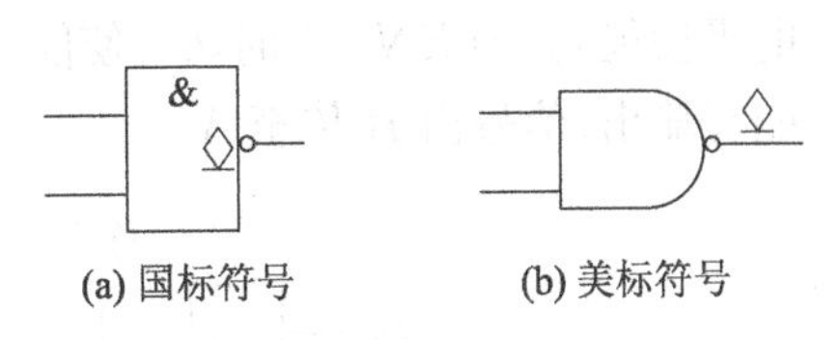

图 2-11　OD/OC 与非门

多个 OD/OC 门的输出端可以直接连在一起，实现"线与"运算。使用 OD/OC 门时，需要在输出端外接上拉电阻(Pull-up Resister) R 和额外电源 $+E_C$，如图 2-12 所示电路中 $F=\overline{AB}\cdot\overline{CD}$。OD/OC 门通过电源 $+E_C$

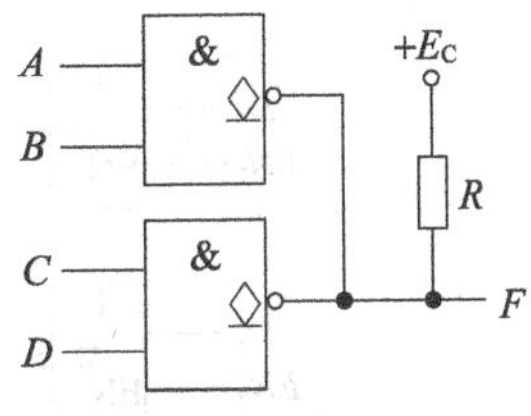

图 2-12　OD/OC 门线与电路

控制输出高电平的值，可用于驱动大电流负载或者实现电平变换。

注意：普通逻辑门绝对不能将输出端直接相连，否则，当两个门输出电平相反时，会在逻辑门内产生一个大电流的低阻通道，导致输出电平异常，甚至造成逻辑门损坏。

2. 三态输出逻辑门

三态输出逻辑门(Three-State output Logic, TSL)，简称三态门，是由普通逻辑门加上控制电路构成的。三态门的输出端不仅可以输出低电平(0)和高电平(1)，还可以呈现高阻抗状态，简写作 Z 状态。高阻时，输出端视为和外部电路断开连接。

三态输出非门的逻辑符号如图 2-13 所示，A 是输入端，F 是输出端，EN 是使能控制端；其中图 2-13(a)是国标符号，符号中的"▽"是三态输出定性符；图 2-13(b)是美标符号。三态输出非门的真值表如表 2-10 所示，使能控制信号 $EN=1$ 时，电路实现非逻辑；当 $EN=0$ 时，输入 A 取任意值(用 Φ 表示)，输出均为高阻抗。三态输出结构电路中，用使能来控制电路输出是否处于高阻态。

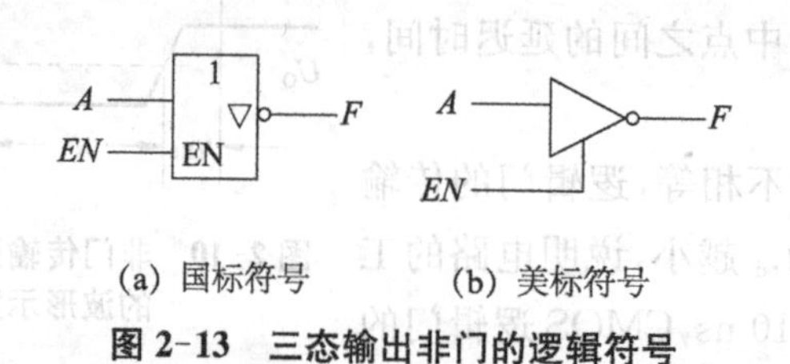

图 2-13 三态输出非门的逻辑符号

表 2-10 三态输出非门真值表

EN	A	F	功能说明
0	Φ	Z	高阻抗
1	0	1	非逻辑 $F=\bar{A}$
1	1	0	

计算机的信息大多采用总线形式传输，即用同一组传输线传输同类信息。为防止信息相互干扰，可利用三态门实现信息的分时传送。如图 2-14 所示，3 个三态非门输出连接总线，只要让各三态门的使能端依次处于高电平，即任何时刻只有一个三态门使能处于工作状态(占用总线)，其余三态门均处于高阻状态(释放总线)，总线会依次输出各三态门的输出。

注意，多个三态门同时使能时，会导致总线逻辑混乱，甚至造成器件因输出电流过大而损坏的现象。

三态门的选通功能，还可用于实现数据双向传输，如图 2-15 所示。三态非门 G_1 的使能端高电平有效，三态非门 G_2 的使能端低电平有效(G_2 逻辑符号中使能端 EN 的圆圈表示低电平使能)。当 $EN=1$ 时，G_1 使能，G_2 高阻，信号由 A 传至 B；当 $EN=0$ 时，G_1 高阻，G_2 使能有输出，信号由 B 传至 A。

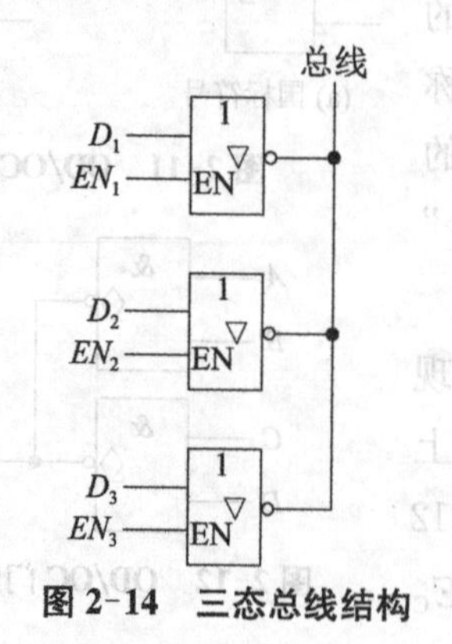

图 2-14 三态总线结构

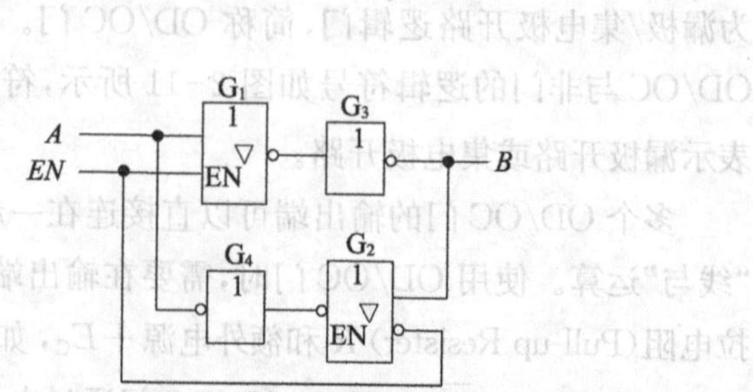

图 2-15 数据双向传输结构

本章小结

实现基本逻辑运算和复合逻辑运算的单元电路称为逻辑门电路。逻辑门电路是构成各种复杂数字电路的基本单元，常用的有与门、或门、非门、与非门、或非门、异或门、同或门等。逻辑门电路可以由二极管、三极管和场效应管等分立元器件构成，可利用晶体管的开关特性，实现与、或、非、与非、或非等逻辑运算。这种由分立元件构成的晶体管开关电路，结构简单，容易实现，但集成度不高。

利用半导体集成工艺将一个或多个完整的逻辑门电路做在同一块硅片上，制作出来的电路称为集成逻辑门电路。集成逻辑门电路是一种数字集成电路，按制作工艺和工作原理的不同，可分为TTL、CMOS和ECL三种主要逻辑系列。其中，TTL是基于三极管的双极型逻辑电路，速度和功耗都处于中等水平；CMOS是基于MOS管的单极型逻辑电路，制造工艺简单，集成度高，功耗低，电源电压范围宽，是目前应用最为广泛的集成电路；ECL是双极型高速电路，适用于对工作速度要求特别高的中小规模集成电路。

数字集成电路的主要电气指标包括逻辑电平、噪声容限、驱动能力、功耗以及信号传输延迟时间。掌握逻辑门的外部特性和电气指标，才能正确选择和使用逻辑门。同一系列不同逻辑功能的集成电路，具有相同的特性和统一参数；对于不同系列的集成电路(如型号最后的数字相同的电路就具有相同的逻辑功能，但它们的电气指标有所不同)，使用时，要注意查阅器件手册中的参数。

OD/OC门和三态门是集成逻辑门的两种特殊输出结构。OD/OC门输出端并接可以实现“线与”功能，但使用时其输出端需要外接上拉电阻和额外电源。三态门的输出有低电平、高电平以及高阻抗三种状态，满足使能时，三态门能实现门电路逻辑功能。

习题2

2-1　填空题

(1) 在晶体管开关电路中，三极管的饱和、截止两种状态，对应着开关的________、________两种状态。

(2) CMOS非门中，当输入为低电平时，输出为________。

(3) 在TTL、CMOS和ECL三种门电路中，________门速度最快、________门功耗最低、________门抗干扰能力最强。

(4) 在正逻辑中，逻辑1表示________，逻辑0表示________。

(5) 正逻辑的与门是负逻辑的________，正逻辑的或门是负逻辑的________。

(6) 已知某逻辑门的参数$U_{OH}=3.2\ V$，$U_{OL}=0.4\ V$，$U_{OFF}=0.7\ V$，$U_{ON}=1.9\ V$，则该逻辑门的低电平噪声容限U_{NH}为________。

(7) 如果某TTL与非门的输入低电平噪声容限$U_{NL}=0.7\ V$，输出低电平$U_{OL}=0.2\ V$，其关门电平为________。

(8) 某 TTL 反相器的电流参数为 $I_{IH}=20\ \mu A, I_{IL}=-1.4\ mA, I_{OH}=-400\ \mu A, I_{OL}=14\ mA$，则该器件的扇出系数为________。

(9) 对于 TTL 或非门、TTL 与非门、CMOS 与非门，使用时________的多余输入端可以悬空，________的多余输入端可以接地。

(10) 在 TTL 门电路中，输入端悬空等效于输入________电平。

(11) 三态门输出端有________、________和________三种状态。

(12) OC 门称为________门，多个 OC 门输出端可以直接相连实现________功能。

(13) 漏极开路门电路工作时必须外加________和________。

(14) TTL 逻辑门电路如图 2-16 所示，输出函数为 $X(A,B)=\sum m($________$)$。

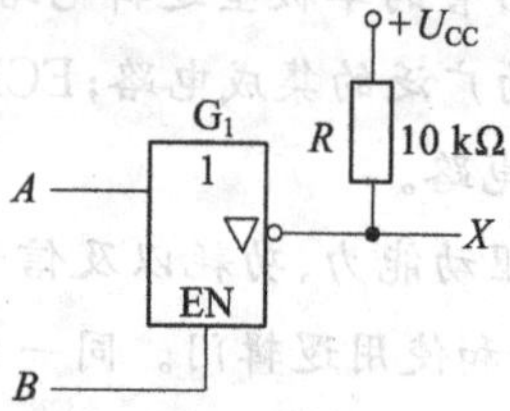

图 2-16　题 2-1(14)图 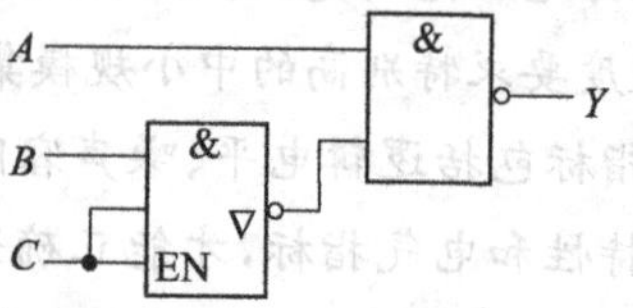　　图 2-17　题 2-1(15)图 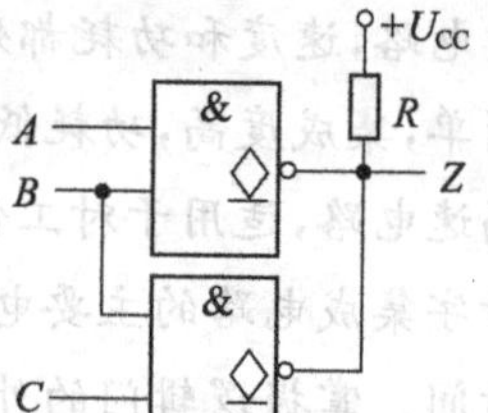　　图 2-18　题 2-1(16)图

(15) CMOS 逻辑门电路如图 2-17 所示，输出函数为 $Y(A,B,C)=\sum m($________$)$。

(16) 分析电路如图 2-18 所示，直接写出输出表达式 $Z=$________。

2-2　选择题

(1) 对于 TTL 与非门多余输入端，下列说法错误的是________。

A. 接电源　　B. 接地

C. 与其他输入端并联　　D. 不接

(2) 对于 CMOS 或非门多余输入端，下列说法正确的是________。

A. 接电源　　B. 接地

C. 通过 2.7 kΩ 电阻接电源　　D. 不接

(3) TTL 逻辑电路利用了晶体三极管的________状态。

A. 放大、截止　　B. 放大、饱和

C. 饱和、截止　　D. 放大、饱和、截止

(4) 下列________的输入端允许悬空。

A. CMOS 反相器　　B. TTL 与非门

C. NMOS 同或门　　D. CMOS 异或门

(5) CMOS 或非门多余输入端应________。

A. 悬空　　B. 接高电平　　C. 接地　　D. 接电源

(6) 三态门符号中使能端的圆圈表示________。

A. 低电平有效　B. 高电平有效　C. 上升沿有效　D. 下降沿有效

(7) 下列________输出不允许并联使用。

A. 典型 TTL 门　B. OC 门　C. OD 门　D. 三态门

(8) 能实现“线与”逻辑功能的门为________。

A. TTL 三态门　B. OC 门　C. 与非门　D. 或非门

(9) 下列________说法正确。

A. TTL 门电路输入端悬空时相当于接“0”

B. TTL OC 门输出端允许直接并联使用

C. CMOS 三态门输出端有可能出现高电平、低电平和不定态三种状态

D. CMOS 反相器输出端允许直接并联使用

(10) 能实现分时传输数据逻辑功能的是________。

A. TTL 与非门　B. 三态逻辑门

C. 集电极开路逻辑门　D. CMOS 逻辑门

(11) 图 2-19 电路中发光二极管的正向导通压降约为 1.0 V，正向电流为 8～10 mA 时可以正常发光。设非门输出高电平约为 5 V，输出电流小于 2 mA；输出低电平约为 0 V，输出电流小于 14 mA。限流电阻 R 的取值可以为________。

A. 300 Ω　B. 350 Ω　C. 450 Ω　D. 550 Ω

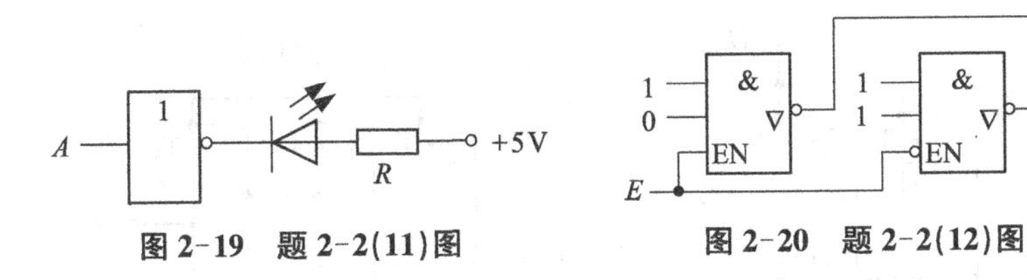

图 2-19　题 2-2(11)图　　图 2-20　题 2-2(12)图

(12) 图 2-20 所示电路，当 E 的序列为 10110 时，输出 F 的序列是________。

A. 10110　B. 01001　C. 01110　D. 11001

2-3　分析图 2-21(a)、(b)所示二极管门电路工作原理，写出输出 F_1、F_2 与输入 A、B、C 之间的逻辑关系，画出电路的逻辑符号。

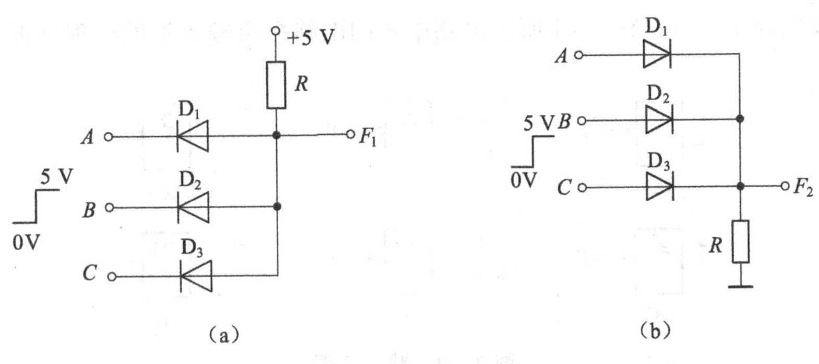

图 2-21　题 2-3 图

2-4 用发光二极管指示 TTL 与非门的输出状态，要求当与非门输入 A、B 均为高电平时，发光二极管亮。已知与非门输出低电平电流为 16 mA，二极管正向压降为 2 V，驱动电流为 10 mA。要求画出设计电路。

2-5 在图 2-22(a)所示电路中，假设 R_B 和 R_C 能保证三极管工作在饱和或截止状态，三极管饱和管压降忽略不计。当输入信号 A 波形(电压为 0 V 或 5 V)如图 2-22(b)所示时，分析该电路，试画出输出 Y 的电压波形，并指出电路功能。

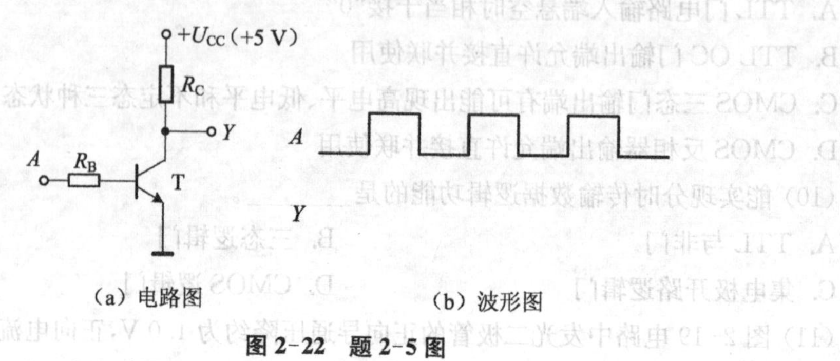

图 2-22 题 2-5 图

2-6 MOS 管开关电路如图 2-23(a)、(b)所示，利用 MOS 管的开关特性，分析电路工作原理，指出电路功能。

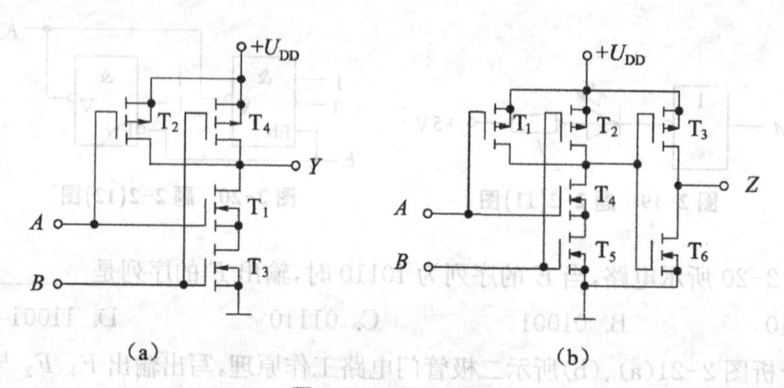

图 2-23 题 2-6 图

2-7 要实现 $Y=\bar{A}$，图 2-24 所示电路中各门电路多余输入端的处理是否正确？

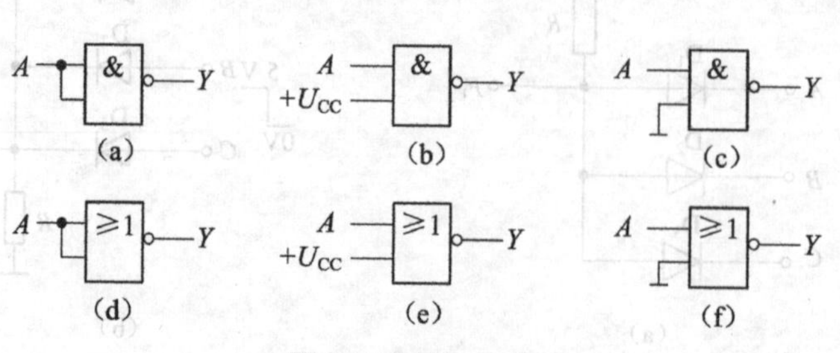

图 2-24 题 2-7 图

2-8　图 2-25 所示为 TTL 普通逻辑门和 TTL OC 逻辑门构成的电路，A、B 为输入信号，F 为输出信号，试分析电路，写出输出函数表达式 $F(A, B, C)$，列出电路真值表。

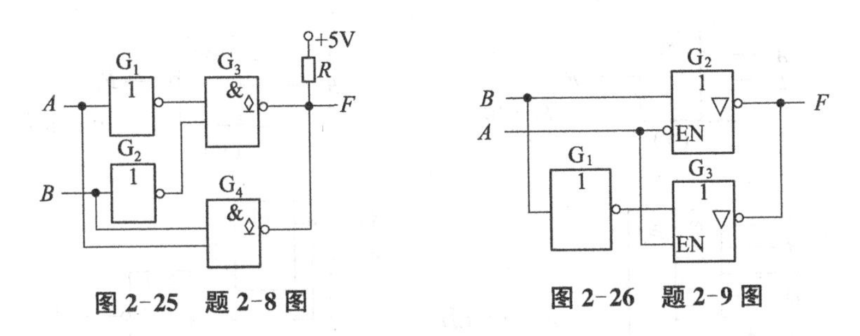

图 2-25　题 2-8 图　　　　图 2-26　题 2-9 图

2-9　图 2-26 所示为 TTL 普通逻辑门和三态门构成的电路，A、B 为输入信号，F 为输出信号，试分析电路，写出输出函数表达式，列出电路真值表。

2-10　TTL 三态门电路如图 2-27(a)所示，电路输入波形如图 2-27(b)所示，试画出输出信号 F 的波形。

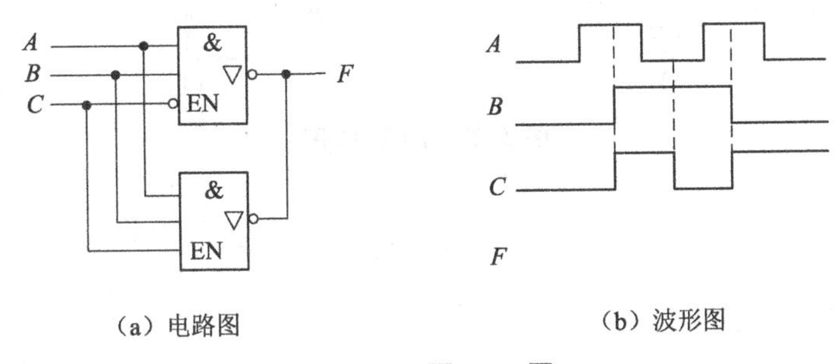

(a) 电路图　　　　(b) 波形图

图 2-27　题 2-10 图

2-11　图 2-28(a)所示为三态门组成的总线换向开关电路，其中 A、B 为频率不同的两个输入信号，EN 为换向控制信号，输入信号和控制信号的波形图如图 2-28(b)所示，试画出 F_1、F_2 的波形。

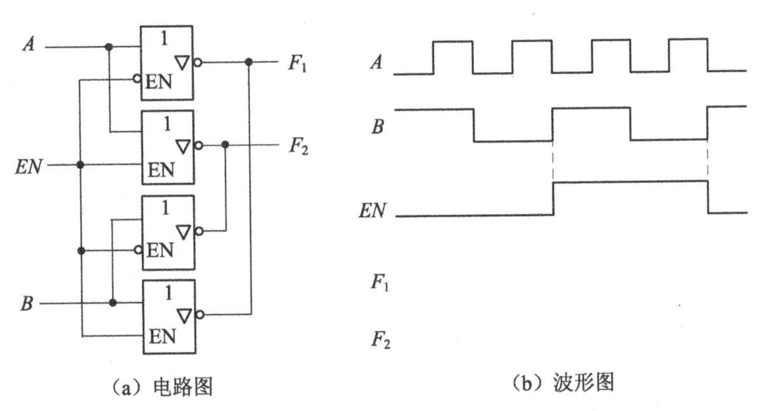

(a) 电路图　　　　(b) 波形图

图 2-28　题 2-11 图

2-12 TTL电路如图 2-29 所示，判断各电路是否能实现对应的逻辑关系。将其中不能实现的电路改正，使其符合输出函数表达式。

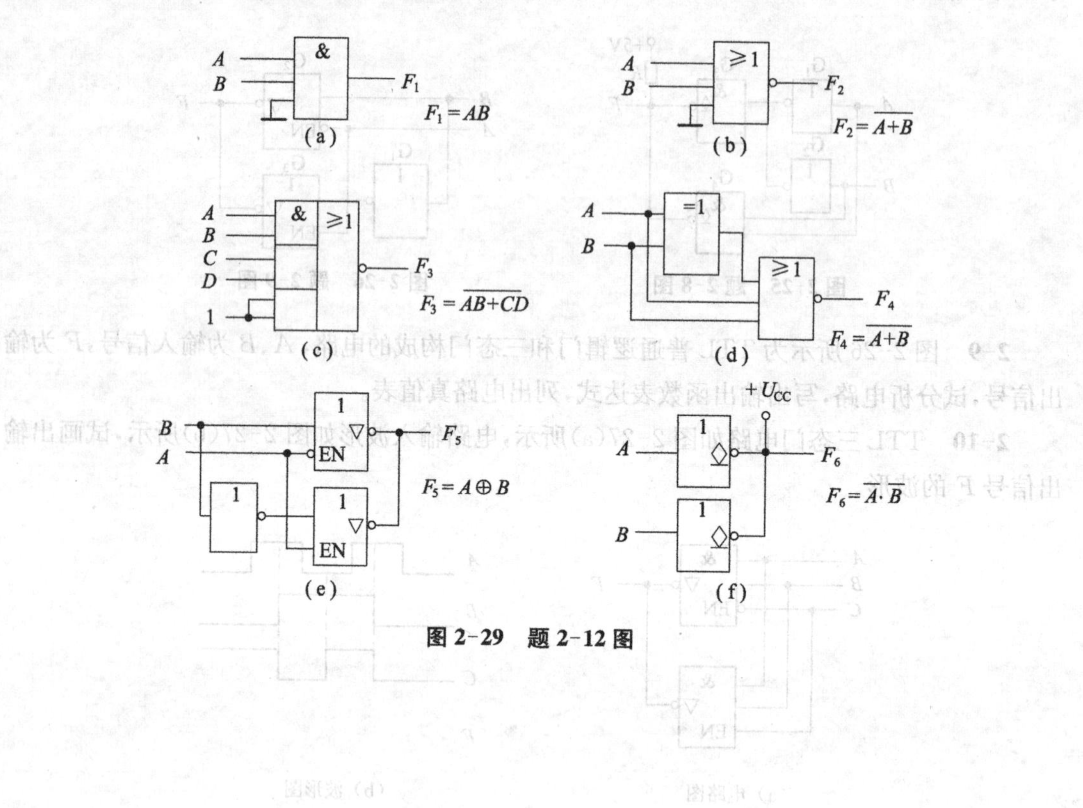

图 2-29 题 2-12 图

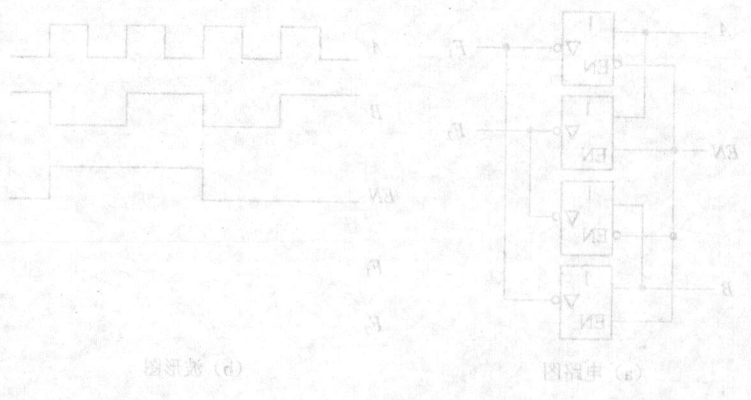

第 3 章　组合逻辑电路

根据电路结构和功能特点的不同，数字电路可以分为组合逻辑电路和时序逻辑电路两大类。本章介绍组合逻辑电路的基本知识，主要包括组合逻辑电路的分析和设计方法，加法器、比较器、编码器、译码器和选择器等常用组合逻辑功能器件与基本应用。

3.1　组合逻辑电路概述

组合逻辑电路(Combinational Logic Circuit)是指某一时刻电路的输出，仅由该时刻各输入信号的取值决定，而与过去的输入情况无关。

3.1.1　组合逻辑电路的模型

研究组合逻辑电路时，通常用图 3-1 所示的组合电路模型表示有 k 个输入端、m 个输出端的组合逻辑电路网络，相应的输出函数关系可表示为

图 3-1　组合逻辑电路模型

$$Z_i = f_i(X_1,\ X_2,\ \cdots,\ X_k) \quad i = 1,\ 2,\ \cdots,\ m \tag{3-1}$$

由式 3-1 可见，组合逻辑电路任何时刻的输出只是当时输入信号的函数，给定任意一组输入变量值，就有一组确定的函数值输出。

3.1.2　组合逻辑电路的特点

从功能特点看，组合逻辑电路任何时刻的输出仅取决于当前输入信号的取值，电路没有记忆功能；从电路结构看，电路没有反馈。第 1 章介绍的逻辑函数都是组合逻辑函数，组合逻辑电路是组合逻辑函数的电路实现。因此，真值表、卡诺图、逻辑表达式以及波形图等逻辑函数的表示方法，都可以用来表示组合电路的逻辑功能。

3.2　组合逻辑电路的分析和设计方法

3-1

3.2.1　组合逻辑电路的分析方法

组合逻辑电路的分析就是研究组合电路输入变量和输出变量的函数关系和取值关系，

进而确定电路的功能和应用场合等。

1. 分析步骤

对于任何一个组合逻辑电路，其分析步骤大致如下：

（1）由给定的组合电路逻辑图，根据运算关系，写出该电路输出函数的逻辑表达式；

（2）根据需要化简或变换输出函数的表达式，罗列输入取不同值时，输出函数的取值情况，列出输出函数的真值表；

（3）分析真值表中的取值关系，得到电路的逻辑功能和应用场合等。

2. 分析举例

例 3-1 分析图 3-2 所示逻辑电路的功能。

解 （1）从输入端开始，写出每个逻辑门的输出表达式，一直写到输出端，就可得到输出函数表达式。为了便于列真值表，可以对表达式进行适当变形。电路的输出函数表达式为

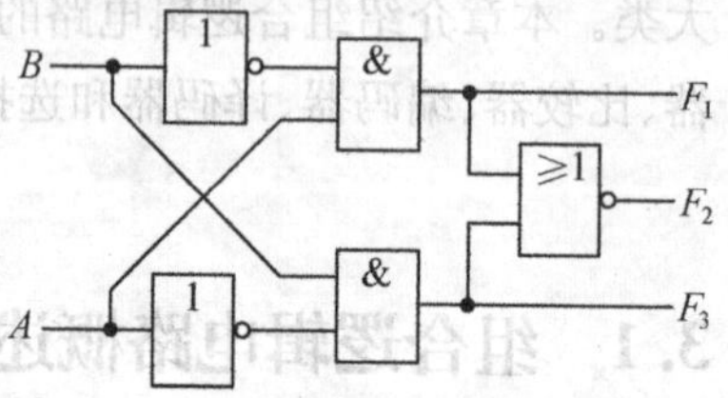

图 3-2 例 3-1 电路图

$$F_1=A\bar{B}\quad F_2=\overline{A\bar{B}+\bar{A}B}=\bar{A}\bar{B}+AB\quad F_3=\bar{A}B$$

（2）根据表达式求出真值表，如表 3-1 所示。

表 3-1 例 3-1 真值表

A	B	F_1	F_2	F_3
0	0	0	1	0
0	1	0	0	1
1	0	1	0	0
1	1	0	1	0

（3）由真值表可以看出，A、B 为两个 1 位二进制数，$A>B$ 时 $F_1=1$，$A=B$ 时 $F_2=1$，$A<B$ 时 $F_2=1$。可见，该电路是 1 位二进制数比较器，F_1、F_2、F_3 分别为“大于”、“等于”和“小于”三种比较结果。

例 3-2 分析图 3-3 所示逻辑电路的功能。

解 （1）电路由两个异或门、1 个与或非门和 1 个非门组成，电路有 A、B、C 3 个输入信号，输出信号为 X 和 Y。输出函数表达式为

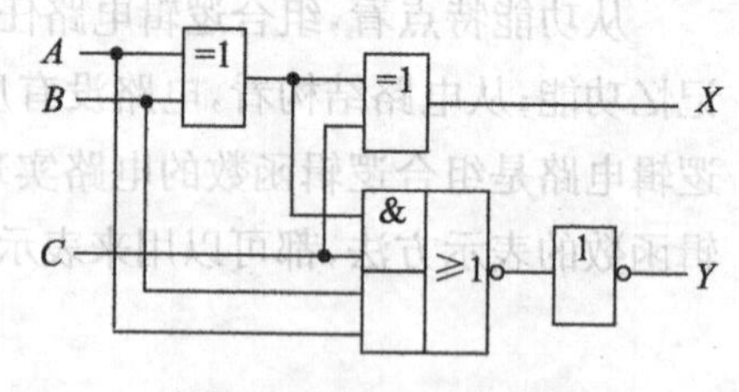

图 3-3 例 3-2 电路图

$$\begin{aligned}X&=A\oplus B\oplus C\\Y&=\overline{\overline{(A\oplus B)\cdot C+A\cdot B}}\\&=(A\oplus B)\cdot C+A\cdot B\\&=(A\bar{B}+\bar{A}B)\cdot C+A\cdot B\\&=AB+\bar{A}BC+A\bar{B}C\end{aligned}$$

（2）由异或运算规律，求出不同自变量取值下 X 的函数值，将函数 Y 的表达式整理成与

或式，方便填写 Y 的函数值，真值表如表 3-2 所示。

表 3-2 例 3-2 真值表

A	B	C	Y	X
0	0	0	0	0
0	0	1	0	1
0	1	0	0	1
0	1	1	1	0
1	0	0	0	1
1	0	1	1	0
1	1	0	1	0
1	1	1	1	1

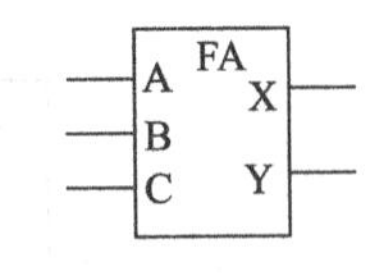

图 3-4 1 位全加器惯用符号

(3) 将输入 A、B 看作两个 1 位二进制数，将 C 看作来自低位的进位输入，输出 X 就是 A、B 带进位加的和，Y 就是向高位的进位输出，该电路为“全加器”，可实现两个 1 位二进制数连同低位进位的加法运算。全加器的惯用逻辑符号如图 3-4 所示，符号中的 FA 是全加器(Full Adder)的缩写。

3-2

3.2.2 组合逻辑电路的设计方法

逻辑电路的设计就是根据功能要求进行电路设计，用逻辑器件构成电路，实现所需功能。设计的基本要求是功能正确，电路尽可能简单。

1. 设计步骤

通常，组合电路设计的基本步骤如下：

(1) 根据功能要求，对实际问题逻辑抽象，定义输入、输出信号，用变量符号来表示；

(2) 根据对电路逻辑功能的要求，列出电路的真值表；

(3) 根据设计要求，采用适当的化简方法，求出输出函数的最简表达式；

(4) 用所要求的逻辑门实现组合电路的设计，画出与最简表达式相对应的逻辑电路图。

2. 设计举例

例 3-3 设计一个 3 人表决电路，按照少数服从多数的原则进行表决，当投票的 3 人中有 2 个及以上的人投赞成票，表决结果通过，否则表决结果不通过。设计该 3 人表决电路，用与非门实现。

解 (1) 定义变量 A、B、C 表示 3 个投票人的投票情况，取值为 1 表示投赞成票，定义变量(函数) F 表示表决结果，取值为 1 表示通过。

(2) 根据少数服从多数的表决原则，当自变量中有 2 个或 3 个取值为 1 时，表决通过，即自变量 ABC 为 011、101、110、111 时，$F=1$。列出真值表如表 3-3 所示。

(3) 根据真值表与最小项表达式的对应关系，直接写出函数的最小项表达式，$F(A,B,C)=\bar{A}BC+A\bar{B}C+AB\bar{C}+ABC$。

通过代数化简，可得到函数的最简表达式

$$F(A,B,C)=(\bar{A}BC+ABC)+(A\bar{B}C+ABC)+(AB\bar{C}+ABC)=BC+AC+AB$$

利用还原律和反演律，将最简与或式变换成与非形式

$$F(A,B,C)=BC+AC+AB=\overline{\overline{BC+AC+AB}}=\overline{\overline{BC}\cdot\overline{AC}\cdot\overline{AB}}$$

(4) 根据与非表达式，画出用与非门实现的电路图，如图 3-5 所示。

表 3-3 例 3-3 真值表

A	B	C	F
0	0	0	0
0	0	1	0
0	1	0	0
0	1	1	1
1	0	0	0
1	0	1	1
1	1	0	1
1	1	1	1

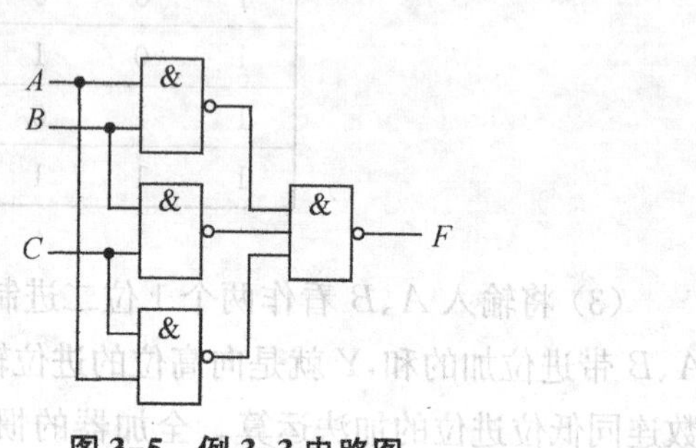

图 3-5 例 3-3 电路图

例 3-4 某培训班开设了微机原理、信息处理、数字通信和网络技术四门课程，学生如果通过考试，可分别获得 5 学分、4 学分、3 学分和 2 学分。若未通过考试，对应课程得 0 分。规定至少要获得 9 个学分才可结业。设计一个判断学生能否结业的电路，用与非门实现。

解 (1) 定义变量 A、B、C、D 分别表示微机原理、信息处理、数字通信和网络技术课程考试结果，取值为 1 表示通过。定义变量 F 表示该生能否结业，1 表示可以结业。

(2) 列出真值表，如表 3-4 所示。

表 3-4 例 3-4 真值表

A	B	C	D	F	A	B	C	D	F
0	0	0	0	0	1	0	0	0	0
0	0	0	1	0	1	0	0	1	0
0	0	1	0	0	1	0	1	0	0
0	0	1	1	0	1	0	1	1	1
0	1	0	0	0	1	1	0	0	1
0	1	0	1	0	1	1	0	1	1
0	1	1	0	0	1	1	1	0	1
0	1	1	1	0	1	1	1	1	1

(3) 输出函数 F 有 4 个输入变量，且函数值中 1 较多，故采用卡诺图化简，如图 3-6(a) 所示，得到最简与或表达式 $F=AB+BCD+ACD$。

进一步将函数表达式转换成与非-与非表达式 $F=\overline{\overline{AB}\cdot\overline{BCD}\cdot\overline{ACD}}$。

(4) 采用与非门实现电路，电路图如图 3-6(b)所示。

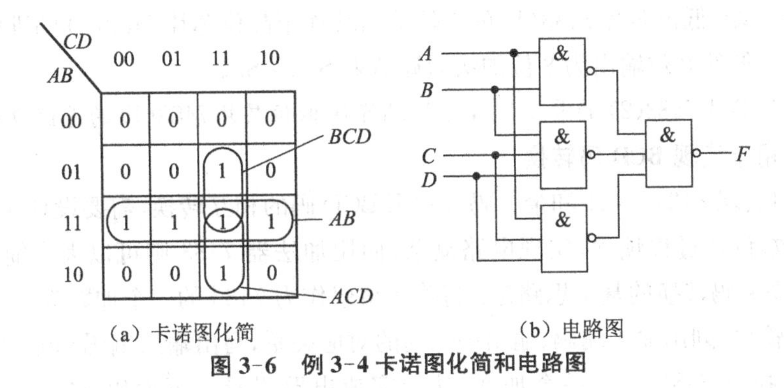

图 3-6　例 3-4 卡诺图化简和电路图

3.3　常用组合逻辑功能器件及其应用

数字集成电路除了各种逻辑门芯片外，还有大量功能芯片，每种功能芯片都具有特定的逻辑功能，以满足多样化的应用需要。实现这些功能通常需要数十个逻辑门，这类芯片常被称为中规模集成电路(Medium Scale Integration，MSI)。本节介绍加法器、比较器、编码器、译码器、数据选择器、数据分配器等常用功能电路的符号、功能和用法。

3-3

3.3.1　加法器

运算器是数字系统中必不可少的信息处理单元，二进制数的加法运算是各种复杂运算的基础。例 3-2 中介绍了一位二进制全加器，下面介绍 4 位二进制全加器(Adders)。

1. 4 位二进制数全加器 7483

7483 是实现两个无符号 4 位二进制数连同低位进位的加法运算的功能芯片，其惯用逻辑符号如图 3-7 所示，$A_3\,A_2\,A_1\,A_0$ 和 $B_3\,B_2\,B_1\,B_0$ 为两个 4 位无符号二进制数输入端，A_3 和 B_3 是两数的最高位，C_0 为低位进位输入端，$S_3\,S_2\,S_1\,S_0$ 为和输出端，C_4 为进位输出端。

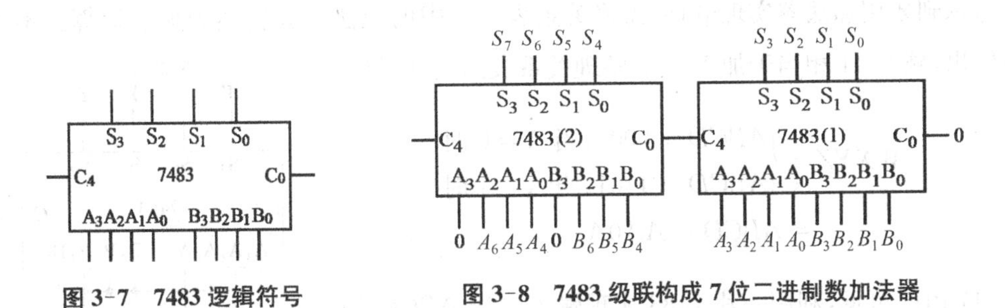

图 3-7　7483 逻辑符号　　图 3-8　7483 级联构成 7 位二进制数加法器

2. 7483 的级联扩展

超过 4 位二进制数的加法运算可以通过 7483 芯片的级联扩展实现。图 3-8 是用两片

7483 级联实现两个 7 位二进制数 $A_6 \sim A_0$ 和 $B_6 \sim B_0$ 的求和电路图，低 4 位 $A_3 \sim A_0$ 和 $B_3 \sim B_0$ 输入至低位芯片 7483(1) 的输入端，高 3 位 $A_6 \sim A_4$ 和 $B_6 \sim B_4$ 输入至高位芯片 7483(2) 的输入端，低位芯片 7483(1) 的进位输出端连至高位芯片 7483(2) 的进位输入端，两片 7483 由高至低的 8 位输出为 8 位加法运算结果 $S_7 \sim S_0$。

注意，高位芯片 7483(2) 的最高位 A_3、B_3 端置 0，低位芯片 7483(1) 的进位输入 C_0 端置 0。

3. 7483 用于实现 BCD 码转换

用逻辑门实现 8421、5421 和余 3 码等常用 BCD 码的相互转换，需要设计实现 4 个四变量的逻辑函数，设计过程烦琐，实现电路复杂，而用加法器 7483 则可以大大简化电路的设计。7483 实现编码转换的基本思路是：将输入编码作为 7483 的一个加数输入，输出编码作为 7483 的和输出，列出输入编码、输出编码间的对应关系，写出输入编码和输出编码的加法表达式，由此找出 7483 的另一个加数，从而完成电路设计。下面以 5421BCD 码转换为 8421BCD 码为例，说明用 7483 加法器实现 BCD 码转换的一般方法。

例 3-5 试用 4 位全加器芯片 7483 实现 5421BCD 码到 8421BCD 码的转换。

表 3-5 例 3-5 真值表

5421BCD				8421BCD			
A	B	C	D	W	X	Y	Z
0	0	0	0	0	0	0	0
0	0	0	1	0	0	0	1
0	0	1	0	0	0	1	0
0	0	1	1	0	0	1	1
0	1	0	0	0	1	0	0
1	0	0	0	0	1	0	1
1	0	0	1	0	1	1	0
1	0	1	0	0	1	1	1
1	0	1	1	1	0	0	0
1	1	0	0	1	0	0	1

解 (1) 用 7483 实现 5421BCD 码到 8421BCD 码的转换电路时，用变量 $ABCD$ 表示电路输入的 5421BCD 码，用 $WXYZ$ 表示电路输出的 8421BCD 码。

(2) 列出两种编码之间的对应关系，如表 3-5 所示。将输入 $ABCD$、输出 $WXYZ$ 看作无符号 4 位二进制数时，可以看出 $ABCD$ 和 $WXYZ$ 的对应关系为：当 $ABCD$ 对应的十进制数 $N_{10} \leqslant 4$ 时，$WXYZ$ 和 $ABCD$ 相同；当 $ABCD$ 对应的十进制数 $N_{10} \geqslant 5$ 时，$WXYZ$ 比相应的 $ABCD$ 码小 3。

(3) 列出输入、输出关系表达式

$$WXYZ = \begin{cases} ABCD + 0000, \text{当 } N_{10} \leqslant 4 \text{ 时} \\ ABCD - 0011, \text{当 } N_{10} \geqslant 5 \text{ 时} \end{cases}$$

考虑到要用加法器实现电路，需将关系表达式中的减法运算转换为加法运算。不考虑进位输出，减 0011 相当于加 1101。整理关系表达式，可得

$$\begin{aligned} WXYZ &= \begin{cases} ABCD + 0000, \text{当 } A = 0 \text{ 时} \\ ABCD + 1101, \text{当 } A = 1 \text{ 时} \end{cases} \\ &= ABCD + AA0A \end{aligned}$$

(4) 由此可见，利用一片 7483 实现输入信号 $ABCD$ 和 $AA0A$ 相加，即可得到 5421BCD 码到 8421BCD 码的转换电路，如图 3-9 所示。

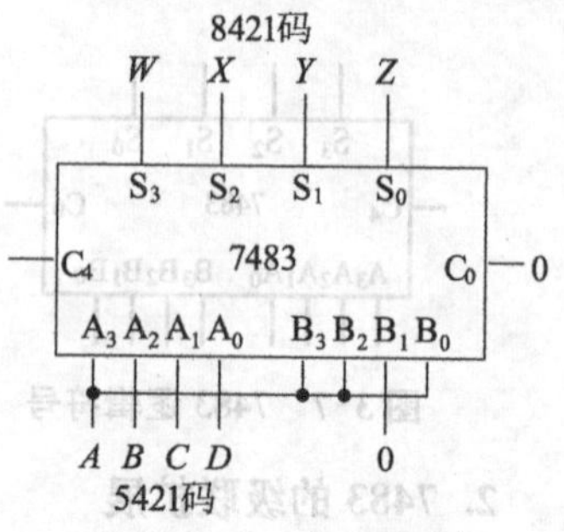

图 3-9 例 3-5 电路图

3-4

3.3.2 比较器

数值比较器简称比较器(Comparators),用于比较两个数的大小,并给出"大于""等于"和"小于"三种比较结果。图3-2为逻辑门构成的1位二进制数比较器。比较两个多位二进制数大小时,需要从高位开始逐位比较,若高位不同,则结果立现,不必再对低位进行比较;若高位相等,则比较结果由低位的比较结果决定;当对应各位都相等时,则两个多位二进制数完全相等。

1. 4位二进制数比较器7485

7485是4位无符号二进制数比较器,其惯用逻辑符号如图3-10所示,$A_3 \sim A_0$ 和 $B_3 \sim B_0$ 是比较的两个4位二进制数输入端,A_3 和 B_3 分别是两数的最高位;$a>b$、$a=b$、$a<b$ 是级联输入端,$A>B$、$A=B$、$A<B$ 是比较输出端。

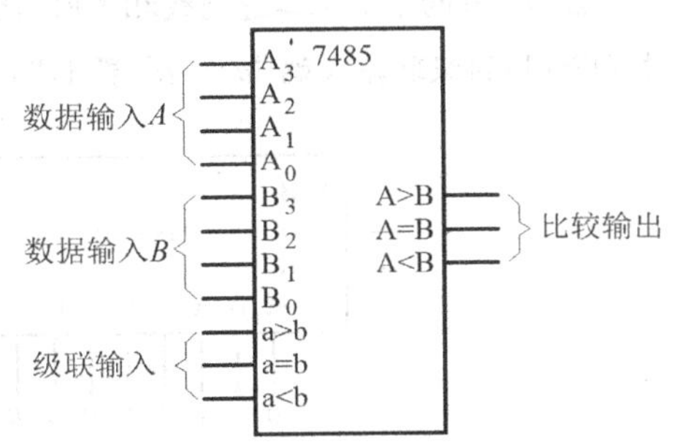

图3-10 7485逻辑符号

7485的功能表如表3-6所示,表中"H"和"L"分别表示高电平和低电平,正逻辑时分别对应逻辑1和逻辑0;"×"表示可以是高电平或低电平,即该输入与结果无关,也可以用"Φ"表示。功能表是描述芯片功能的一种表格,与真值表罗列输入、输出变量的取值不同,功能表注重表示不同输入条件下芯片的功能。

表3-6 7485功能表

比较输入				级联输入			输出		
$A_3\ B_3$	$A_2\ B_2$	$A_1\ B_1$	$A_0\ B_0$	$a>b$	$a<b$	$a=b$	$A>B$	$A<B$	$A=B$
$A_3>B_3$	×	×	×	×	×	×	H	L	L
$A_3<B_3$	×	×	×	×	×	×	L	H	L
$A_3=B_3$	$A_2>B_2$	×	×	×	×	×	H	L	L
$A_3=B_3$	$A_2<B_2$	×	×	×	×	×	L	H	L
$A_3=B_3$	$A_2=B_2$	$A_1>B_1$	×	×	×	×	H	L	L
$A_3=B_3$	$A_2=B_2$	$A_1<B_1$	×	×	×	×	L	H	L
$A_3=B_3$	$A_2=B_2$	$A_1=B_1$	$A_0>B_0$	×	×	×	H	L	L
$A_3=B_3$	$A_2=B_2$	$A_1=B_1$	$A_0<B_0$	×	×	×	L	H	L
$A_3=B_3$	$A_2=B_2$	$A_1=B_1$	$A_0=B_0$	H	L	L	H	L	L
$A_3=B_3$	$A_2=B_2$	$A_1=B_1$	$A_0=B_0$	L	H	L	L	H	L
$A_3=B_3$	$A_2=B_2$	$A_1=B_1$	$A_0=B_0$	×	×	H	L	L	H
$A_3=B_3$	$A_2=B_2$	$A_1=B_1$	$A_0=B_0$	H	H	L	L	L	L
$A_3=B_3$	$A_2=B_2$	$A_1=B_1$	$A_0=B_0$	L	L	L	H	H	L

由表3-6可以看出,当比较的两个4位二进制数 $A_3 \sim A_0$ 和 $B_3 \sim B_0$ 的高位不相等时,比较结果就可以由此确定,低位和级联输入的取值不起作用;高位相等时,比较结果由低位

确定；当两个 4 位二进制数完全相等时，结果由级联输入决定。正常使用时，三个级联输入应该只有一个为有效的高电平。表中最后三行表示，若有多个级联输入端为高电平或级联输入全为低电平时，7485 电路的实际输出值。

2. 7485 的级联扩展

7485 的级联输入端用于连接低位芯片的比较输出端，以实现比较位数的扩展。图 3-11 是两片 7485 级联构成的 7 位二进制数比较器，该比较器能实现两个 7 位二进制数 $A_6 \sim A_0$ 和 $B_6 \sim B_0$ 的数值比较。低 4 位 $A_3 \sim A_0$ 和 $B_3 \sim B_0$ 输入低位芯片 7485(1) 输入端，高 3 位 $A_6 \sim A_4$ 和 $B_6 \sim B_4$ 输入高位芯片 7485(2)输入端，低位芯片 7485(1)的比较输出端连至高位芯片 7485(2)的级联输入端，比较结果由高位芯片 7485(2)的比较输出端输出。将高位芯片 7485(1)的两个最高位 A_3 和 B_3 置为多余端，设置为相等即可。

注意，当两个 7 位二进制数相等时，比较结果由低位芯片的级联输入信号决定，因此低位芯片 7485(1)的级联输入端"$a=b$"置 1，"$a>b$"和"$a<b$"均置 0，以确保输出 $A=B$ 的结果。

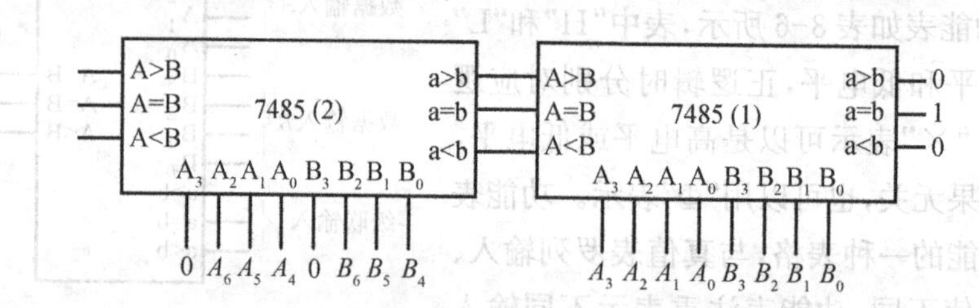

图 3-11　7485 级联构成 7 位二进制数比较器

3-5

3.3.3　编码器

编码就是对某个信号指定一组代码。编码器(Encoders)是实现编码的数字电路，对于每个有效的输入信号，编码器输出相应的二进制代码。常用的集成编码器有 8 线-3 线优先编码器和 10 线-4 线编码器等。8 线-3 线优先编码器 74148 的逻辑符号如图 3-12 所示，该芯片的所有输入和输出信号都是低电平有效，在逻辑符号上用输入端或输出端的小圆圈表示。74148 的功能表如表 3-7 所示，编码器设置了一组控制输入和输出信号，其中使能输入信号 $\overline{EI}$ 为高电平时，芯片不编码，编码输出为无效的高电平(见功能表第一行)；$\overline{EI}$ 为低电平时，芯片可以编码。$\overline{EO}$ 是用于级联扩展的使能输出，通常连接到低位编码器的 $\overline{EI}$ 端，仅当本编码器使能 ($\overline{EI}=0$) 且无有效编码输入 ($\overline{I}_7 \sim \overline{I}_0$ 均为 1)时，$\overline{EO}$ 输出低电平，使能下一级编码器(见功能表第二行)。

当芯片工作 ($\overline{EI}=0$) 时，有一个或多个编码输入端为低电平时，按编码优先级 ($\overline{I}_7 \sim \overline{I}_0$ 由高到低)对输入信号编码。编码输入信号低电平有效的含义是，当输入信号 $\overline{I}_i$ 为低电平时，需要对 $\overline{I}_i$ 编码；编码输出 $\overline{A}_2\overline{A}_1\overline{A}_0$ 低电平有效则相当于输出反码。例如，对 I_5 编码时，输出编码对应于 $\overline{I}_5$ 下标(二进制编码为 101)，由于输出信号低电平有效，实际输出编码为 010(功能表中是 LHL)。组选择输出 $\overline{GS}$ 用于表示编码输出是否有效，仅当编码器输出二进制编码时，$\overline{GS}$ 才为低电平。

注意：习惯上在逻辑符号框图内只标注输入、输出信号的名称(原变量)。如果信号低电平有效，框图外部输入、输出端加小圆圈，并在外部信号上加上非号。

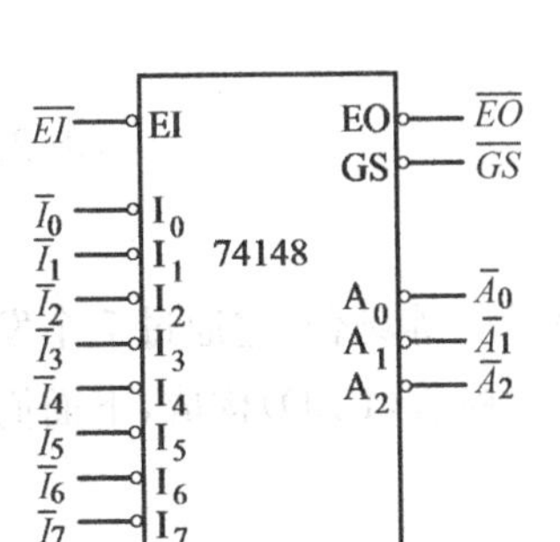

图 3-12　74148 的逻辑符号

表 3-7　74148 功能表

输入									输出				
$\overline{EI}$	$\overline{I}_0$	$\overline{I}_1$	$\overline{I}_2$	$\overline{I}_3$	$\overline{I}_4$	$\overline{I}_5$	$\overline{I}_6$	$\overline{I}_7$	$\overline{A}_2$	$\overline{A}_1$	$\overline{A}_0$	$\overline{GS}$	$\overline{EO}$
H	×	×	×	×	×	×	×	×	H	H	H	H	H
L	H	H	H	H	H	H	H	H	H	H	H	H	L
L	×	×	×	×	×	×	×	L	L	L	L	L	H
L	×	×	×	×	×	×	L	H	L	L	H	L	H
L	×	×	×	×	×	L	H	H	L	H	L	L	H
L	×	×	×	×	L	H	H	H	L	H	H	L	H
L	×	×	×	L	H	H	H	H	H	L	L	L	H
L	×	×	L	H	H	H	H	H	H	L	H	L	H
L	×	L	H	H	H	H	H	H	H	H	L	L	H
L	L	H	H	H	H	H	H	H	H	H	H	L	H

3.3.4　译码器

3-6

译码器(Decoders)执行与编码器相反的操作，译码器输入的 n 位二进制码有 2^n 种取值，称为 2^n 种不同的编码值。若将每种编码分别译出，则译码器有 2^n 个译码输出端，这种译码器称为全译码器。若译码器的输入编码是 1 位 BCD 码，则输入取值的所有组合不是都有意义，此时只需要与输入 BCD 码相对应的十个译码输出端，这种译码器称为部分译码器。

1. 3 线-8 线译码器 74138

译码器 74138 是 3 位自然二进制码的全译码器，它能够将输入的 3 位自然二进制码的 8 种编码(取值)分别译码输出。74138 的逻辑符号如图 3-13 所示，功能表如表 3-8 所示。74138 有三个使能端 G_1、$\overline{G}_{2A}$ 和 $\overline{G}_{2B}$，只有当 $G_1\overline{G}_{2A}\overline{G}_{2B}=100$(功能表中是 HLL)时，译码器才使能。

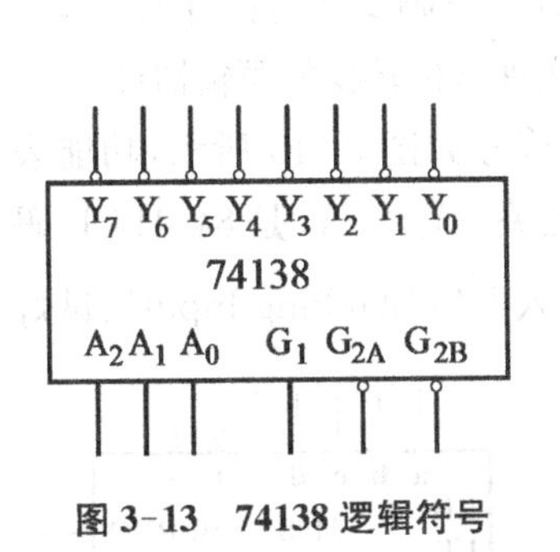

图 3-13　74138 逻辑符号

表 3-8　74138 功能表

输入						输出							
G_1	$\overline{G}_{2A}$	$\overline{G}_{2B}$	A_2	A_1	A_0	$\overline{Y}_0$	$\overline{Y}_1$	$\overline{Y}_2$	$\overline{Y}_3$	$\overline{Y}_4$	$\overline{Y}_5$	$\overline{Y}_6$	$\overline{Y}_7$
L	×	×	×	×	×	H	H	H	H	H	H	H	H
×	H	×	×	×	×	H	H	H	H	H	H	H	H
×	×	H	×	×	×	H	H	H	H	H	H	H	H
H	L	L	L	L	L	L	H	H	H	H	H	H	H
H	L	L	L	L	H	H	L	H	H	H	H	H	H
H	L	L	L	H	L	H	H	L	H	H	H	H	H
H	L	L	L	H	H	H	H	H	L	H	H	H	H
H	L	L	H	L	L	H	H	H	H	L	H	H	H
H	L	L	H	L	H	H	H	H	H	H	L	H	H
H	L	L	H	H	L	H	H	H	H	H	H	L	H
H	L	L	H	H	H	H	H	H	H	H	H	H	L

74138的译码输出信号$\bar{Y}_0 \sim \bar{Y}_7$为低电平有效。当芯片不使能时，译码输出端均为无效的高电平（功能表数据的前3行）；当芯片使能时，译码输出和输入编码一一对应，与编码输入$A_2A_1A_0$对应的输出端为有效的低电平，其余端为高电平（功能表后8行）。74138芯片使能时，每个输出函数都是输入编码的最小项的非，即

$$\bar{Y}_i(A_2, A_1, A_0) = \bar{m}_i \quad (i = 0 \sim 7) \tag{3-2}$$

2. 七段显示译码器

七段字符显示器被广泛应用于计算器、电子表和大型数字显示屏等场合，它通过7个发光段的亮/灭组合，显示字符0～9。最常见的七段显示器由发光二极管（LED）构成，下面简单介绍LED七段显示器的结构和工作原理。

(1) LED七段显示器

发光二极管在正向电压作用下导通，当正向电流大小合适（通常为10～20 mA）时，会发出可见光（红、黄、绿等）。七段显示器就是将7个条形发光二极管排列为图3-14(a)的形式，通过点亮不同的LED使其显示不同的字符形状，各段按$a \sim g$命名。七段显示器中的LED有共阴极和共阳极两种接法，如图3-14(b)和(c)所示。共阴极七段显示器输入$a \sim g$需要高电平驱动，即高电平有效；共阳极七段显示器中各段驱动电平是低电平有效。

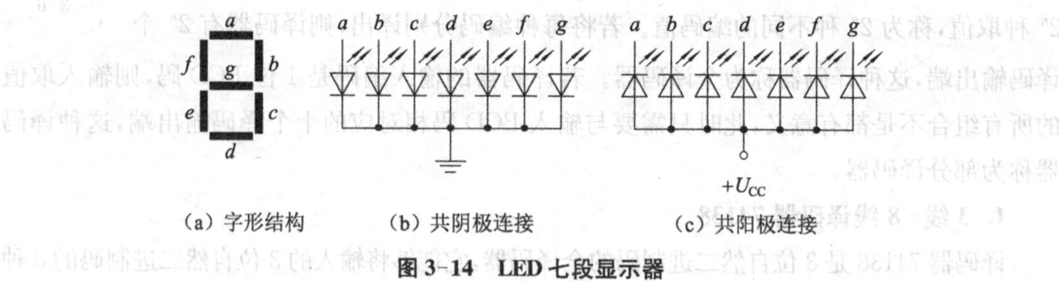

(a) 字形结构　　(b) 共阴极连接　　(c) 共阳极连接

图3-14　LED七段显示器

(2) 七段显示译码器7448

七段显示器用于显示十进制字符0～9，而十进制数在数字系统中通常采用8421BCD码表示。用七段显示器显示8421BCD码表示的十进制数，需要将8421BCD码变换为符合七段显示器字符格式的七段显示码，七段显示译码器7448就是专门用于实现这种转换的逻辑器件。

7448输出高电平有效，用于驱动共阴极七段显示器，逻辑符号如图3-15所示，功能表如表3-9所示，表中0和1分别对应电平L和H，Φ表示取值无关。$A_3 \sim A_0$是8421BCD码输入端，$a \sim g$是七段显示码输出端。7448的控制端有灭灯输入$\overline{BI}$（Blanking Input）、试灯输入$\overline{LT}$（Lamp Test）、灭0输入$\overline{RBI}$（Ripple Blanking Input）和灭0输出$\overline{RBO}$（Ripple Blanking Output），都是低电平有效，输入信号$\overline{BI}$和输出信号$\overline{RBO}$共用一个引脚，表示为$\overline{BI}/\overline{RBO}$。

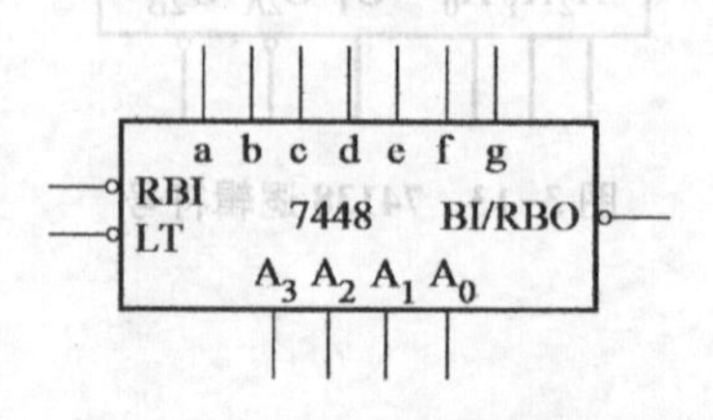

图3-15　7448逻辑符号

7448芯片有字符显示、灭灯、灭0和试灯四种工作模式。字符显示模式显示16种字符，当输入为0000～1001

时，输出 8421BCD 码对应的字符 0～9；当输入为 1010～1111 时，输出特殊字符。灭灯模式就是强行熄灭所有 LED，只要 $\overline{BI}=0$ 就进入该模式（$\overline{BI}$ 优先级最高）。灭 0 模式用于多位显示时，关闭有效位之外多余 0 的显示。当 $\overline{BI}=1$，且 $\overline{LT}=0$ 时，芯片工作于试灯模式，各段全亮，与数据输入无关，用于检验 LED 是否正常。

表 3-9　7448 功能表

十进制数或功能	输入			$\overline{BI}/\overline{RBO}$	输出	显示字形
	$\overline{LT}$	$\overline{RBI}$	A_3 A_2 A_1 A_0		a b c d e f g	
0	1	1	0 0 0 0	1	1 1 1 1 1 1 0	0
1	1	Φ	0 0 0 1	1	0 1 1 0 0 0 0	1
2	1	Φ	0 0 1 0	1	1 1 0 1 1 0 1	2
3	1	Φ	0 0 1 1	1	1 1 1 1 0 0 1	3
4	1	Φ	0 1 0 0	1	0 1 1 0 0 1 1	4
5	1	Φ	0 1 0 1	1	1 0 1 1 0 1 1	5
6	1	Φ	0 1 1 0	1	0 0 1 1 1 1 1	b
7	1	Φ	0 1 1 1	1	1 1 1 0 0 0 0	7
8	1	Φ	1 0 0 0	1	1 1 1 1 1 1 1	8
9	1	Φ	1 0 0 1	1	1 1 1 0 0 1 1	9
10	1	Φ	1 0 1 0	1	0 0 0 1 1 0 1	c
11	1	Φ	1 0 1 1	1	0 0 1 1 0 0 1	ɔ
12	1	Φ	1 1 0 0	1	0 1 0 0 0 1 1	u
13	1	Φ	1 1 0 1	1	1 0 0 1 0 1 1	⊆
14	1	Φ	1 1 1 0	1	0 0 0 1 1 1 1	t
15	1	Φ	1 1 1 1	1	0 0 0 0 0 0 0	（灭）
灭灯	Φ	Φ	Φ Φ Φ Φ	0	0 0 0 0 0 0 0	（灭）
灭 0	1	0	0 0 0 0	0	0 0 0 0 0 0 0	（灭）
试灯	0	Φ	Φ Φ Φ Φ	1	1 1 1 1 1 1 1	8

3. 用译码器实现逻辑函数

前文提到，输出低电平有效的译码器，其输出信号是编码输入变量的最小项的非。利用该性质，可以通过译码器外接一个与非门，实现逻辑函数的最小项表达式。

例 3-6　分析图 3-16 所示电路，说明电路实现的逻辑功能。

解　(1) 电路中 74138 满足使能条件，输入信号 A、B、C 输入至编码输入端 A_2、A_1、A_0，因此 74138 的每个输出函数是输入信号 A、B、C 的最小项的非，即 $\bar{Y}_i(A,\ B,\ C)=\bar{m}_i(i=0\sim7)$，74138 的输出经过与非门后输出信号 X、Y，根据电路图写出函数 X 和 Y 的表达式为

$$X(A,\ B,\ C)=\overline{\bar{Y}_1\cdot\bar{Y}_2\cdot\bar{Y}_4\cdot\bar{Y}_7}=\overline{\bar{m}_1\cdot\bar{m}_2\cdot\bar{m}_4\cdot\bar{m}_7}=\sum m(1,\ 2,\ 4,\ 7)$$

$$Y(A,\ B,\ C)=\overline{\bar{Y}_3\cdot\bar{Y}_5\cdot\bar{Y}_6\cdot\bar{Y}_7}=\overline{\bar{m}_3\cdot\bar{m}_5\cdot\bar{m}_6\cdot\bar{m}_7}=\sum m(3,\ 5,\ 6,\ 7)$$

(2) 根据最小项表达式列出 X 和 Y 的真值表，如表 3-10 所示。

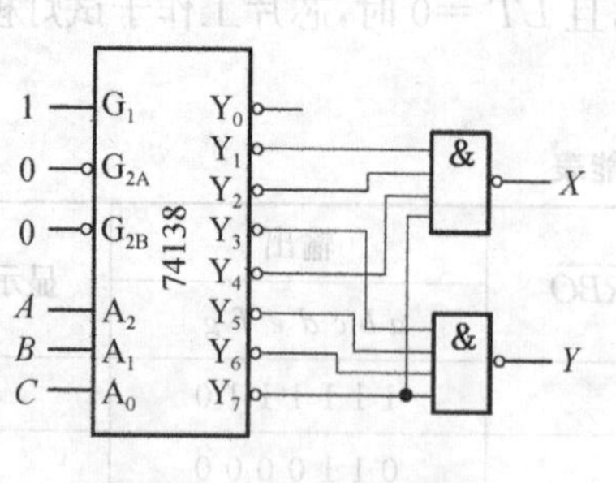

图 3-16　例 3-6 电路图

表 3-10　例 3-6 真值表

A	B	C	Y	X
0	0	0	0	0
0	0	1	0	1
0	1	0	0	1
0	1	1	1	0
1	0	0	0	1
1	0	1	1	0
1	1	0	1	0
1	1	1	1	1

(3) 由真值表可以看出，该电路是一个 1 位二进制数全加器，A、B、C 为两个相加的数以及低位进位，X 是“和”输出信号，Y 是“进位”输出信号。

例 3-7　用 74138 和门电路实现 1 位二进制全减器电路。输入为被减数、减数和来自低位的借位；输出为两数的差值以及向高位的借位。

解　(1) 1 位二进制全减器是考虑来自低位的借位的减法器，定义 X 为被减数，Y 为减数，B_i 为来自低位的借位，D 为差值，B_o 为向高位的借位。

(2) 根据减法规则，列出真值表如表 3-11 所示。

(3) 根据真值表与最小项表达式的对应关系，直接写出函数的最小项表达式，并将其变换成与 74138 输出端相适应的与非形式。

$$D(X, Y, B_i)=\sum m(1, 2, 3, 7)=\overline{\overline{m}_1 \cdot \overline{m}_2 \cdot \overline{m}_3 \cdot \overline{m}_7}=\overline{\overline{Y}_1 \cdot \overline{Y}_2 \cdot \overline{Y}_3 \cdot \overline{Y}_7}$$

$$B_o(X, Y, B_i)=\sum m(1, 2, 4, 7)=\overline{\overline{m}_1 \cdot \overline{m}_2 \cdot \overline{m}_4 \cdot \overline{m}_7}=\overline{\overline{Y}_1 \cdot \overline{Y}_2 \cdot \overline{Y}_4 \cdot \overline{Y}_7}$$

(4) 满足 74138 的使能条件，将函数自变量 X、Y、B_i 送入编码输入端，根据与非表达式，将对应输出端连接与非门从而实现函数 D、B_o。画出电路图，如图 3-17 所示。

表 3-11　例 3-7 真值表

X	Y	B_i	B_o	D
0	0	0	0	0
0	0	1	1	1
0	1	0	1	1
0	1	1	0	1
1	0	0	1	0
1	0	1	0	0
1	1	0	0	0
1	1	1	1	1

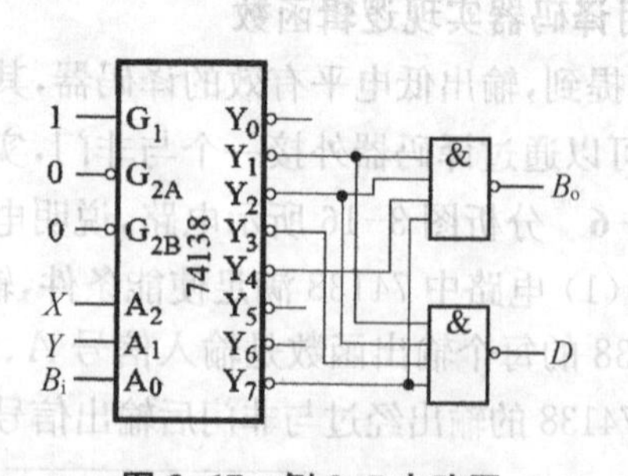

图 3-17　例 3-7 电路图

3.3.5 数据选择器与数据分配器

数据选择器和数据分配器的概念可以用如图 3-18 所示的多路开关电路加以描述。左边开关实现从 4 路信号 $D_0 \sim D_3$ 中选择 1 路信号输出至 Y，实现了 4 选 1 的功能，称为多路选择器(Multiplexer，MUX)，也叫数据选择器。右边开关将 1 路信号 D 分配到 4 路 $Y_0 \sim Y_3$ 支路上，实现 1 线到 4 线的信号分配功能，称为数据分配器(DeMultiplexer，DX)。

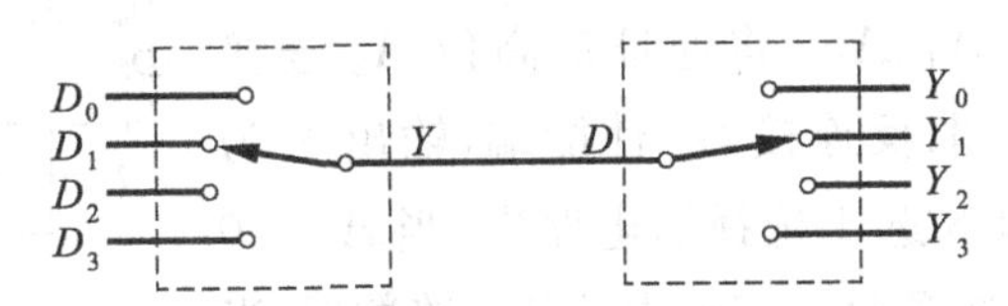

图 3-18 数据选择器和数据分配器示意图

1. 4 选 1 数据选择器 74153

74153 是双 4 选 1 数据选择器，其逻辑符号如图 3-19 所示，芯片包含两个 4 选 1 数据选择器。A_1A_0 是两个数据选择器的公共地址输入端，$\bar{G}_1$ 和 $\bar{G}_2$ 分别是两个数据选择器的使能输入端，$D_0 \sim D_3$ 是 4 路数据输入端，Y_1 和 Y_2 是数据输出端。

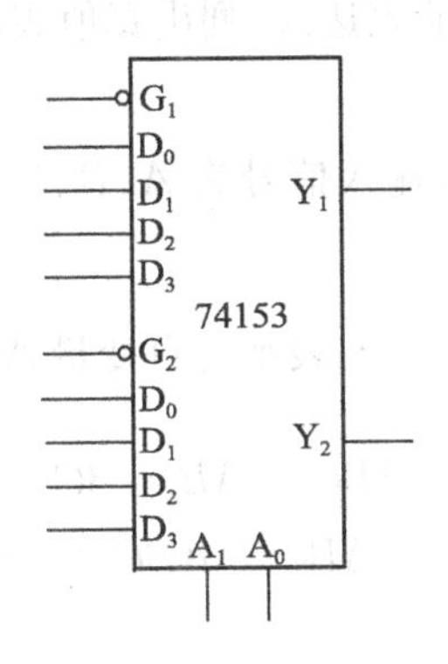

图 3-19 74153 逻辑符号

表 3-12 74153 功能表

输入			输出
$\bar{G}_i$	A_1	A_0	Y_i
1	Φ	Φ	0
0	0	0	D_0
0	0	1	D_1
0	1	0	D_2
0	1	1	D_3

74153 的功能表如表 3-12 所示。当使能端为高电平时，选择器禁止工作，输出端输出无效低电平；当使能端为低电平时，选择器工作，根据地址 A_1A_0 的取值，从输入数据 $D_0 \sim D_3$ 中选择一路至输出端输出。数据选择器的输出信号是输入数据和地址信号的函数，输出函数表达式为

$$Y = \sum_{i=0}^{3} D_i \cdot m_i = D_0\bar{A}_1\bar{A}_0 + D_1\bar{A}_1A_0 + D_2A_1\bar{A}_0 + D_3A_1A_0 \quad (3\text{-}3)$$

式 3-3 中，Y 为选择器的输出函数，m_i 是地址信号 A_1、A_0 构成的最小项，D_i 是输入数据，用于控制输出函数中包含的最小项。当 $D_i = 1$ 时，对应的最小项 m_i 出现在输出函数的与或表达式中；当 $D_i = 0$ 时，对应的最小项就不出现。

常见的数据选择器除了 4 选 1 选择器以外，还有 2 选 1、8 选 1、16 选 1 等类型，其逻辑符

号和工作原理类似，只是输入端和地址端的数目有所不同。

2. 数据选择器的扩展

借用使能端，可将两个4选1选择器扩展为一个8选1选择器。如图3-20所示，用一片双4选1选择器74153来实现8选1选择器，$D_0 \sim D_7$ 是8个数据输入端，$A_2A_1A_0$ 是3位输入地址，Y 是选择输出。将低位地址码 A_1、A_0 连接74153的公共地址端 A_1、A_0，将地址最高位 A_2 连接74153的 $\bar{G}_1$ 使能端，A_2 取反连接 $\bar{G}_2$ 使能端，输出 Y 为74153两个输出相或。该8选1选择器电路中，当 $A_2=0$ 时，由 A_1A_0 的值确定 Y 选择 $D_0 \sim D_3$ 中的某一路数据；当 $A_2=1$ 时，由 A_1A_0 的值确定 Y 选择 $D_4 \sim D_7$ 中的某一路数据，最终实现8选1选择器的功能。

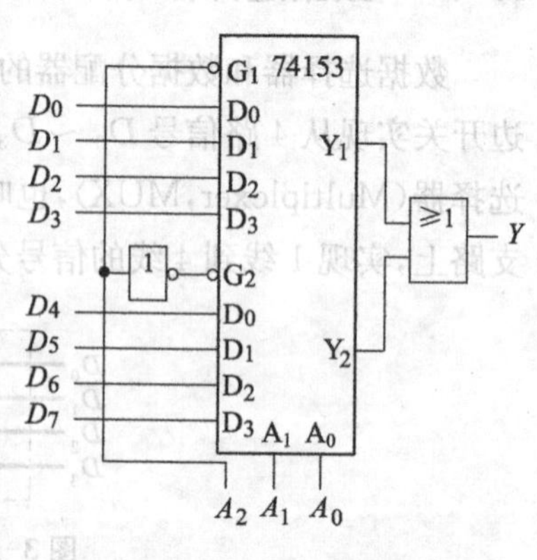

图3-20　由4选1选择器构成8选1选择器

3. 用数据选择器实现逻辑函数

由式3-3可知，数据选择器的输出函数可以写成地址变量构成的最小项与输入数据的与或表达式，可以利用数据选择器的这种特性来实现组合逻辑函数。

例3-8　分析图3-21所示电路，写出输出函数 J、S 的表达式，列出真值表，指出电路的逻辑功能。

解　电路由两个4选1数据选择器和一个非门组成，输入信号为 A、B、C，输出信号为 J、S。

选择器的输出函数表达式为 $Y=\sum D_i m_i$，将输出 J 和 S 表示为自变量 ABC 的函数

$$J=0\cdot\bar{A}\bar{B}+C\cdot\bar{A}B+C\cdot A\bar{B}+1\cdot AB=\bar{A}BC+A\bar{B}C+AB=BC+AC+AB$$

$$S=C\cdot\bar{A}\bar{B}+\bar{C}\cdot\bar{A}B+\bar{C}\cdot A\bar{B}+C\cdot AB=\bar{A}\bar{B}C+\bar{A}B\bar{C}+A\bar{B}\bar{C}+ABC$$
$$=A\oplus B\oplus C$$

列出真值表，见表3-13。

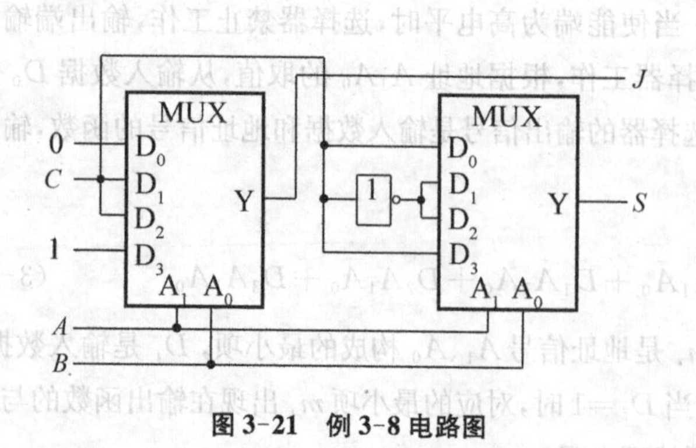

图3-21　例3-8电路图

表3-13　例3-8真值表

A	B	C	J	S
0	0	0	0	0
0	0	1	0	1
0	1	0	0	1
0	1	1	1	0
1	0	0	0	1
1	0	1	1	0
1	1	0	1	0
1	1	1	1	1

由真值表可知,该电路实现了1位全加器的逻辑功能,其中 J 是进位输出,S 是本位和输出。

用数据选择器实现逻辑函数的基本方法是,选择逻辑函数的自变量作为数据选择器的地址变量,将函数表达式写成地址变量最小项构成的与或表达式,再与函数表达式 $Y=\sum D_i m_i$ 相对照,从而确定选择器输入数据端 D_i 的值。若最小项表达式比较烦琐,也可以利用最小项表达式和真值表一一对应的关系,用真值表求解。

例 3-9 用4选1数据选择器实现逻辑函数 $F(A, B, C)=\sum m(0, 1, 2, 6, 7)$。

解 先将函数 F 写成最小项表达式的变量形式:

$$F(A, B, C)=\sum m(0, 1, 2, 6, 7)=\bar{A}\bar{B}\bar{C}+\bar{A}\bar{B}C+\bar{A}B\bar{C}+AB\bar{C}+ABC$$

然后从三个自变量中选择两个作为数据选择器的地址变量(本例选 AB),即 $A_1A_0=AB$,整理函数表达式 F,有

$$\begin{aligned} F(A, B, C) &=\bar{A}\bar{B}(\bar{C}+C)+\bar{A}B\bar{C}+AB(\bar{C}+C) \\ &=\bar{A}\bar{B}\cdot 1+\bar{A}B\cdot\bar{C}+A\bar{B}\cdot 0+AB\cdot 1 \end{aligned}$$

将函数表达式与4选1选择器的表达式相对照,显然,$D_0=1$, $D_1=\bar{C}$, $D_2=0$, $D_3=1$。

采用4选1数据选择器设计 $F(A, B, C)=\sum m(0, 1, 2, 6, 7)$ 的电路,如图3-22所示。

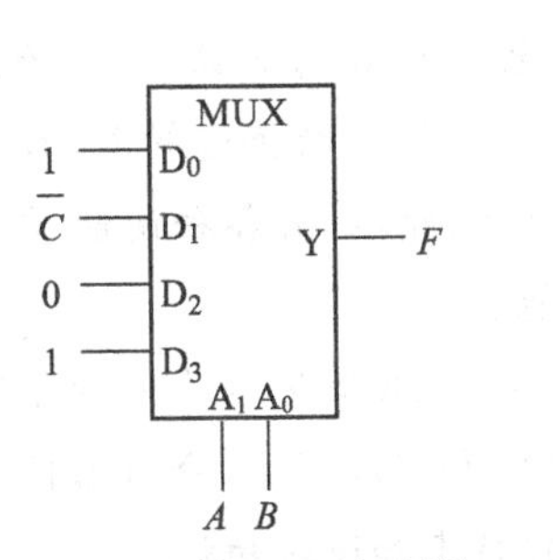

图3-22 例3-9电路图

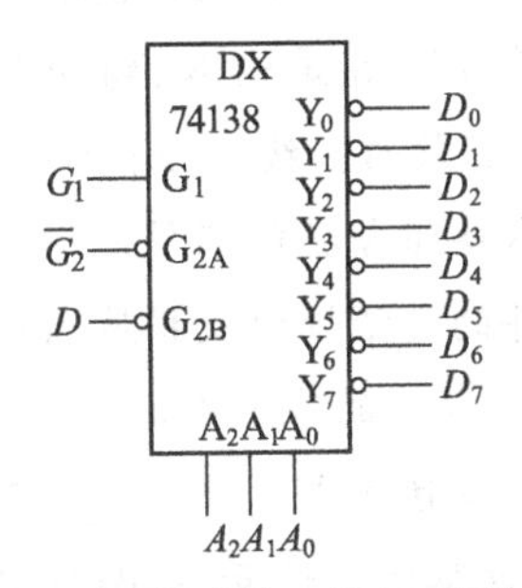

图3-23 74138构成的1线-8线数据分配器

4. 数据分配器

常用逻辑系列中,没有独立的数据分配器,原因是二进制全译码器可以用作数据分配器。例如,3线-8线译码器74138可以作为1线-8线数据分配器,电路如图3-23所示。将74138的1个低电平有效的使能端用作数据分配器的1路数据输入 D,编码输入端用作数据分配器的地址端 $A_2A_1A_0$,译码输出端就是数据分配器的8路数据输出 $D_0\sim D_7$,74138的另两个使能端用作分配器的使能端 G_1 和 $\bar{G}_2$,当使能信号 $G_1\bar{G}_2$ 不为10时,译码器74138不工作,输出均为高电平,与输入数据 D 和地址 $A_2A_1A_0$ 无关,当使能信号 $G_1\bar{G}_2=10$ 时,74138工作在1线-8线数据分配方式。

使能信号 $G_1\bar{G}_2=10$ 且输入数据 $D=0$ 时,74138满足使能条件,译码器工作,与地址输

入值对应的输出端为低电平[$\bar{Y}_i(A_2,A_1,A_0)=m_i$]，其他输出端为高电平，这种情况等效于输入数据被分配到地址值指定的输出端；使能信号 $G_1\bar{G}_2=10$ 且输入数据 $D=1$ 时，74138 不满足使能条件，译码器不工作，所有输出端都为高电平，即地址值指定的输出端也为高电平，这时同样可以看作输入数据被分配到地址值指定的输出端。综合以上讨论，使能信号 $G_1\bar{G}_2=10$ 时，D 端数据被送到地址信号指定的输出端，其他输出端均为高电平，电路实现了 1 线- 8 线数据分配器的逻辑功能。

本章小结

组合逻辑电路一般由若干个基本逻辑单元组合而成，特点是任何时刻输出信号仅取决于该时刻的输入信号，与电路以前的输入无关。组合逻辑电路的输出和输入之间没有反馈通道，电路没有记忆功能。

基于逻辑门的组合逻辑电路的基本分析方法，是由给定的逻辑门电路图直接写出输出函数表达式，将表达式变换为所需形式，列出函数的真值表，判断电路的逻辑功能。基于逻辑门的组合逻辑电路的设计方法，是根据提出的逻辑功能，定义输入、输出变量，列出真值表，写出逻辑表达式并进行适当化简，画出逻辑电路图。组合逻辑电路的分析和设计互为逆过程，是本章的重点内容之一。

具有特定逻辑功能的集成电路模块称为组合逻辑功能器件，其种类繁多，常见的有加法器、比较器、编码器、译码器、数据选择器和分配器等。7483 是 4 位二进制数全加器，7485 是 4 位二进制数比较器，74148 是输入、输出信号都是低电平有效的 8 线- 3 线优先编码器，74138 是输出低电平有效的 3 线- 8 线译码器，74153 是双 4 选 1 数据选择器，数据分配器常用译码器来实现。这些组合功能器件除具有基本逻辑功能外，还有各种使能端。运用这些使能端可以增加器件的灵活性以及扩展器件的逻辑功能。

基于 MSI 的组合电路的基本分析方法与基于逻辑门的组合电路的分析方法类似。若 MSI 器件难于直接写表达式或列真值表，可根据器件功能和实际用法，分析器件在电路中的工作模式，直接列出电路的真值表，从而确定电路的工作特点和逻辑功能。

基于 MSI 的组合逻辑电路设计方法比较灵活，需要将要求的逻辑功能和所用 MSI 器件的功能结合起来考虑。常见的设计类型有用 4 位全加器 7483 实现各种 BCD 码转换电路、用译码器以及数据选择器实现逻辑函数。

习题 3

3-1 填空题

(1) 组合逻辑电路的特点是输出只与________有关。

(2) 用文字、符号或者数码表示特定对象的过程，叫做________。

(3) 从若干输入数据中选择一路作为输出的电路叫________。

(4) 在几个信号同时输入时，只对优先级别最高的输入进行编码的电路叫________。

(5) 两个 1 位二进制数相加的电路叫做________；能完成两个 1 位二进制数相加并考虑到低位进位的器件称为________。

(6) 一个二进制编码器若需要对 12 个输入信号进行编码，则要采用________位二进制代码。

(7) 图 3-24 所示电路的输出表达式是 $G(A, B, C)=\sum m$ ________。

(8) 由 4 位二进制数全加器 7483 构成的组合逻辑电路如图 3-25 所示。若输入 $ABCD$ 为余 3 码，则输出 $WXYZ$ 为________ BCD 码。

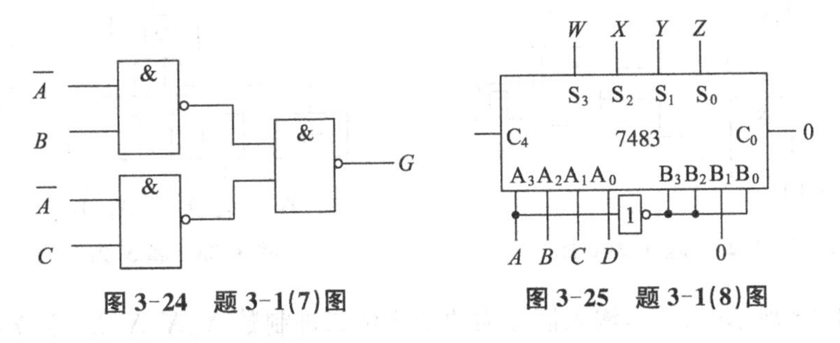

图 3-24　题 3-1(7)图　　　图 3-25　题 3-1(8)图

(9) 对于 4 线-2 线编码器，I_0、I_1、I_2、I_3 为编码器输入信号，Y_1、Y_0 为编码器输出信号。编码器的输入、输出均为高电平有效，完成表 3-14 所示功能表。

表 3-14　题 3-1(9)表

输　入				输　出	
I_0	I_1	I_2	I_3	Y_1	Y_0
1	0	0	0		
0	1	0	0		
0	0	1	0		
0	0	0	1		

表 3-15　题 3-1(11)表

输入		输出			
A	B	Y_0	Y_1	Y_2	Y_3
0	0	1	0	0	0
0	1	0	1	0	0
1	0	0	0	1	0
1	1	0	0	0	1

(10) TTL 集成电路 74LS138 是 3 线-8 线译码器，输出低电平有效。74LS138 译码器工作时，若输入 $A_2A_1A_0=101$，那么输出 $\overline{Y_7}\,\overline{Y_6}\,\overline{Y_5}\,\overline{Y_4}\,\overline{Y_3}\,\overline{Y_2}\,\overline{Y_1}\,\overline{Y_0}$ 为________。

(11) 某电路的真值表如表 3-15 所示。Y_1 的最小项表达式为____________，该电路的逻辑功能是______________。

(12) 半导体数码管的每个显示线段都是由________构成的。

(13) 采用共阴极数码管显示数码 0，则数码管 $abcdefg$ 为________。

(14) 某 4 选 1 数据选择器电路如图 3-26 所示，函数 $F(A, B, C)=\sum m$ ________。

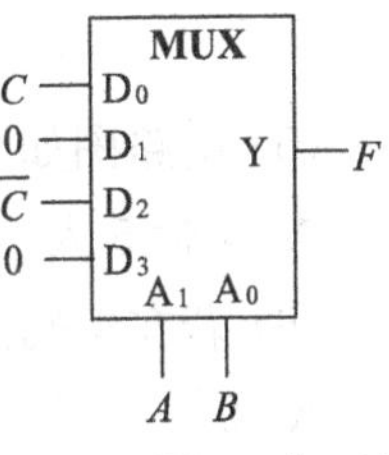

图 3-26　题 3-1(14)图

(15) 一个16选1数据选择器，有________条数据输入线，________条地址线。

(16) 用4选1数据选择器实现函数$Y=A_1A_0+\bar{A}_1A_0$，地址为A_1、A_0时，$D_0=$________，$D_2=$________，$D_1=$________，$D_3=$________。

3-2 选择题

(1) 对于图3-27所示电路，欲使Z端加入的正脉冲出现在输出端，则输入WXY应为________。

A. 101　　B. 011　　C. 110　　D. 111

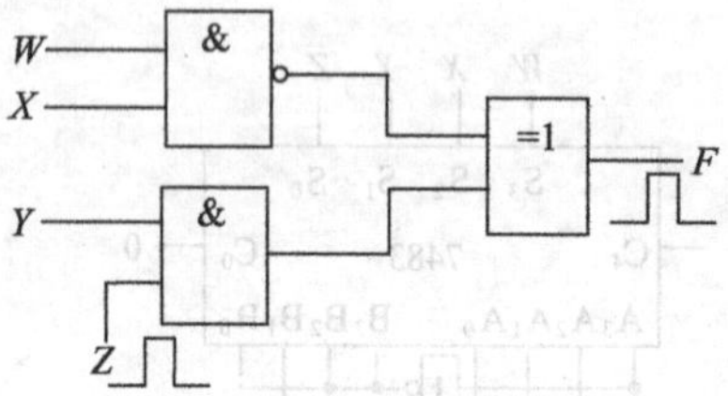

图3-27　题3-2(1)图

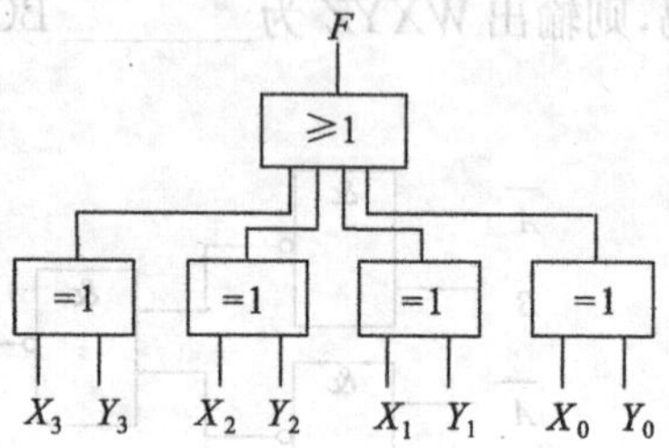

图3-28　题3-2(2)图

(2) 图3-28所示电路中，输入信号为两个4位二进制数$X_3X_2X_1X_0$及$Y_3Y_2Y_1Y_0$，则该电路实现的功能是________。

A. 两个4位数的大小比较器　　B. 两个4位数的相同比较器

C. 两个4位数的奇偶性判别器　　D. 两个4位数的正负号判别器

(3) 实现两个4位二进制数相乘的组合电路，应有________个输出函数。

A. 8　　B. 9　　C. 10　　D. 11

(4) 由4位二进制数全加器7483构成的组合逻辑电路如图3-29所示。若输入$ABCD$为8421BCD码，则输出$WXYZ$为________BCD码。

A. 5421　　B. 余3码　　C. 2421　　D. 余3循环码

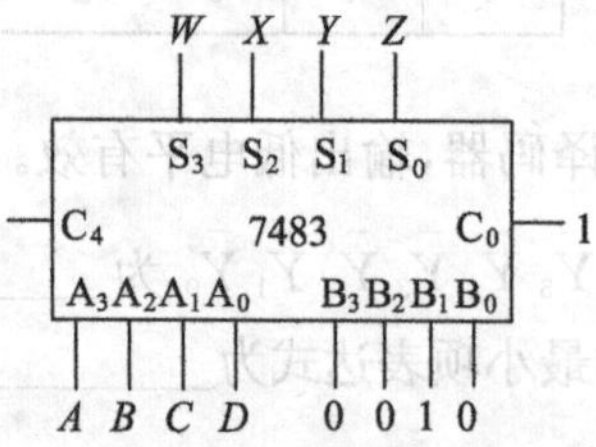

图3-29　题3-2(4)图

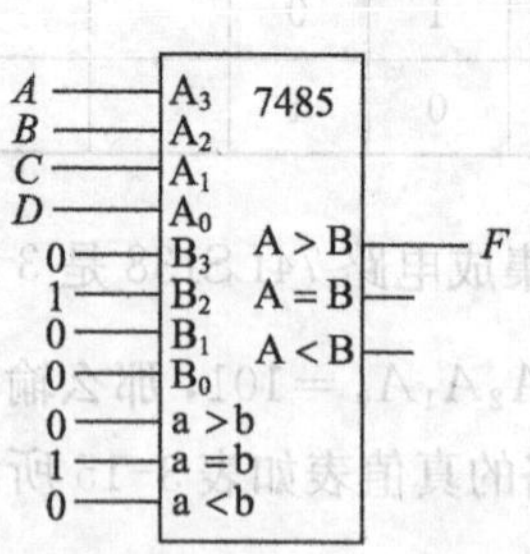

图3-30　题3-2(5)图

(5) 电路图如图3-30所示，7485实现的电路功能为________。

A. 4舍5入　　B. 判一致　　C. 三人表决　　D. 全加器

(6) 若在编码器中有50个编码对象，则要求输出二进制代码位数至少为________位。

A. 5　　B. 6　　C. 10　　D. 50

(7) 在多位数字显示系统中，七段译码器用来控制8字数码管中的各段按8421BCD码点亮或熄灭，其中的灭零输入的功能应是________。

A. 熄灭显示多位数字中全部的 0

B. 熄灭显示多位数字中最左部分连 0

C. 熄灭显示多位数字中紧贴小数点左右的连 0

D. 熄灭显示多位数字中全部无效的 0

(8) 半导体数码管的每个显示线段都是由________构成的。

A. 灯丝　　B. 发光二极管　　C. 发光三极管　　D. 熔丝

(9) 能实现从多个输入端中选出一路作为输出的电路称为________。

A. 触发器　　B. 数据选择器　　C. 寄存器　　D. 译码器

(10) 8 选 1 数据选择器电路如图 3-31 所示，输出函数 $F(A, B, C, D)=$ $\sum m$(________)。

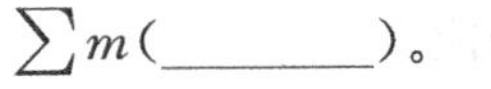

A. 0，5，14，15

B. 0，2，7，15

C. 2，7，15

D. 0，5，14

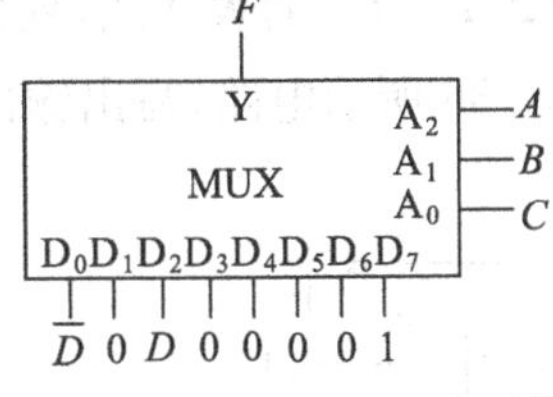

图 3-31　题 3-2(10)图

(11) 下列说法错误的是________。

A. 译码器的作用就是将输入的代码译成特定信号输出

B. 二进制译码器相当于是一个最小项发生器，便于实现组合逻辑电路

C. 一位 BCD 码译码器的数据输入线与译码输出线的组合是 4∶10

D. 数据选择器和数据分配器的功能正好相反，互为逆过程

(12) 下列________不属于组合逻辑电路。

A. 优先编码器　　B. 数据选择器　　C. 寄存器　　D. 比较器

3-3　直接画出逻辑函数 $F=\bar{A}B+\bar{B}(A\oplus C)$ 的实现电路，允许反变量输入。

3-4　图 3-32 所示是一个选通电路，其中 A、B 是电路的输入信号，M 为控制信号，通过 M 电平的高低来选择让 A 还是 B 从输出端输送出。试分析该电路的工作原理，写出输出函数 F 的表达式，列出真值表，说明该电路的逻辑功能。

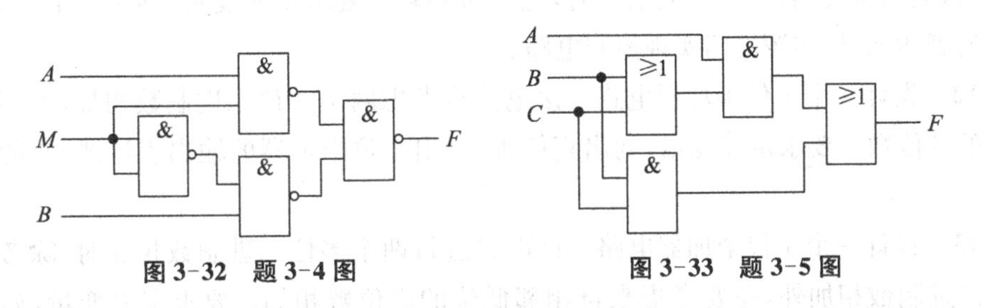

图 3-32　题 3-4 图　　**图 3-33　题 3-5 图**

3-5　分析图 3-33 所示电路，其中 A、B、C 是电路的输入信号，F 是电路的输出信号。写出输出函数 F 的表达式，列出真值表，说明电路逻辑功能。

3-6　某组合电路的工作波形如图 3-34 所示，其中 A、B、C 是电路的输入信号，F 是电

路的输出信号。试列出真值表,写出输出函数 F 的表达式,说明该电路的逻辑功能。

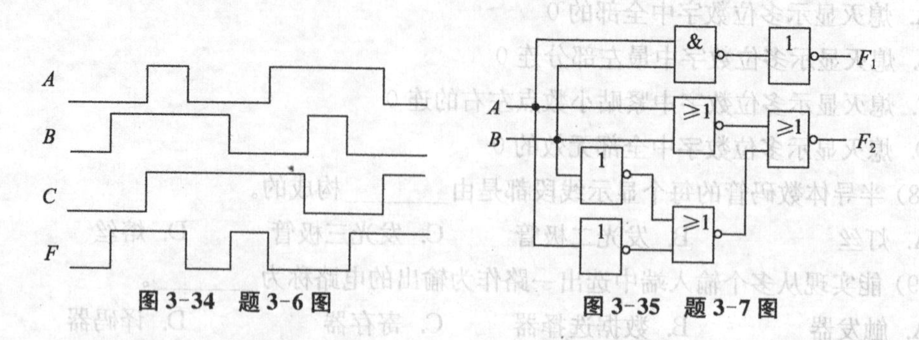

图 3-34 题 3-6 图　　图 3-35 题 3-7 图

3-7 分析图 3-35 所示电路,其中 A、B 是电路的输入信号,F_1、F_2 是电路的输出信号。试写出输出函数 F_1、F_2 的表达式,列出真值表,说明电路的逻辑功能。

3-8 分析图 3-36 所示电路,写出输出函数表达式,列出真值表,说明电路的逻辑功能。

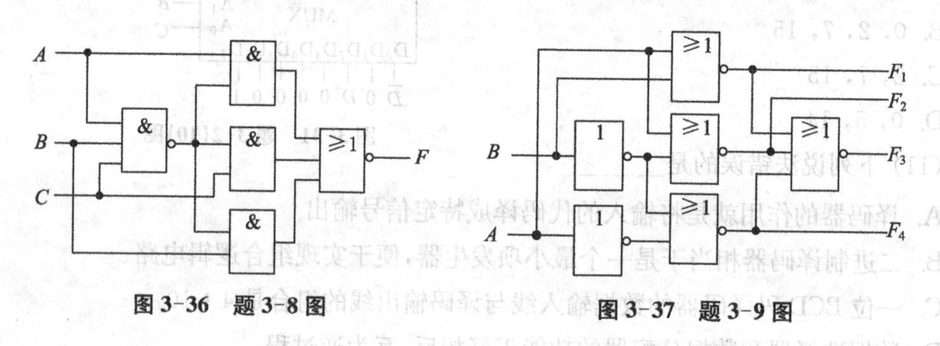

图 3-36 题 3-8 图　　图 3-37 题 3-9 图

3-9 某组合电路如图 3-37 所示,其中 A、B 是电路的输入信号,F_1、F_2、F_3、F_4 是电路的输出信号。试写出输出函数 F_1、F_2、F_3、F_4 的表达式,列出真值表,说明电路的逻辑功能。

3-10 某工厂有四个股东,分别拥有 40%、30%、20%和 10%的股份。一个议案要获得通过,必须至少有超过一半股权的股东投赞成票。试设计该厂股东对议案进行表决的电路,要求定义相关变量,列出真值表,求出输出函数的最简与或式。

3-11 某机床电动机由电源开关 A、过载保护开关 B 和安全开关 C 控制。三个开关同时闭合时,电动机转动;任一开关断开时,电动机停转。要求定义变量,列出真值表,求出输出函数的表达式,使用逻辑门实现控制电路。

3-12 设计一个 1 位半加器电路。该电路只考虑两个 1 位二进制数相加,而不考虑来自低位的进位数。要求定义变量,列出真值表,写出 1 位半加器的输出表达式,并使用逻辑门实现。

3-13 设计一个 1 位全加器电路。该电路进行两个多位二进制数相加时,除考虑本位的两个二进制数相加外,还要考虑来自相邻低位的进位数相加。要求定义变量,列出真值表,写出 1 位全加器的输出表达式,并使用逻辑门实现。

3-14 某十字路口的交通管制灯需要一个报警电路,当红、黄、绿三种信号灯单独亮或者黄、绿同时亮为正常情况,其他情况均属于不正常情况。当发生不正常情况时,输出高电平报警信号。要求定义变量,列出真值表,求出输出函数的最简与或式,试用与非门实现该报警电路。

3-15　三台电动机的工作情况用红、黄两个指示灯进行监视。当一台电动机出现故障时,黄灯亮;当两台电动机出现故障时,红灯亮;当三台电动机出现故障时,红灯和黄灯都亮。要求定义变量,列出真值表,求出输出函数的最简与或式,试用与非门实现该控制电路。

3-16　某学校举办联欢晚会,女生持红票入场,男生持黄票入场,持绿票的学生均可入场。试设计一个入场控制电路,要求定义变量,列出真值表,求出该控制电路输出函数的最简与或式,并用与非门实现。

3-17　分析图3-38所示电路,已知输入信号 $ABCD$ 是5421码,信号 F 是7485中 $A>B$ 端的输出,$WXYZ$ 为输出信号。试完成表3-16所示真值表,说明电路的逻辑功能。

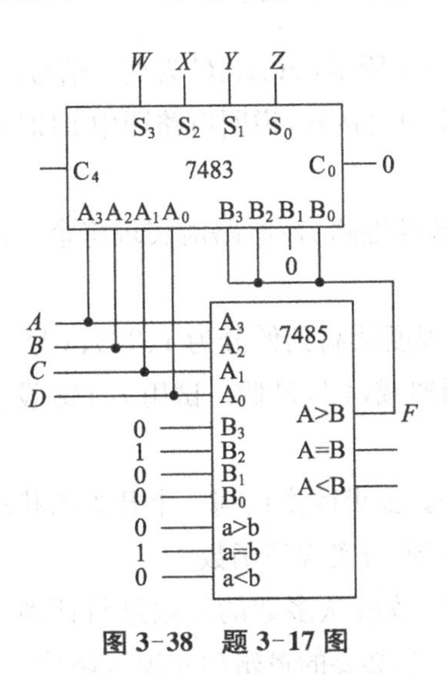

图3-38　题3-17图

表3-16　题3-17表

A	B	C	D	$F(A>B)$	W X Y Z
0	0	0	0		
0	0	0	1		
0	0	1	0		
0	0	1	1		
0	1	0	0		
1	0	0	0		
1	0	0	1		
1	0	1	0		
1	0	1	1		
1	1	0	0		

3-18　分析图3-39所示电路,已知输入信号 $ABCD$ 为8421码,信号 F 是或非门的输出,$WXYZ$ 为输出信号。完成表3-17所示真值表,说明电路的逻辑功能。

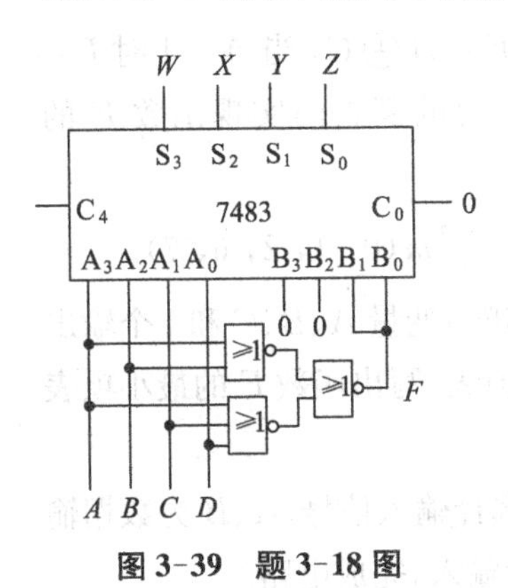

图3-39　题3-18图

表3-17　题3-18表

A B C D	$F(B_0)$	W X Y Z	A B C D	$F(B_0)$	W X Y Z
0 0 0 0			0 1 0 1		
0 0 0 1			0 1 1 0		
0 0 1 0			0 1 1 1		
0 0 1 1			1 0 0 0		
0 1 0 0			1 0 0 1		

3-19 用74138构成的组合逻辑电路如图3-40所示，写出输出逻辑函数表达式，列出其真值表，说明电路的逻辑功能。

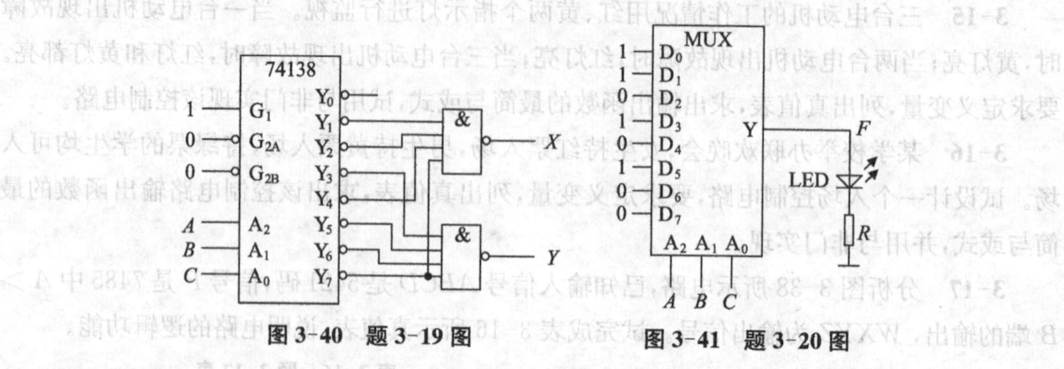

图3-40 题3-19图 图3-41 题3-20图

3-20 8选1选择器构成的组合逻辑电路如图3-41所示，A、B、C为输入信号，F为选择器输出信号，列出其真值表，写出输出函数F的最小项表达式，说明电路图中LED点亮时输入信号的取值有哪些。

3-21 用一片4位加法器7483构成BCD编码转换电路，该电路能实现将余3码转换成8421码。

3-22 某医院病房有个呼叫系统，按照病人伤病程度从高到低分为1、2、3、4号，其中1号伤病最严重、服务优先级最高，其余服务优先级逐渐递减，4号最低。试用74148设计该电路，产生呼叫信号。

3-23 设计用3个开关控制一个电灯的逻辑电路。要求改变任何一个开关的状态都能控制电灯由亮变灭或者由灭变亮，用74138和必要的逻辑门实现该函数。

3-24 某培训班进行结业考试，3名评判员按照少数服从多数的原则进行评判。设计一个3人表决电路，实现"多数表决"功能。试用74138和必要的逻辑门实现该函数。

3-25 今有A、B、C三人可以进入某秘密档案室，但条件是A、B、C三人在场或两人在场，且其中一人必须是A，否则报警系统发出警报信号。试用74138和必要的逻辑门实现该函数。

3-26 已知逻辑函数F的自变量为A、B、C，当$A=0$时$F=B\oplus C$，当$A=1$时$F=BC$，试列出真值表，写出函数的标准与或式，并用74138和必要的逻辑门实现函数F的功能。

3-27 用4选1数据选择器实现逻辑函数$F(A, B, C)=\sum m(0, 1, 2, 6, 7)$。

3-28 设计一个"意见一致"组合电路，该电路有3个输入逻辑变量A、B、C和1个输出变量F，A、B、C取值一致时，输出F为1，否则为0。试列出真值表，写出函数F的最小项表达式，并用74153和必要的逻辑门实现该函数。

3-29 设计一个实现功能表3-18的电路，S_1、S_0为功能选择输入信号，A、B为数据输入，F为输出。试用数据选择器74153实现该电路，允许反变量输入，完成电路。

3-30 分别用与非门和4选1选择器为医院设计一个血型配对指示器，当供血和受血血型不符合表 3-19 所列情况时，指示灯亮。

表 3-18　题 3-29 表

$S_1\ S_0$	F
0　0	A
0　1	$A \oplus B$
1　0	AB
1　1	$A+B$

表 3-19　题 3-30 表

供血血型	受血血型
A	A,AB
B	B,AB
AB	AB
O	A, B, AB, O

第4章　触　发　器

在数字系统中，常常需要记忆和保存二进制信息，组合电路难以实现这些功能，因此需要用到存储器，用来记忆电路的工作状态和输入变化情况。数字电路中，将能够存储一位二进制信息的逻辑电路称为触发器(Flip-Flop)。本章主要介绍几种常见集成触发器的功能、外部特性，以及由集成触发器构成的计数器和移位寄存器的电路结构和工作原理。

4.1　基本 *RS* 触发器

4-1

由两个与非门交叉耦合构成的基本 RS 触发器的电路如图 4-1(a)所示。图 4-1(b)所示为基本 RS 触发器的逻辑符号。电路有两个激励信号 R、S，两个互补输出信号 Q 和 $\bar{Q}$，触发器的状态由输出端 Q 的取值来表示，$Q=0$ 称为触发器的 0 状态，表示触发器存储信息 0；$Q=1$ 称为触发器的 1 状态，表示触发器存储信息 1。下面讨论电路的工作原理。

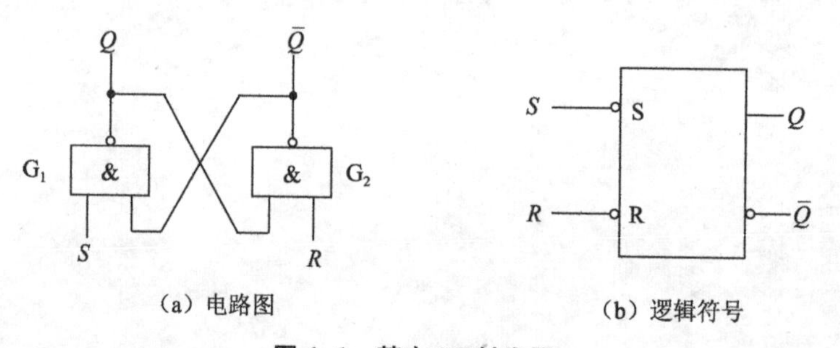

(a) 电路图　　(b) 逻辑符号

图 4-1　基本 *RS* 触发器

① $RS=01$ 时，$R=0$ 使得与非门 G_2 输出 $\bar{Q}=1$，$S=1$、$\bar{Q}=1$ 使得与非门 G_1 输出 $Q=0$，因此触发器处于 0 状态。

② $RS=10$ 时，$S=0$ 使得与非门 G_1 输出 $Q=1$，$R=1$、$Q=1$ 使得与非门 G_2 输出 $\bar{Q}=0$，因此触发器处于 1 状态。

③ $RS=11$ 时，与非门 G_1、G_2 实现非门逻辑，触发器的状态由触发器原来所处的状态(称为原状态)决定。若原状态是 0，则在 $RS=11$ 时的新状态仍为 0；若原状态是 1，则在 $RS=11$ 时的新状态仍为 1，即触发器在 $RS=11$ 时保持原状态不变。

④ $RS=00$ 时，触发器的互补输出端 Q 和 $\bar{Q}$ 都为 1，这违背了触发器的两个输出信号应该互补的规则。并且 $RS=00$ 后，若 R 和 S 同时变为 1，新状态将出现不稳定的现象。因此触

发器不允许出现 $RS=00$ 的情况。

综上所述，基本 RS 触发器有 0 状态和 1 状态这两个稳定状态。输入端 S 称为置位端(Set)，R 称为复位端(Reset)，均为低电平有效，任何时刻 R 和 S 不能同时有效。R 端有效($RS=01$)时，实现复位(置 0)操作，触发器进入 0 状态；S 端有效($RS=10$)时，实现置位(置 1)操作，触发器进入 1 状态；R、S 均无效($RS=11$)时，触发器保持原状态。基本 RS 触发器是各种集成触发器的核心，其复位和置位功能在集成触发器中常用于直接置 0 和直接置 1。

4-2

4.2 集成触发器

由于 RS 触发器的功能不完善，因此实际应用中往往采用集成触发器。集成触发器利用时钟脉冲(Clock Pulse)作为触发信号，只有当触发信号到来时，触发器才会响应激励信号实现状态的转换。触发器电路中，用 Q^n 表示触发器触发前的状态，称为现态；用 Q^{n+1} 表示触发器触发后的状态，称为次态。下面介绍边沿触发(Edge Triggered)的集成触发器，该触发器只在时钟脉冲的上升沿或下降沿实现相应的逻辑功能。

4.2.1 *D* 触发器

上升沿触发的 D 触发器的国标逻辑符号如图 4-2 所示，CP 是输入时钟脉冲，D 是激励信号，Q 和 $\overline{Q}$ 是互补状态输出。集成触发器逻辑功能常用真值表、状态表、次态方程、激励表等描述。

1. 真值表

真值表反映外部输入的激励信号的取值和触发器次态的关系。D 触发器的真值表如表 4-1 所示，由真值表可以看出，D 触发器在时钟脉冲上升沿触发后次态 Q^{n+1} 的值总等于上升沿到来时激励信号 D 的值，与现态 Q^n 无关。

2. 状态表

状态表以激励信号和触发器的现态为自变量，以触发器的次态为函数，列表反映其取值关系。D 触发器的状态表如表 4-2 所示。

D —1D— Q
CP —>C1— $\overline{Q}$

图 4-2 *D* 触发器国标符号

表 4-1 *D* 触发器真值表

D	Q^{n+1}	功能
0	0	置 0
1	1	置 1

表 4-2 *D* 触发器状态表

D	Q^n	Q^{n+1}
0	0	0
0	1	0
1	0	1
1	1	1

3. 次态方程

次态方程是指将触发器的函数关系用表达式加以表示，也称为特征方程。由真值表可以看出，D 触发器的特征方程为

$$Q^{n+1}=D \tag{4-1}$$

4. 激励表

激励表是在已知现态和次态，需要确定其激励信号时使用的表格。激励表由状态表反向推导得到，表 4-3 是 D 触发器的激励表。设计时序电路时，在明确电路的状态转换关系后，如需要进一步确定触发器的激励信号，就需要用到激励表。

表 4-3　D 触发器激励表

Q^n	Q^{n+1}	D
0	0	0
0	1	1
1	0	0
1	1	1

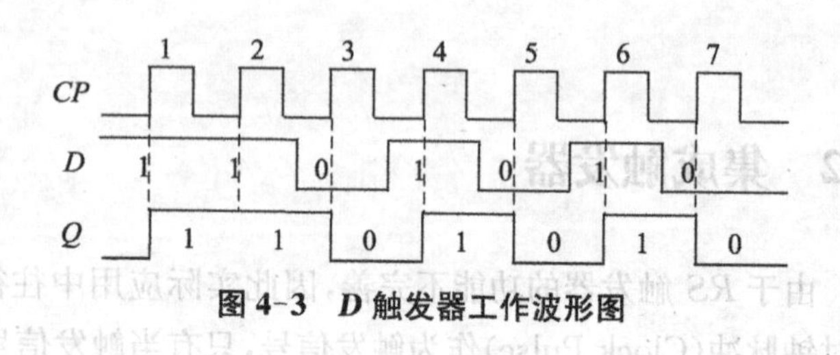

图 4-3　D 触发器工作波形图

将时钟脉冲和激励信号施加到上升沿触发的 D 触发器上，假设触发器的起始状态为 0，可得到状态输出波形，如图 4-3 所示。

注意：输入信号 D 的变化并不能立刻引起触发器的状态变化，状态变化总发生在时钟脉冲的上升沿。

4.2.2 *JK* 触发器

下降沿触发的 JK 触发器的国标逻辑符号如图 4-4 所示，J 和 K 是触发器的激励信号，时钟输入端的小圆圈表示下降沿触发。JK 触发器的逻辑功能丰富，在激励信号作用下，可以实现保持、置 0、置 1 和翻转等功能。

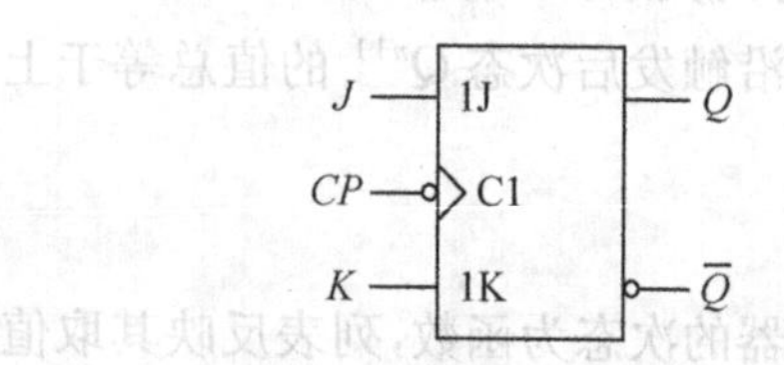

图 4-4　*JK* 触发器国标符号

表 4-4　*JK* 触发器真值表

J	K	Q^{n+1}	功能
0	0	Q^n	保持
0	1	0	置 0
1	0	1	置 1
1	1	$\overline{Q^n}$	翻转

表 4-5　*JK* 触发器状态表

J	K	Q^n	Q^{n+1}
0	0	0	0
0	0	1	1
0	1	0	0
0	1	1	0
1	0	0	1
1	0	1	1
1	1	0	1
1	1	1	0

表 4-6　*JK* 触发器激励表

Q^n	Q^{n+1}	J	K
0	0	0	Φ
0	1	1	Φ
1	0	Φ	1
1	1	Φ	0

JK 触发器的真值表、状态表和激励表分别如表4-4、表4-5和表4-6所示。激励表中取值为 Φ 表示其值任意。将状态表转换为卡诺图并化简,可得 JK 触发器的次态方程为

$$Q^{n+1} = J\bar{Q}^n + \bar{K}Q^n \tag{4-2}$$

4.2.3 *T* 触发器

上升沿触发的 T 触发器的国标逻辑符号如图4-5所示。该触发器只有一个激励信号 T,可以实现状态保持或状态翻转功能。T 触发器的真值表、状态表和激励表分别如表4-7、表4-8和表4-9所示。T 触发器的次态方程为

$$Q^{n+1} = T\bar{Q}^n + \bar{T}Q^n = T \oplus Q^n \tag{4-3}$$

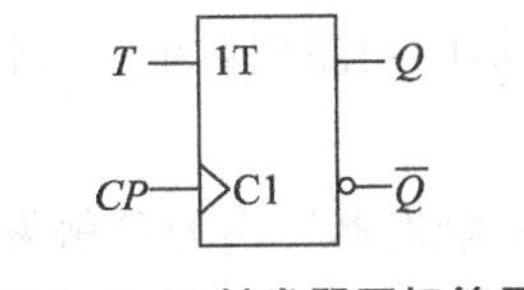

图4-5 *T* 触发器国标符号

表4-7 *T* 触发器真值表

T	Q^{n+1}	功能
0	Q^n	保持
1	$\bar{Q}^n$	翻转

表4-8 *T* 触发器状态表

T	Q^n	Q^{n+1}
0	0	0
0	1	1
1	0	1
1	1	0

表4-9 *T* 触发器激励表

Q^n	Q^{n+1}	T
0	0	0
0	1	1
1	0	1
1	1	0

$T=1$ 时,触发器处于翻转功能,每来一个时钟脉冲,触发器状态就翻转一次。这种只有翻转功能的触发器称为 T' 触发器,又叫翻转触发器。

4.2.4 异步端与触发器的转换

1. 异步置位与异步复位

由于触发器的双稳态特性,通电后集成触发器随机处于稳定状态0或1。而触发器工作时,通常需要处于特定的起始状态,或者脱离时钟控制异步跳转到某个特定状态。为了便于将触发器置于所需状态,集成触发器除了有受时钟脉冲控制的激励输入端外,还设置了优先级更高的异步置位端 $\overline{PR}$ (Preset)和异步复位端 $\overline{CLR}$ (Clear)。

一种带有异步控制端的 D 触发器如图4-6所示,$\overline{PR}$ 为异步置位信号,$\overline{CLR}$ 为异步复位信号,输入端的小圆圈表示低电平有效,异步控制端的功能以及异步端与时钟控制的激励端的关系可由表4-10描述。异步置位与复位信号不允许同时有效,这个特点与基本 RS 触发器相同。当异步置位或复位信号有效时,触发器的状态就立即被确定,此时时钟 CP 和激励信号都不起作用;只有当异步信号无效时,触发器才能在时钟和激励信号控制下动作。

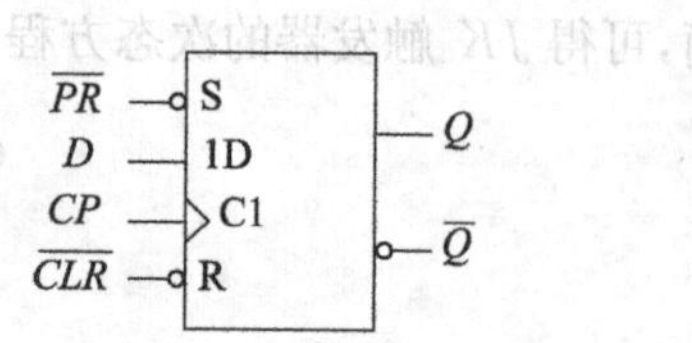

图 4-6　带异步控制端的 *D* 触发器

表 4-10　带异步控制端的 *D* 触发器功能表

PR	*CLR*	*CP*	*D*	Q^{n+1}	功能说明
0	0	*Φ*	*Φ*	禁止	禁止输入
0	1	*Φ*	*Φ*	1	异步置位
1	0	*Φ*	*Φ*	0	异步复位
1	1	↑	0	0	同步置 0
1	1	↑	1	1	同步置 1

2. 触发器逻辑功能的相互转换

根据实际需要，可将某种逻辑功能的触发器改接或附加一些门电路转换为另一种触发器。其中，*JK* 触发器的功能最完善，可以方便地用作其他触发器；74 系列没有 *T* 触发器，实际使用时，必须用其他触发器实现其逻辑功能；*D* 触发器的功能相对单一，将 *D* 触发器用作其他触发器时需要进行功能扩展。

图 4-7 给出了常见触发器的相互转换电路图。将 *JK* 触发器转换为 *D* 触发器时，令 *JK* 触发器 $J=D$、$K=\overline{D}$，电路如图 4-7(a)所示，$D=0$ 时，*CP* 下降沿触发器置 0，$D=1$ 时 *CP* 下降沿触发器置 1。将 *JK* 触发器转换为 *T* 触发器时，令 $J=K=T$，电路如图 4-7(b)所示，那么 $T=0$ 时触发器状态保持，$T=1$ 时触发器状态翻转。将 *D* 触发器转换为 *T* 触发器时，令 $D=T\oplus Q$，电路如图 4-7(c)所示，$T=0$ 时 *CP* 上升沿触发器保持，$T=1$ 时 *CP* 上升沿触发器翻转。

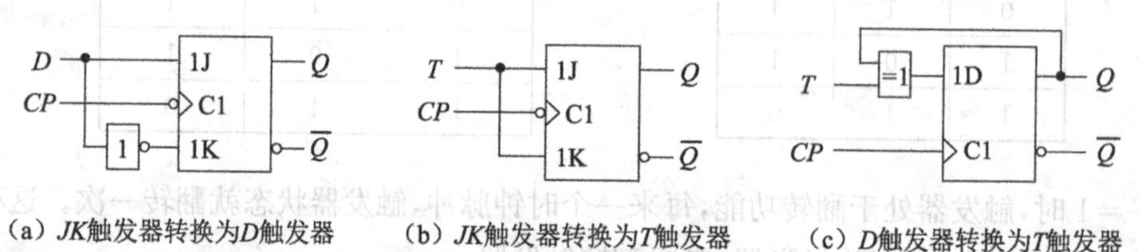

图 4-7　触发器的相互转换

4.3　触发器的应用

触发器的应用非常广泛，本节介绍由触发器构成的计数器和移位寄存器电路，这些电路的结构都有一定的连接规律，工作原理较容易理解。

4.3.1　触发器构成计数器

4-3

计数器(Counter)是数字电路中的基本部件。

计数器的基本功能是对输入脉冲的个数进行计数。按照各触发器是否有统一的时钟脉冲信号控制，触发器构成的计数器分为异步计数器和同步计数器。

1. 触发器构成异步计数器

由 3 个 *JK* 触发器构成的 3 位二进制异步加法计数器如图 4-8 所示，所谓异步是指各触发器的时钟信号有所不同。为方便区分，常用状态输出端的名称来表示各触发器。触发器 Q_0 以外部时钟 CLK 为时钟，触发器 Q_1 以信号 Q_0 为时钟，触发器 Q_2 以信号 Q_1 为时钟。电路中的 JK 触发器均为下降沿触发，且都接成翻转触发器（T' 触发器），因此 Q_0 在 CLK 下降沿翻转，Q_1 在 Q_0 下降沿翻转，Q_2 在 Q_1 下降沿翻转。

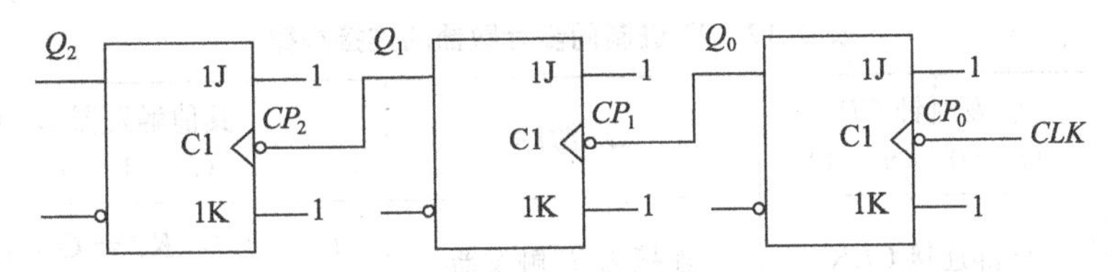

图 4-8　3 位异步加法计数器

假设触发器起始状态均为 0，即电路状态 $Q_2Q_1Q_0$ 初始值为 000，画出状态 Q_0、Q_1、Q_2 的波形，如图 4-9 所示。可以看出，第 1 个 CLK 脉冲下降沿作用前，电路的状态为起始状态 000；第 1 个 CLK 下降沿到来后，电路的状态变为 001；依次类推，第 7 个时钟脉冲作用后，电路的状态变为 111；第 8 个脉冲使电路状态回到 000，进入下一个循环。

根据电路中状态的转换关系，可画出电路的状态图如图 4-10 所示，状态图中每个圈都表示电路的一个状态，箭头表示在时钟脉冲 CLK 触发下的状态转换。由状态图可见，电路从起始状态 000 开始，每输入一个时钟脉冲，电路状态按二进制加法规律加 1，该电路可用于对 CLK 脉冲计数，计数值用电路的状态表示，因此电路称为 3 位二进制异步加法计数器；因为电路有 000～111 共 8 个状态，也可称为 8 进制（或模 8）加法计数器。由于波形图上各触发器的状态波形一级推动一级，像水中的波纹一样，该电路又称为 3 位行波加法计数器或 8 进制行波加法计数器。

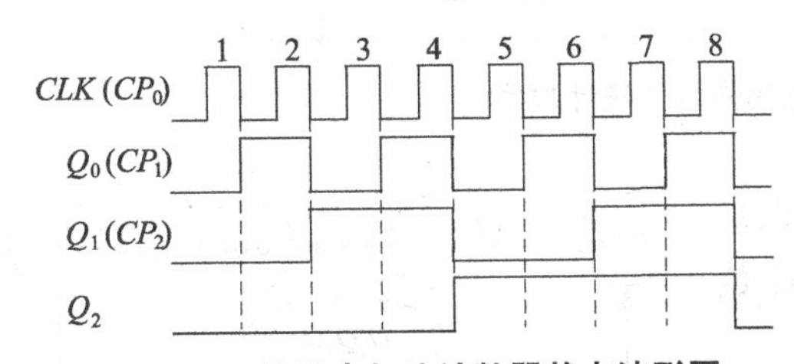

图 4-9　3 位异步加法计数器状态波形图

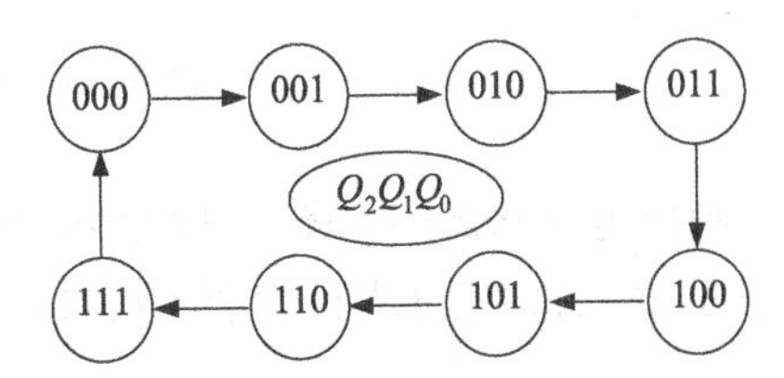

图 4-10　3 位异步加法计数器状态图

若将图 4-8 中的触发器换成上升沿触发，画出波形图和状态图会发现电路的状态变化按二进制数递减的规律进行，该电路称为行波减法计数器。n 个触发器可以构成 2^n 进制行波计数器，表 4-11 归纳了行波计数器中各触发器激励信号与时钟端的连接规律。

表 4-11　2^n 进制行波计数器的连接规律

计数方式	激励信号（$i=0\sim n-1$）	上升沿触发时钟	下降沿触发时钟
加法计数器	全部连接为 T' 触发器 $J_i=K_i=1$, $D_i=\bar{Q}_i$, $T_i=1$	$CP_0=CLK$, $CP_i=\bar{Q}_{i-1}$	$CP_0=CLK$, $CP_i=Q_{i-1}$
减法计数器		$CP_0=CLK$, $CP_i=Q_{i-1}$	$CP_0=CLK$, $CP_i=\bar{Q}_{i-1}$

2. 触发器构成同步计数器

用触发器构成 2^n 进制同步计数器的连接规律如表 4-12 所示。所谓同步是指各触发器有统一的时钟信号。因此，同步计数器电路中，触发器时钟端统一接外部时钟信号，需要控制的是各触发器的激励信号。

表 4-12　2^n 进制同步计数器的连接规律

计数方式	触发时钟 CP_i $(i=0\sim n-1)$	Q_0 激励	其他触发器 Q_i 激励 $(i=1\sim n-1)$
加法计数器	全部连接 CLK $CP_i=CLK$	连接为 T' 触发器 $T_0=1, J_0=K_0=1$	$T_i=J_i=K_i=Q_0Q_1\cdots Q_{i-2}Q_{i-1}$
减法计数器			$T_i=J_i=K_i=\bar{Q}_0\bar{Q}_1\cdots\bar{Q}_{i-2}\bar{Q}_{i-1}$

由 JK 触发器构成的 3 位二进制同步加法计数器电路如图 4-11 所示。各触发器共用外部时钟 CLK，触发器在 CLK 的下降沿同时触发，次态由激励和现态决定。各 JK 触发器在激励 $J=K$ 时，具有保持或翻转功能；$J_0=K_0=1$ 时，触发器 Q_0 总是在翻转模式；$J_1=K_1=Q_0$ 时，触发器 Q_1 受 Q_0 控制，$Q_0=0$ 时状态保持不变，$Q_0=1$ 时在 CLK 下降沿状态翻转；$J_2=K_2=Q_1Q_0$ 时，触发器 Q_2 受 Q_1 和 Q_0 控制，$Q_1=Q_0=1$ 时触发器在 CLK 下降沿状态翻转，其余情况下状态保持不变。

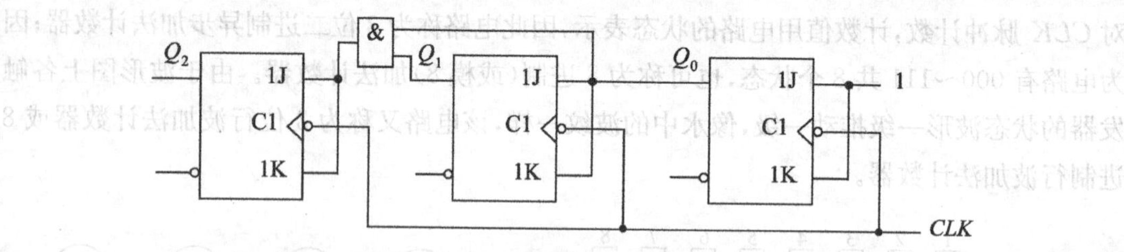

图 4-11　3 位二进制同步加法计数器

画出电路状态图如图 4-12 所示，该电路也是一个 3 位二进制加法计数器（八进制加法计数器）。

注意：这是一个同步计数器，每个触发器的状态变化都发生在外部时钟的下降沿。同步电路各触发器状态变化时刻相同的特点在高速数字系统中优势明显。

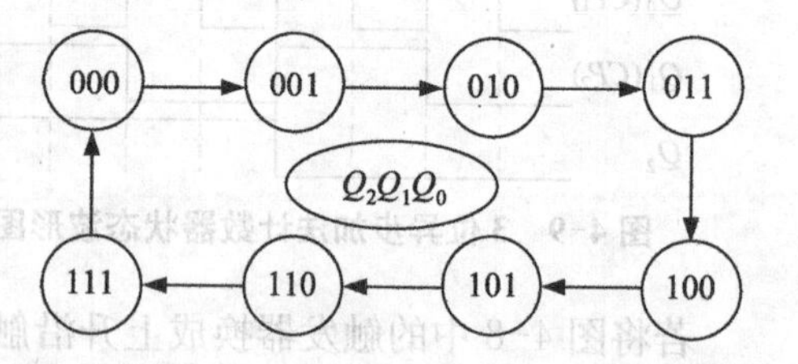

图 4-12　3 位二进制同步加法计数器状态图

3. 计数器的异步变模

计数器的计数规模称为进制，通常也称为计数器的模。常见的 M 进制（模 M）计数器的计数范围是 $0\sim(M-1)$，例如十进制计数器的计数范围是 0～9，一个按照 8421BCD 码计数的十进制同步加法计数器如图 4-13 所示，该电路是先用 4 个 T 触发器构成 4 位二进制（模 16）同步加法计数器，然后再用一个与非门控制各触发器异步复位端 $\bar{R}$，令计数器异步变模,从而实现十进制加法计数器。

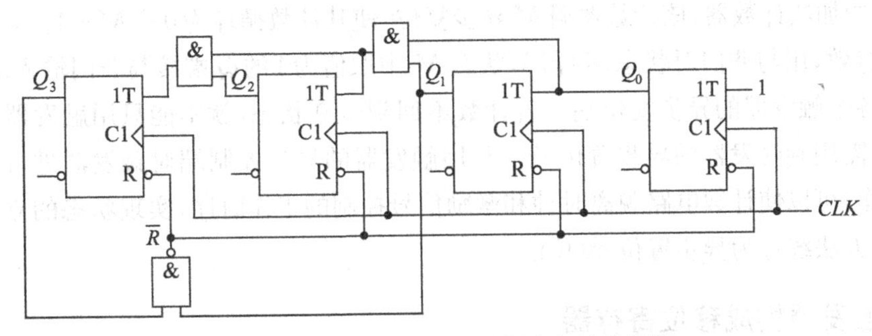

图 4-13 一位 8421BCD 码同步加法计数器

图 4-13 所示电路中的与非门用于“状态检测”,当电路的计数状态出现 $Q_3Q_1=11$ 时,与非门输出信号 $\bar{R}=0$,异步复位端有效,各触发器立刻(异步)复位。图 4-14 是该电路从状态 000 开始的计数波形图,第 1~9 个时钟脉冲作用时,与非门输出信号 $\bar{R}=1$,复位电路不起作用,第 10 个时钟脉冲上升沿使电路状态变成 1010,该状态一出现,与非门输出 $\bar{R}=0$,复位信号使各触发器立刻复位,电路状态回到 0000;电路状态回到 0000 后,与非门输出 $\bar{R}=1$,异步复位端无效,计数器开始新的计数循环。由此可见,状态 0000~1001 是持续一个时钟周期的“稳态”,状态 1010 是一个持续时间很短的“暂态”,计数器计数范围为 0000~1001,电路是一个用 8421BCD 码表示计数值的十进制加法计数器。

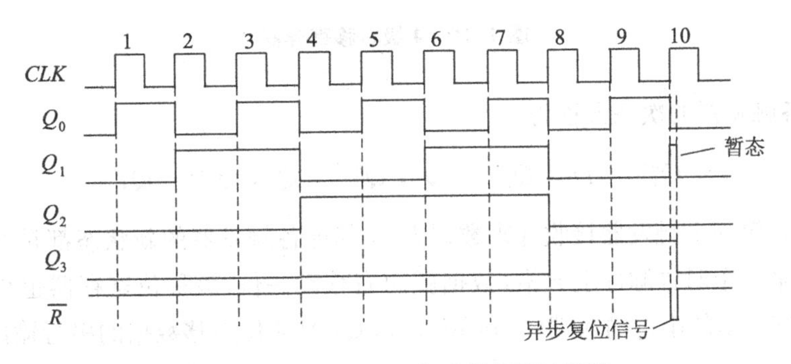

图 4-14 8421BCD 码加法计数器波形图

图 4-15 所示状态图称为电路的**全状态图**,实圈表示稳态,虚圈表示暂态,异步复位用粗箭头表示。全状态图除了能表示计数循环所用状态(有效状态)外,还能表明对计数无用的多余状态(无效状态)的去向。显然,即便电路由于某种原因(如开机后的初始状态、干扰所造成的错误状态)处于某个多余状态,经过几个时钟脉冲之后,都会进入计数循环,这种电路状态转换的特性称为“自启动”,时序电路必须具有自启动特性。

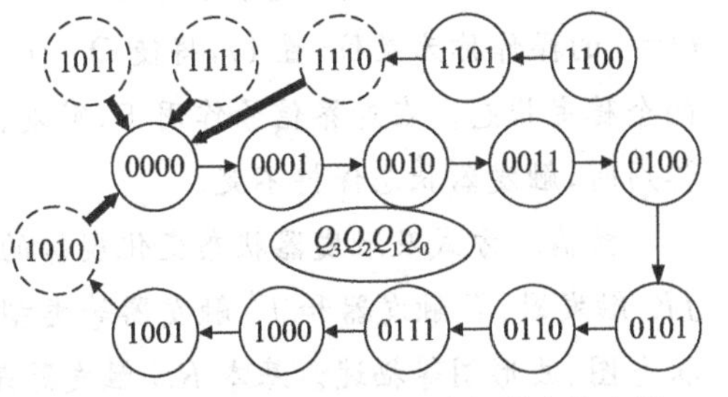

图 4-15 8421BCD 码加法计数器全状态图

用异步复位端改变计数器的模数,构造模为

$M(2^{n-1}<M<2^n)$ 的加法计数器的方法称为异步复位法。异步复位法的方法是：先构造一个模为 2^n 的加法计数器，该计数器遇 M 异步复位，使其计数循环为 $0\sim M-1$。若异步复位端低电平有效，用与非门对状态 M 译码，状态 M 中取值为1的 Q 端接与非门输入端，与非门输出端接各个触发器的异步复位端。若计数不回到全0状态，就不能只用触发器的异步复位端了，还需用到触发器的异步置位端。利用触发器的异步控制端对触发器进行异步置位或复位操作，可以使计数电路脱离时钟和激励信号控制的工作时序，实现状态的立刻（异步）跳转，这种方法统称为异步置位-复位法。

4-4

4.3.2 触发器构成移位寄存器

寄存器（Register）用于暂时存放参与运算的数据和运算结果，广泛用于各类数字系统和数字计算机中。一个触发器能寄存1位二进制数，n 个触发器构成的寄存器能存 n 位二进制数。D 触发器的次态表达式是 $Q^{n+1}=D$，可见，一个 D 触发器就是一个一位的寄存器。

移位寄存器（Shift Register）是具有移位功能的寄存器，即寄存器在时钟脉冲的作用下依次左移或右移。4个 D 触发器逐个级联，可以构成4位移位寄存器，如图4-16所示。

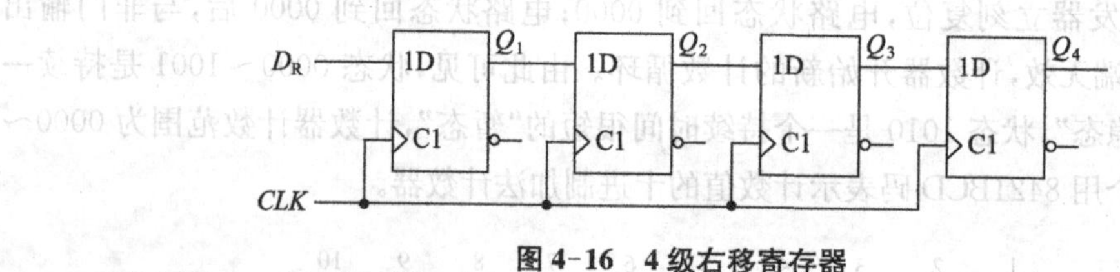

图4-16 4级右移寄存器

电路中各触发器的次态方程为

$$Q_1^{n+1}=D_R,\ Q_2^{n+1}=Q_1^n,\ Q_3^{n+1}=Q_2^n,\ Q_4^{n+1}=Q_3^n$$

自左往右，第一个触发器接收外来数据 D_R，其他各触发器的新状态都是前一个触发器的原状态，每来一个时钟脉冲上升沿，数据就向右移动一位，该移位寄存器也称为右移寄存器，D_R 是右移数据的串行输入端（Data Right），Q_4 是4位右移数据的串行输出端。

本章小结

触发器是构成各种复杂数字系统的基本逻辑单元。触发器用 Q 作为状态输出，将使 $Q=1$ 的操作称为置位（置1），将使 $Q=0$ 的操作称为复位（清0或置0），因此触发器有0或1两个稳定状态。在外界信号作用下，触发器可以从一个稳态转变为另一个稳态；无外界信号作用时，触发器状态保持不变。

按输入方式及触发器状态变化规律的不同，触发器可以分为基本 RS 触发器、D 触发器、JK 触发器、T 触发器和 T' 触发器等类型，触发器的功能可以用真值表、特征方程、状态表、状态图、波形图等描述。基本 RS 触发器是各类触发器的基本组成，D 触发器是一种延迟型触发器，JK 触发器具有置0、置1、保持和翻转功能，T 触发器是一种保持、翻转型触发器，T'

触发器只有翻转功能。为了便于使用，集成触发器除了有时钟和激励信号输入端外，一般还有异步置位输入端和异步复位输入端，其优先权比时钟和激励信号要高，只有当异步信号不起作用时，时钟和激励信号才起作用。

触发器可以构成时序电路中使用广泛的计数器和移位寄存器。计数器用于累计输入时钟脉冲的个数，触发器可以按照一定的规律构成异步计数器和同步计数器，也可以利用异步复位端和异步置位端实现计数器的变模。移位寄存器是用来寄存二进制数字信息并能将存储信息移位的时序逻辑电路，用 D 触发器和 JK 触发器可以非常方便地构成各种形式的移位寄存器。

习题 4

4-1 填空题

(1) 触发器有________个稳定状态，存储 4 位二进制信息至少需要________个触发器。

(2) 基本 RS 触发器有________、________、________三种可使用的功能。对于由与非门构成的基本 RS 触发器，在 $R=0$、$S=1$ 时，触发器为________功能；在 $R=1$、$S=0$ 时，触发器为________功能；在 $R=1$、$S=1$ 时，触发器为________功能。

(3) 上升沿触发的 D 触发器具有________、________功能，其特征方程为________。

(4) 要使 D 触发器在触发后的状态输出为 1，则激励输入 D 为________。

(5) 下降沿触发的 JK 触发器具有________、________、________、________功能，其特征方程为________。

(6) 某 JK 触发器的现态 $Q^n=0$，激励 $JK=11$，则次态 $Q^{n+1}=$________。

(7) T 触发器的状态为 0，若要使其次态为 1，激励输入 T 应为________。

(8) 在时钟脉冲作用下，只有翻转功能的触发器称为________。

(9) JK 触发器构成的电路如图 4-17 所示，电路的功能是________。

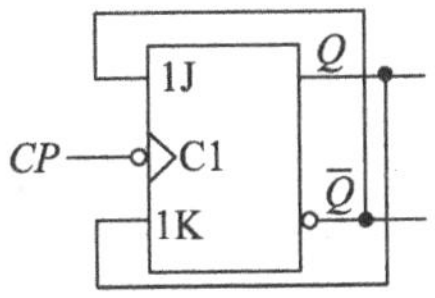

(10) 由 n 个触发器构成的计数器，其最大计数长度为________。

(11) 按计数器中各触发器是否在同一时刻触发，计数器分为________计数器和________计数器。

图 4-17 题 4-1(9)图

(12) 一个 8421BCD 码加法计数器，其模值为________，计数范围为________。

(13) 要构成 11 进制加法计数器，至少需要________个触发器，有________个无效状态。

(14) 如果由 00000 状态开始，经过 41 个输入脉冲后，计数器的状态为________。

(15) 如图 4-18 所示电路，已知 $X=1$ 时，现态 $Q=0$，则次态是________，$Z=$________。

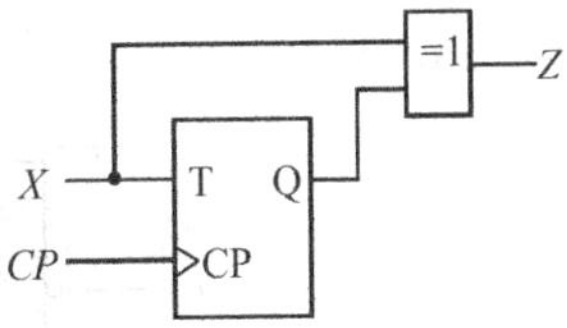

(16) 4 个 D 触发器逐个级联，可以构成________位移位寄存器。

图 4-18 题 4-1(15)图

4-2 选择题

(1) 能够存储 0、1 二进制信息的器件是________。

A. TTL 门　　B. CMOS 门　　C. 触发器　　D. 译码器

(2) 下列说法正确的是________。

A. 触发器能存储二值信号，是构成时序逻辑电路的基本单元电路

B. 将 D 触发器的 Q 输出端反馈连接到 D 输入端可构成 T' 触发器

C. 计数器的模是指构成计数器的触发器的个数

D. 异步时序电路的各级触发器类型不同

(3) 上升沿触发的 D 触发器，在时钟脉冲 CP 上升沿到来前 D 为 1，而在 CP 上升沿以后 D 变为 0，则触发器状态为________。

A. 置 0　　B. 置 1　　C. 保持　　D. 不确定

(4) 下列触发器中，具有置 0、置 1、保持、翻转功能的是________。

A. RS 触发器　　B. D 触发器　　C. JK 触发器　　D. T 触发器

(5) 当激励输入 $J=K=1$ 时，JK 触发器所具有的功能是________。

A. 置 0　　B. 置 1　　C. 保持　　D. 翻转

(6) 已知 JK 触发器的当前状态为 1，欲使其次态为 0，则 J、K 应为________。

A. 00　　B. 01　　C. 11　　D. Φ1

(7) 当激励输入 $T=0$ 时，T 触发器所具有的功能是________。

A. 置 0　　B. 置 1　　C. 保持　　D. 翻转

(8) 触发器电路如图 4-19(a)所示，假设 Q 的初始状态为 0，则输出 Q 的波形为 4-19(b)中的________。

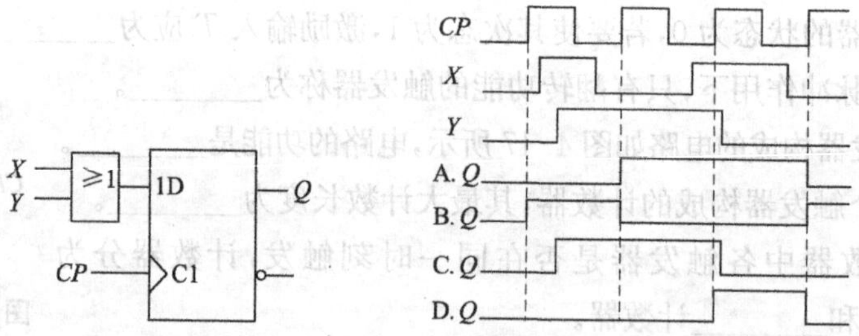

(a) 电路图　　(b) 波形图

图 4-19　题 4-2(8)图

(9) 在图 4-20 电路中，JK 触发器的次态 Q^{n+1} 为________。

A. 0　　B. 1　　C. Q^n　　D. $\overline{Q^n}$

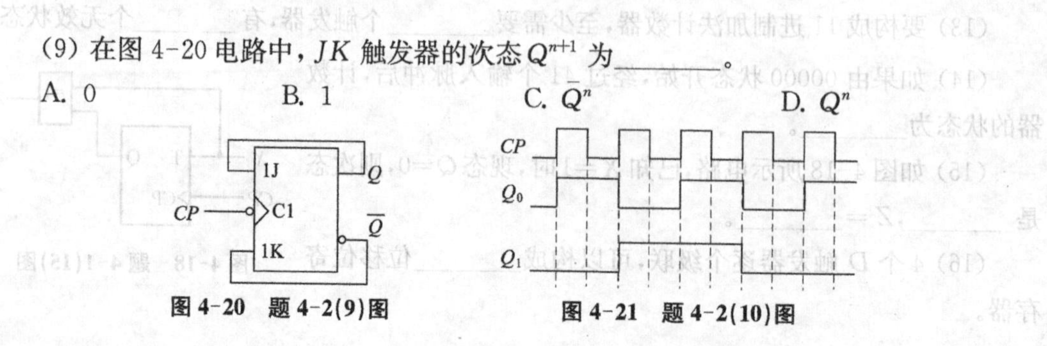

图 4-20　题 4-2(9)图　　**图 4-21　题 4-2(10)图**

(10) 某计数器电路由两个上降沿触发的 D 触发器构成，电路输出 Q_1Q_0 的波形如图4-21所示，该计数器是________。

A. 二进制加法计数器　　B. 四进制加法计数器

C. 二进制减法计数器　　D. 四进制减法计数器

(11) 下降沿触发的 JK 触发器中激励 $J=K=1$，若时钟脉冲 CP 为频率是100 kHz的方波，则触发器 Q 端输出信号的频率为________。

A. 50 kHz　　B. 100 kHz　　C. 200 kHz　　D. 400 kHz

(12) 同步计数器和异步计数器比较，同步计数器的显著优点是________。

A. 工作速度高　　B. 触发器利用率高　　C. 电路简单　　D. 不受时钟 CP 控制

4-3 各触发器电路如图4-22(a)、(b)、(c)所示，假设各触发器的初态均为0，根据图4-22(d)所示 CP 波形，分别画出 Q_0、Q_1、Q_2 的工作波形。

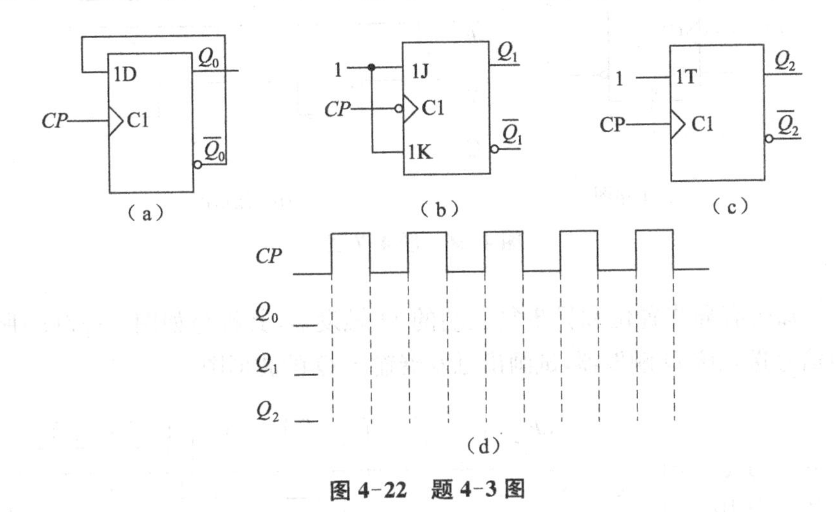

图4-22　题4-3图

4-4 上升沿触发的 D 触发器的输入波形如图4-23所示，假设触发器的初态为0，画出 Q 端波形。

4-5 下降沿触发的 JK 触发器的输入波形如图4-24所示，假设触发器的初态为0，画出 Q 端波形。

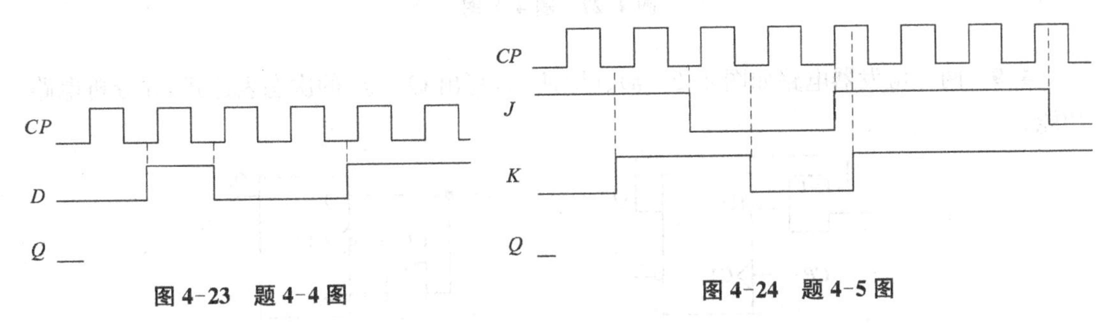

图4-23　题4-4图　　**图4-24　题4-5图**

4-6 上升沿触发的 T 触发器的输入波形如图4-25所示，假设触发器的初态为0，画出

Q 端波形。

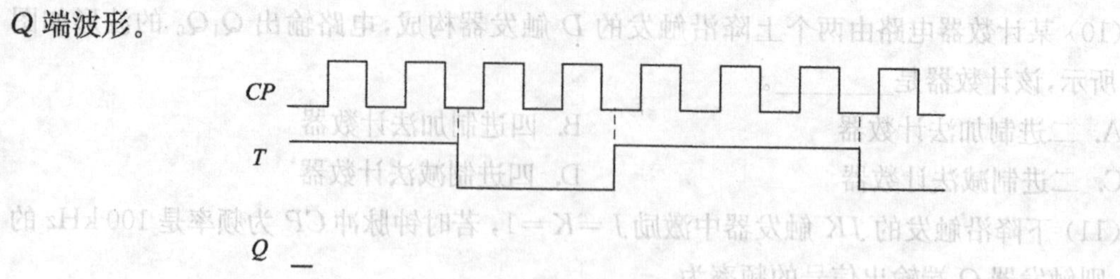

图 4-25　题 4-6 图

4-7　已知由 JK 触发器构成的电路如图 4-26(a)所示，试写出触发器的次态方程，并在图 4-26(b)中画出状态 Q 的波形图。

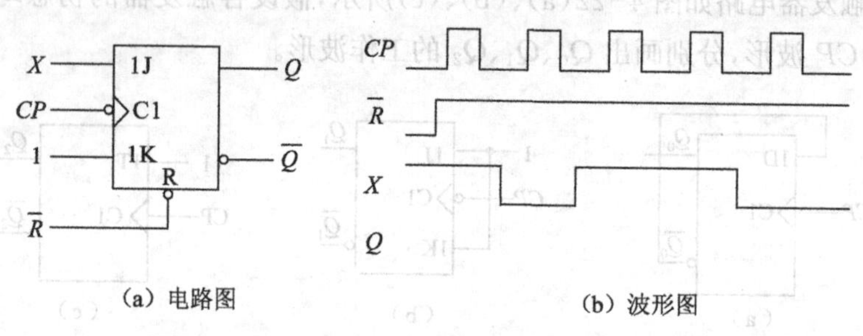

图 4-26　题 4-7 图

4-8　已知带有异步置位和异步复位端的 D 触发器，其符号如图 4-27(a)所示，将图 4-27(b)中信号送入该 D 触发器，试画出触发器输出 Q 的波形图。

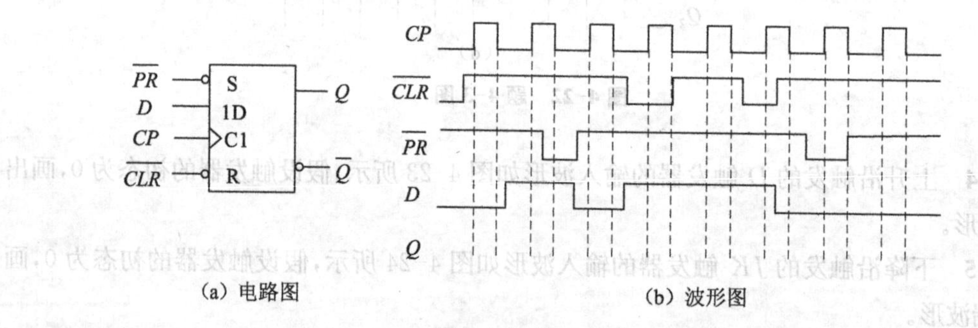

图 4-27　题 4-8 图

4-9　两个触发器电路如图 4-28(a)、(b)所示，写出 Q_0、Q_1 的次态表达式，并分析电路功能。

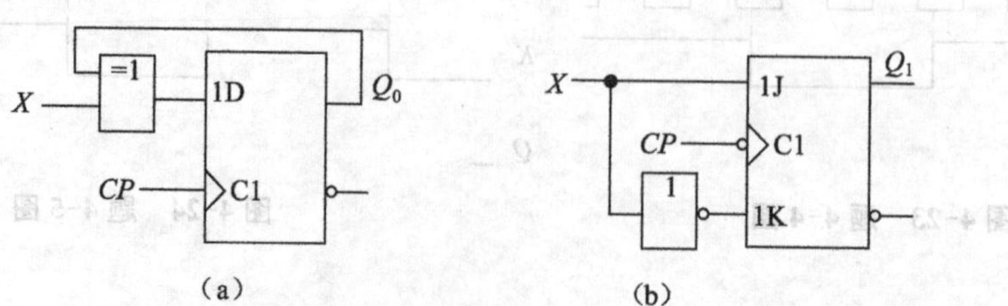

图 4-28　题 4-9 图

4-10 已知如图 4-29(a)所示电路的时钟脉冲的频率为 4 000 Hz,试在图 4-29(b)中画出 Q_0 和 Q_1 的波形,指出 Q_0 和 Q_1 的频率值,分析该电路功能。设初态 $Q_1Q_0=00$。

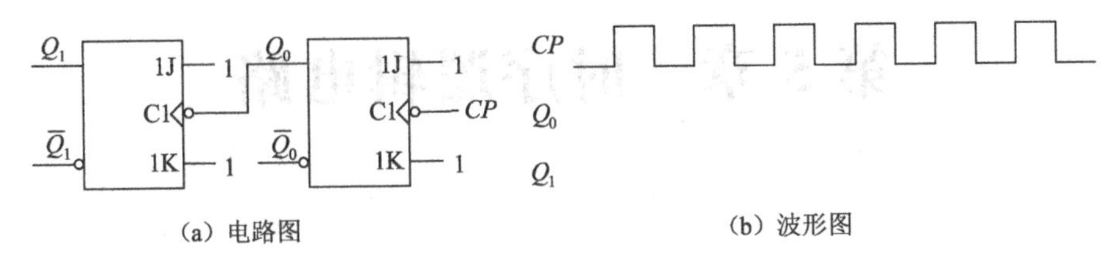

图 4-29 题 4-10 图

4-11 两个上升沿触发的 D 触发器构成的电路如图 4-30(a)所示。试分析电路,在图 4-30(b)中画出 Q_0 和 Q_1 的波形,并画出 Q_0Q_1 的状态图。设初态 $Q_0Q_1=00$。

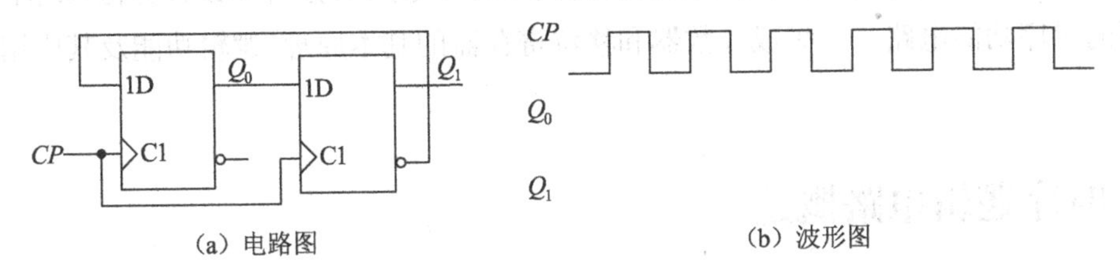

图 4-30 题 4-11 图

4-12 用上升沿触发的 D 触发器构成 5 进制加法计数器。要求采用异步复位变模,画出电路图和电路全状态图,指出状态图中的有效状态、无效状态、稳态、暂态。

4-13 用下降沿触发的 JK 触发器构成 3 级移位寄存器电路,采用左移方式。

4-14 供 4 组人员参加智力竞赛的抢答电路如图 4-31 所示,其中包括集成电路 74LS175,该芯片含有 4 个 D 触发器且共用异步复位端 $\overline{CLR}$。试分析电路的工作过程。

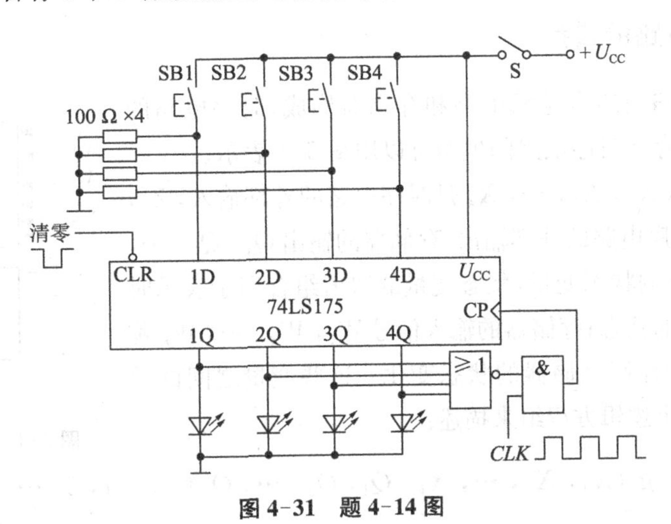

图 4-31 题 4-14 图

第 5 章　时序逻辑电路

数字逻辑电路分为组合逻辑电路和时序逻辑电路两大类。时序逻辑电路(简称时序电路)内部包含存储器,用于记忆电路的工作状态和输入变化情况,时序电路的输出由当前的输入和存储信息共同确定。本章首先介绍时序电路的基本概念,这是学习时序逻辑电路分析与设计方法的基础;然后介绍基于触发器的同步时序电路的分析和设计方法,最后介绍两类重要的时序功能电路——集成计数器和移位寄存器的基本原理、逻辑功能及其应用。

5.1　时序逻辑电路概述

组合逻辑电路的输出只取决于当前的输入,而时序电路的输出不仅依赖于当前的输入,还依赖于过去的输入。例如,接收硬币、销售饮料的自动售货机,就是一个时序电路装置,售货机中的传感器识别投入的硬币币值,并“记住”当前累计收到的总金额,将其定义为售货机的“状态”。未接收硬币时,售货机处于“累计收到 0 元”的状态;若投币 1 元,售货机的状态转换到“累计收到 1 元”的状态;若再投币 1 元,累计金额为 2 元,若选择 2 元的饮料,售货机就会“输出”饮料,状态回到“累计收到 0 元”的状态。

5.1.1　时序电路的模型

时序逻辑电路由组合逻辑电路和存储器构成,时序电路的状态用存储器保存。时序电路的模型可以用图 5-1 表示。

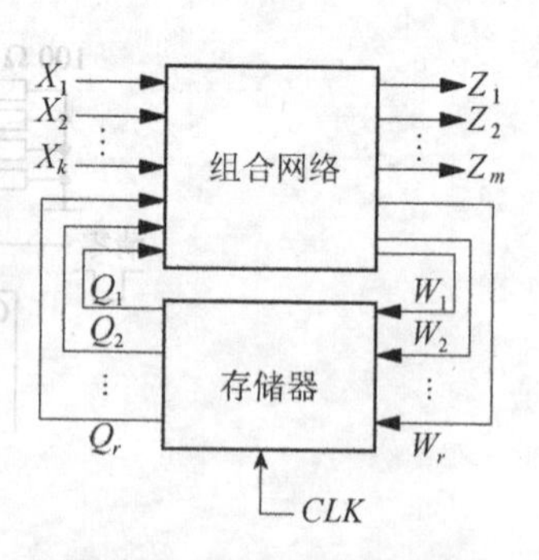

图 5-1　时序电路的模型

在图 5-1 中,X_1, X_2, …, X_k 是时序电路的外部输入,Z_1, Z_2, …, Z_m 是时序电路的外部输出;存储器的输出 Q_1, Q_2, …, Q_r 称为时序电路的状态变量,状态变量的取值组合用于表示时序电路当前所处的状态;存储器的输入信号 W_1, W_2, …, W_r 称为激励信号,用于控制存储器的状态变化。这些变量之间的关系可以用下面三个逻辑方程组来描述:

$$Z_i = g_i(X_1, X_2, \cdots, X_k; Q_1, Q_2, \cdots, Q_r) \quad i=1, 2, \cdots, m \tag{5-1}$$

$$W_i = h_i(X_1, X_2, \cdots, X_k; Q_1, Q_2, \cdots, Q_r) \quad i=1, 2, \cdots, r \tag{5-2}$$

$$Q_i^{n+1} = f_i(Q_i^n, W_i) \quad i=1, 2, \cdots, r \tag{5-3}$$

其中，式 5-1 称为时序电路的输出方程组，式 5-2 称为时序电路的激励方程组，式 5-3 称为时序电路的次态方程组。Z_i 和 W_i 是组合逻辑函数表达式，说明时序电路的输出和激励仅取决于当前时刻的外部输入和电路所处的状态（现态）；次态方程表示时序电路在时刻 t^{n+1} 的状态（次态）由时刻 t^n 的状态（现态）和激励决定。

时序电路中最常用的存储器件是集成触发器，次态方程组中的 Q_i^n 是第 i 个触发器的现态，W_i 是触发器当前的激励信号，Q_i^{n+1} 是触发器的次态。

5.1.2　状态表和状态图

时序电路中，常用状态图（State-Diagram）和状态表（State-Table）形象地表示时序电路中输入、输出、现状态和次状态之间的转换关系以及时序电路的逻辑功能。

状态图是一种图形表示方法，电路的状态用圆圈表示并标出状态值，状态转换的方向用箭头表示，箭头从现状态指向次态，每个箭头旁标出状态转换的外部输入条件和相应的电路外部输出。图 5-2 所示状态图表示为，n 时刻电路现态为 S^n，在外部输入 X 作用下，电路输出 Z，时钟脉冲作用过后的 $n+1$ 时刻，电路状态将转换到次态 S^{n+1}。

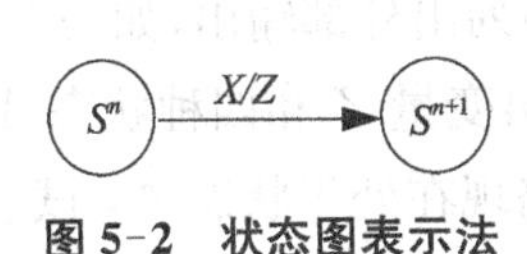

图 5-2　状态图表示法

表 5-1　状态表表示法

现状态	输入	次状态	输出
S^n	X	S^{n+1}	Z

次状态/输出

状态表是以表格的形式表示时序逻辑电路，电路所有可能的输入条件和状态排列成表格的行和列，在表格中填入次态和外部输出。表 5-1 所示状态表可以理解为，当电路现态为 S^n，输入为 X 时电路输出 Z，时钟脉冲作用后，电路次态将转换到 S^{n+1}。

5.1.3　时序电路的分类

1. 同步时序电路与异步时序电路

按状态改变的方式来分，时序电路可分为同步时序电路和异步时序电路两大类。同步时序电路中，各触发器有统一的时钟脉冲，其状态转换与所加的时钟脉冲信号是同步的。通常，只将时钟脉冲看作同步时序电路的时间基准，而不看作输入变量，时钟脉冲作用前电路的状态是现态，作用后的状态是次态。只要时钟脉冲没有到来，同步时序电路的状态就不会改变。

异步时序电路中，各触发器没有一个统一的时钟脉冲，因此各触发器的状态转换不是同时发生的，电路状态的转换有先有后。同步时序电路较复杂，其速度高于异步时序电路。

2. 米里型电路和摩尔型电路

按时序电路中输出变量是否和输入变量直接相关来分，时序电路可分为米里（Mealy）型电路和摩尔（Moore）型电路两类。米里型电路的外部输出既与触发器的状态有关，又与外部输入有直接关系，电路输出 Z 是输入变量 X 和现状态 Q 的函数，如式(5-1)所示。可见，图 5-2 和表 5-1 为米里型电路的状态图和状态表。

摩尔型电路的外部输出只与触发器的状态有关，与外部输入无直接关系，即电路输出 Z 是现状态 Q 的函数，其函数表达式为

$$Z_i = g_i(Q_1,\ Q_2,\ \cdots,\ Q_l) \quad i=1,\ 2,\ \cdots,\ m \tag{5-4}$$

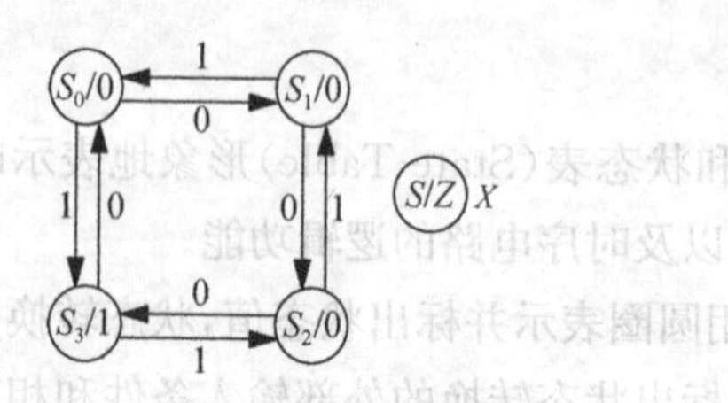

图 5-3 摩尔型电路状态图

表 5-2 摩尔型电路状态表

S^n	X = 0	X = 1	Z
S_0	S_1	S_3	0
S_1	S_2	S_0	0
S_2	S_3	S_1	0
S_3	S_0	S_2	1

S^{n+1}

摩尔型电路的输出只与电路的现状态有关而与输入无直接关系，其电路的状态图中输出和现状态都标在状态圈内，如图 5-3 所示，状态表中单独列出外部输出，如表 5-2所示。

例 5-1 假设某时序电路有一个输入变量 X、一个输出变量 Z 和四种状态 A、B、C、D，其状态图和状态表分别如图 5-4 和表 5-3 所示。假设电路现在处于状态 A，试确定电路输入序列为 X=0110101100 时的状态序列和输出序列，并说明电路的最终状态。

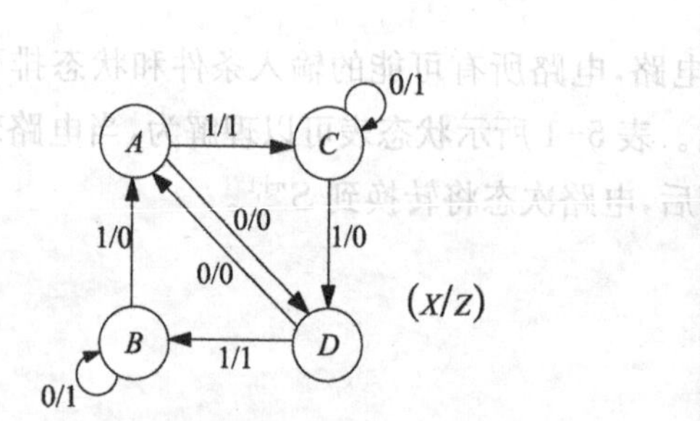

图 5-4 例 5-1 状态图

表 5-3 例 5-1 状态表

S^n	X	S^{n+1}	Z
A	0	D	0
A	1	C	1
B	0	B	1
B	1	A	0
C	0	C	1
C	1	D	0
D	0	A	0
D	1	B	1

解 当初始状态为 A 时，根据状态图或状态表可以导出电路的状态变化和输出，具体如下：

输入 X	0	1	1	0	1	0	1	1	0	0
现状态	A	D	B	A	D	B	B	A	C	C
次状态	D	B	A	D	B	B	A	C	C	C
输出 Z	0	1	0	0	1	1	0	1	1	1

因此，当输入序列作用于该电路，初始状态为 A 时，产生的状态序列为 $DBADBBACCC$，输出序列为 0100110111，电路最后处于状态 C。

描述一个时序电路的逻辑功能除可以用方程组、状态表、状态图之外，还可以用时序波形图和电路图等方法。这些描述方法可以相互转换，是分析和设计时序电路的基本工具。

5.2　时序逻辑电路的分析与设计

5-1

5.2.1　时序逻辑电路的分析

同步时序电路的分析，就是针对已知的逻辑电路图，通过分析电路在输入和时钟信号作用下的输出和状态转换规律，进而确定电路的逻辑功能。

1. 分析步骤

通常，同步时序电路的分析可以按照以下步骤进行。

(1) 写出函数表达式

根据电路图，写出各触发器的激励函数表达式和时序电路的输出函数表达式，并把激励函数表达式代入触发器的次态方程。

(2) 由表达式求出状态表

列出同步时序电路的状态表，根据激励表达式、输出表达式和次态方程，求出所有自变量取值组合条件下的触发器次态值和输出函数值。

(3) 根据状态表构造状态图

将时序电路的所有状态画成状态圈，用箭头表示状态转换，并标出输入条件和输出值，从而构成电路的状态图。状态图比状态表更能直观地反映电路各状态间的转换关系，有利于理解电路的逻辑功能。

(4) 必要时画出波形图

必要时，可以由状态表或状态图画出电路中各触发器状态变换和输出信号变化的波形图。波形图反映了输入信号、输出信号及各触发器状态的取值在时间上的对应关系。

(5) 说明电路的逻辑功能

检查电路能否自启动，说明时序电路的逻辑功能。

2. 分析举例

例 5-2　同步时序电路如图 5-5 所示，试对该电路进行分析。

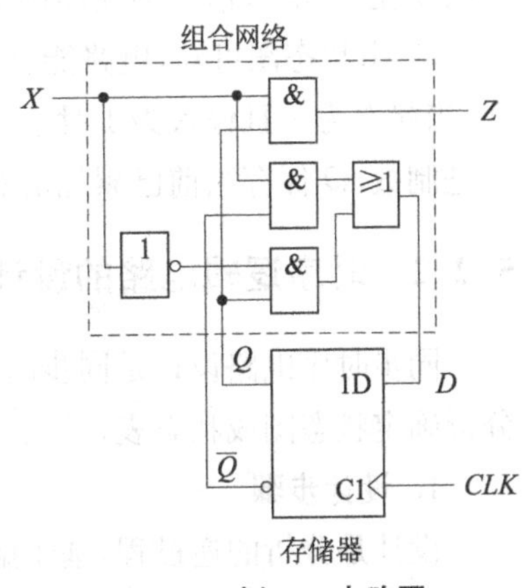

图 5-5　例 5-2 电路图

解　① 该同步时序电路中有一个 D 触发器，有外部输入 X 和输出 Z，写出表达式为

激励函数表达式　　$D=X\bar{Q}+\bar{X}Q=X\oplus Q^n$

输出函数表达式　　$Z=XQ$

次态方程　　　　　$Q^{n+1}=D=X\oplus Q^n$

② 由输出函数表达式可见，Z 可由 X 和 Q 作与运算得到，即电路的输出与输入直接相关，电路为米里型电路。故根据表 5-1 的形式，由表达式得到当前电路的状态表，如表 5-4 所示。

③ 该电路只有一个触发器，首先画出 0 和 1 两个状态，然后分别以状态 0 和 1 为现态，用箭头指向不同输入所对应的次态，并将输入和输出标在箭头旁边，如图 5-6 所示。

表 5-4　例 5-2 状态表

Q^n	X^n	Q^{n+1}	Z^n
0	0	0	0
0	1	1	0
1	0	1	0
1	1	0	1

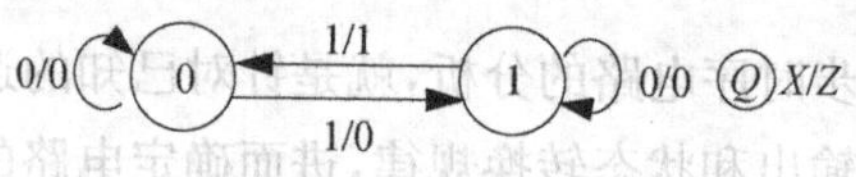

0/0　0　1/1　1/0　1　0/0　Q X/Z

图 5-6　例 5-2 状态图

④ 若电路已给定输入信号波形、时钟脉冲波形和电路的初始状态，可以根据状态表或状态图画出相应的状态变化波形和输出波形，如图 5-7 所示。

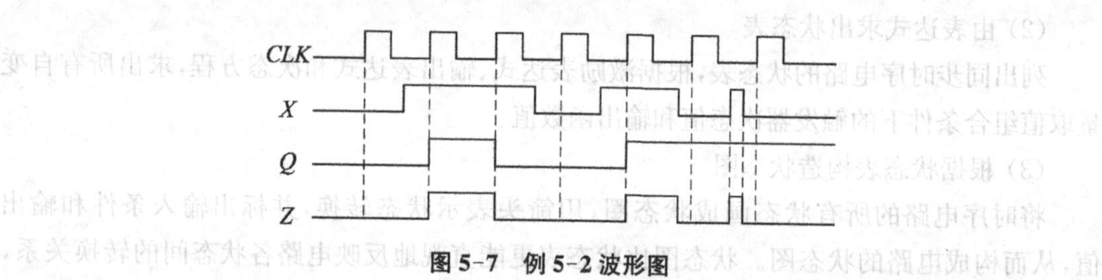

图 5-7　例 5-2 波形图

在波形图中，触发器的状态变化只发生在触发脉冲的上升沿，输入信号不能立即引起状态的变化，但输入信号会立即影响输出，这是米里型电路的特点。

⑤ 由状态图可知，电路能够自启动，输入 0 时电路状态保持不变，输入 1 时电路状态改变，当状态为 1 且输入为 1 时输出为 1。可见，电路功能为一位二进制累加器，X 是输入的二进制数，Q 保存当前已累加的和，Z 为进位输出。

5.2.2　时序逻辑电路的设计

同步时序电路设计是同步时序电路分析的逆过程，通过对设计命题（电路的功能需求）分析确定状态图或状态表，进而设计出符合逻辑功能要求的同步时序电路。

1. 设计步骤

设计是分析的逆过程，基于触发器的同步时序电路的设计流程图如图 5-8 所示。同步时序电路的设计可以按照流程步骤进行。

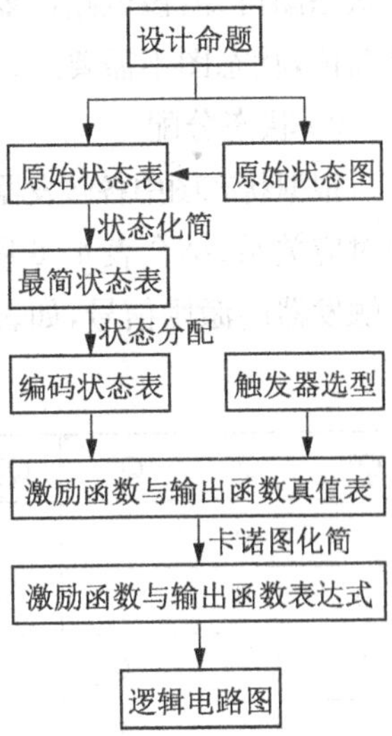

(1) 建立原始状态图(表)

根据命题要求,确定输入变量、输出变量以及电路状态,建立满足逻辑功能要求的状态图或状态表(电路可能包含有多余的状态)称为原始状态图(表)。正确画出原始状态图(表)是设计时序电路最关键的一步。

(2) 状态化简

原始状态图(表)通常不是最简的,往往可以消去多余状态得到最简状态表。消去多余状态,找出原始状态图或状态表中的等价状态的过程叫做状态化简。通过状态化简,可以最大限度地减少触发器的数目,降低电路的硬件成本。

(3) 状态分配

状态分配也叫状态编码,即用触发器的二进制状态编码来表示最简状态表中的各个状态,得到编码状态表。根据不同的状态分配方案,设计的逻辑电路也就不同,原则上选择适当的状态分配方案,可以达到使电路最简的目的。通过状态编码,画出编码形式的状态图和状态表。

设计命题
原始状态表
原始状态图
状态化简
最简状态表
状态分配
编码状态表
触发器选型
激励函数与输出函数真值表
卡诺图化简
激励函数与输出函数表达式
逻辑电路图

图 5-8　时序电路设计流程图

(4) 触发器选型

根据电路的功能特点选用合适的触发器类型。一般而言,计数型时序电路应优先选用 JK 触发器或 T 触发器,寄存型时序电路应优先选用 D 触发器,这样能得到比较简单的激励信号表达式,从而简化电路。根据电路包含的状态数目 M 来确定触发器的个数 n,一般为 $2^{n-1} < M \leqslant 2^n$。

(5) 求出激励信号和电路输出信号的表达式

由编码状态表和选定触发器的功能,构造电路各触发器的激励函数表和输出函数表,化简求出激励函数表达式和输出函数表达式。也可以由编码状态表,先求出电路的输出函数表达式和各触发器的次态方程,再由次态方程推导出触发器的激励函数表达式。

(6) 检查多余状态,打破无效循环

大多数时序电路都有自启动的要求,若电路使用 n 个触发器但有效状态数 $M < 2^n$,则应该检查电路处于多余状态时,能否在有限个时钟脉冲作用下自动进入到有效循环。如果电路不能自启动,需要修改设计或使用触发器异步置位、复位功能,打破无效循环。

(7) 画电路图

当电路没有多余状态,或虽有多余状态但能够自启动时,即可根据激励信号和输出信号表达式画出满足设计功能要求的逻辑电路图。

2. 设计举例

例 5-3　用下降沿触发的 JK 触发器设计实现一个 3 位二进制同步加法计数器。

解　① 导出状态图

根据计数器计数规律,直接画出 3 位二进制同步加法计数器的状态图,如图 5-9 所示。

由状态图可知，该电路需要 3 个触发器 Q_2、Q_1、Q_0，其中 Q_2 是高位，状态图不需要进行状态化简。

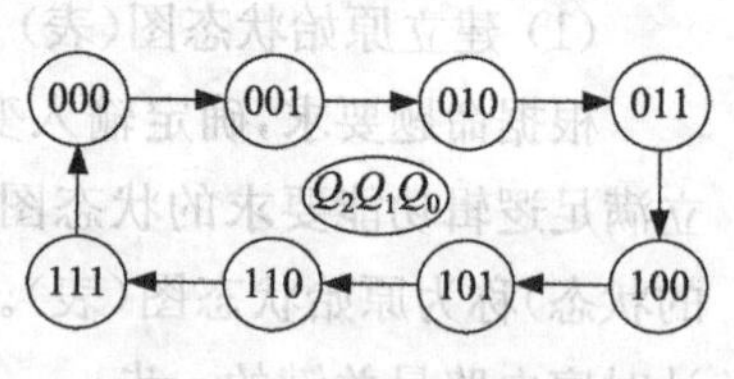

图 5-9 例 5-3 状态图

② 状态分配

根据状态图中各触发器现态 $Q_2^nQ_1^nQ_0^n$ 和次态 $Q_2^{n+1}Q_1^{n+1}Q_0^{n+1}$ 的对应关系，结合表 4-6 所示的 JK 触发器激励表，可求得各触发器的激励信号，如表 5-5 所示。

表 5-5 例 5-3 激励表

Q_2^n	Q_1^n	Q_0^n	Q_2^{n+1}	Q_1^{n+1}	Q_0^{n+1}	J_2	K_2	J_1	K_1	J_0	K_0
0	0	0	0	0	1	0	Φ	0	Φ	1	Φ
0	0	1	0	1	0	0	Φ	1	Φ	Φ	1
0	1	0	0	1	1	0	Φ	Φ	0	1	Φ
0	1	1	1	0	0	1	Φ	Φ	1	Φ	1
1	0	0	1	0	1	Φ	0	0	Φ	1	Φ
1	0	1	1	1	0	Φ	0	1	Φ	Φ	1
1	1	0	1	1	1	Φ	0	Φ	0	1	Φ
1	1	1	0	0	0	Φ	1	Φ	1	Φ	1

③ 导出激励信号表达式

该时序电路明确要求用 JK 触发器，故省略触发器选型这一步骤。

在表 5-5 中，将各触发器的激励信号 J、K 看成是状态 $Q_2^nQ_1^nQ_0^n$ 的函数，通过卡诺图化简得到 J、K 的表达式，便可得到电路的连接关系。通过图 5-10 所示卡诺图化简求得 J_2、K_2、J_1 和 K_1 的最简表达式分别为 $J_2=K_2=Q_1^nQ_0^n$、$J_1=K_1=Q_0^n$。激励表中的 J_0 和 K_0 取值为 1 和 Φ，无须化简，直接令 $\Phi=1$，有 $J_0=K_0=1$。

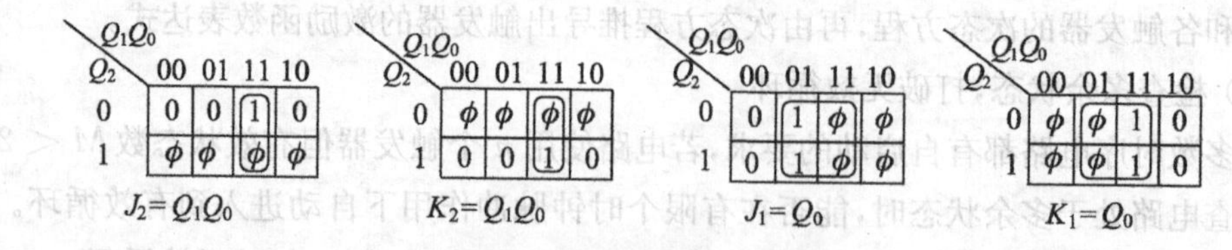

图 5-10 卡诺图化简求激励函数

④ 画电路图

根据各激励函数表达式画出电路图，就是图 4-11，此处图略。

因为本题的状态图中不存在多余状态，所以无须检查自启动情况。若设计过程中有多余状态，一定要检查多余状态的去向，若存在无效循环，可利用触发器异步端实现状态跳转，确保电路能够自启动。计数器电路可以直接画出状态图，不存在状态定义、状态化简和状态编码，难度较低，实际应用中不少时序逻辑电路的设计还是比较复杂的。

5.3 计数器芯片及应用

计数器是用来累计输入脉冲个数的逻辑电路,用途非常广泛。通信系统中使用的各种定时器和分频电路,电子表、电子钟和交通控制系统中使用的计时电路,本质上都是计数器。74 系列计数器有许多计数器芯片可供选用,常用计数器芯片型号及基本特性如表 5-6 所示,同一栏中的计数器结构、功能和使用方法相近。

表 5-6 常用计数器芯片型号及基本特性

型号	计数方式	模数编码	计数规律	预置方式	复位式	触发方式	输出方式
7490	异步	2-5-10	加法	异步(置 9)	异步	下降沿	常规
74290	异步	2-5-10	加法	异步(置 9)	异步	下降沿	常规
7493	异步	2-8-16	加法	无	异步	下降沿	常规
74293	异步	2-8-16	加法	无	异步	下降沿	常规
74160	同步	模 10,8421BCD 码	加法	同步	异步	上升沿	常规
74161	同步	模 16,二进制	加法	同步	异步	上升沿	常规
74162	同步	模 10,8421BCD 码	加法	同步	同步	上升沿	常规
74163	同步	模 16,二进制	加法	同步	同步	上升沿	常规
74192	同步	模 10,8421BCD 码	双 CP,可逆	异步	异步	上升沿	常规
74193	同步	模 16,二进制	双 CP,可逆	异步	异步	上升沿	常规

5.3.1 异步加法计数器

按照芯片内部触发器是否采用同步触发的计数方式,计数器芯片分为异步计数器和同步计数器。下面以 2-8-16 进制异步加法计数器 7493 为例,介绍异步加法计数器的功能和使用方法。

1. 7493 的功能描述

7493 的结构框图和逻辑符号如图 5-11 所示,7493 内部有二进制加法计数器和八进制加法计数器,其状态输出分别为 Q_A、$Q_DQ_CQ_B$,CP_A、CP_B 为计数脉冲输入端,均为下降沿触发。7493 的功能表如表 5-7 所示,R_{01}、R_{02} 是异步复位信号,当 R_{01}、R_{02} 同时为 1 时,7493 的状态为异步复位;当 R_{01}、R_{02} 中有 0 时,计数器在时钟脉冲下降沿加法计数。

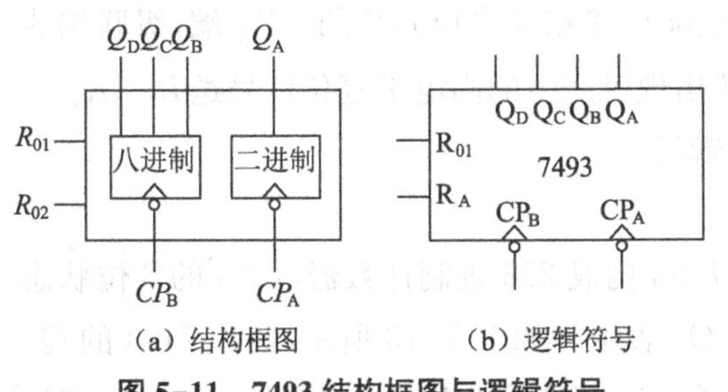

图 5-11 7493 结构框图与逻辑符号

表 5-7 7493 功能表

输入			输出			
R_{01}	R_{02}	CP	Q_D	Q_C	Q_B	Q_A
1	1	Φ	异步复位			
0	Φ	↓	计数			
Φ	0	↓				

2. 7493的使用方法

7493是2-8-16进制计数器，它将计数脉冲自CP_A输入，若只使用Q_A时，构成二进制加法计数器；将计数脉冲自CP_B输入，使用$Q_DQ_CQ_B$时，构成八进制加法计数器；计数脉冲自CP_A输入，将Q_A接到CP_B，使用$Q_DQ_CQ_BQ_A$时，构成16进制加法计数器。利用7493的异步复位功能，可以构成任意进制计数器。

例5-4 用7493构成8421码加法计数器，并画出各状态输出的波形图。

解 8421码加法计数器的计数范围为0000～1001，一共10个状态，是一个模为10的加法计数器。因此先将其片内级联构成16进制加法计数器，然后利用异步复位变模，即遇10异步复位，将模16计数器变模为10。具体连接方式为：将计数脉冲CLK送到7493的CP_A端，Q_A接CP_B，将Q_D、Q_B分别接到R_{01}、R_{02}，电路如图5-12(a)所示。

假设电路初始状态为0000，时钟脉冲CLK每送一个下降沿，电路状态$Q_DQ_CQ_BQ_A$累加1，10个时钟脉冲下降沿后电路状态为1010。一旦出现状态1010会使得R_{01}和R_{02}同时为1，7493实现异步复位操作，状态立即回到0000，从而开始新的加法计数循环。状态1010持续时间很短，是一个过渡状态（暂态），而不是有效状态，因此电路的计数范围为0000～1001。画出电路状态波形图，如图5-12(b)所示。从波形图可以看出，过渡状态会使得波形图出现毛刺，这是异步置位-复位法的共同缺点。

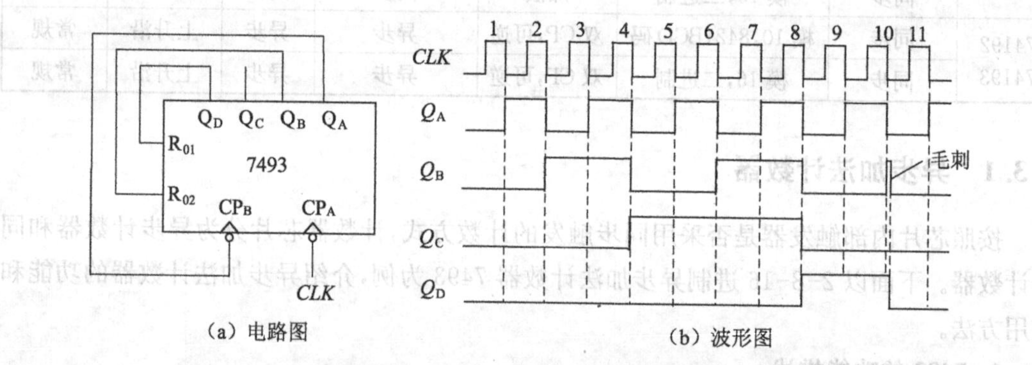

（a）电路图　　（b）波形图

图5-12 例5-4电路图及波形图

3. 7493的级联扩展

当计数器的模M超过16时，需要使用多片7493进行级联扩展。7493级联扩展的一般方法是，首先将每片7493的Q_A接CP_B，构成16进制计数器；然后将低位芯片7493的CP_A端外接计数脉冲CLK，将各芯片的Q_D作为进位输出接相邻高位芯片的CP_A端，级联构成16^n进制计数器；最后"遇M异步置0"，状态M出现时产生的高电平复位信号送R_{01}、R_{02}。扩展时，应尽量利用R_{01}、R_{02}端，不加或少加逻辑门。

例5-5 用7493构成135进制计数器。

解 因为$16<135<16^2$，所以首先用两片7493构成256进制计数器，7493的8位状态输出为该计数器的状态，用$Q_7Q_6Q_5Q_4Q_3Q_2Q_1Q_0$表示。如图5-13所示，两片7493的Q_A连CP_B，接成16进制计数器，低位芯片7493(1)的Q_D接高位芯片7493(2)的CP_A端，当低

位芯片状态 $Q_3Q_2Q_1Q_0$ 从 1111 回到 0000 时，Q_3 产生下降沿作为向高位芯片的进位信号，使得高位芯片状态 $Q_7Q_6Q_5Q_4$ 加法计数，实现两片 7493 间的逢 16 进 1 的计数规律。

然后利用异步复位变模法，将模 256 计数器的模变为 135。由于 135＝16×8＋7，即高位芯片 7493(2)的状态为 8、低位芯片 7493(1)的状态为 7 时，异步复位端为有效的 1。可将高位芯片的 Q_7 接两片 7493 的 R_{01}，低位芯片的 Q_2、Q_1、Q_0 经与门实现与运算后接两片 7493 的 R_{02}，所以当状态 $Q_7Q_6Q_5Q_4=1000$、$Q_3Q_2Q_1Q_0=0111$ 时，两片 7493 同时异步复位，状态回到 0000 0000，电路计数范围为 0～134。电路中的 Z 是计数器的进位输出信号，计数器回到 0 时，Z 输出下降沿，可用来控制上一级计数器。

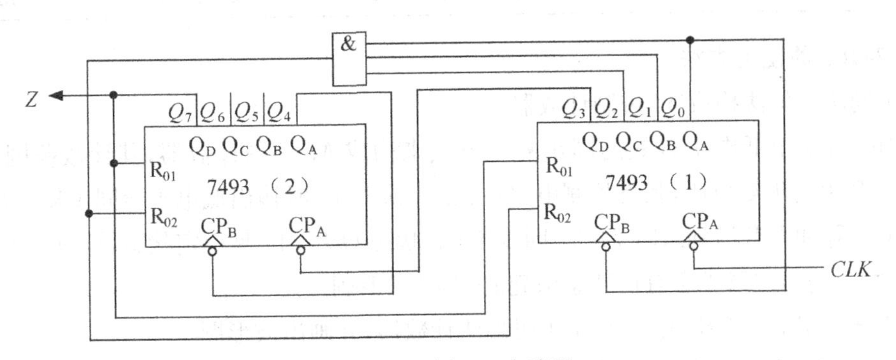

图 5-13　例 5-5 电路图

5-2

5.3.2　同步加法计数器

74 系列同步计数器的复位和预置方式比较丰富，有异步复位、同步复位、同步预置和异步预置。下面以 4 位二进制加法计数器 74163 为例，介绍 MSI 同步计数器的功能和应用。

1. 74163 的功能描述

74163 是一个 4 位二进制同步加法计数器，其逻辑符号如图 5-14 所示，$\overline{CLR}$ 是复位控制端，$\overline{LD}$ 是置数控制端，P 和 T 是保持控制端，CP 为时钟脉冲输入端，$DCBA$ 是置数输入端，$Q_DQ_CQ_BQ_A$ 是计数器状态输出端，CO 是进位输出端。

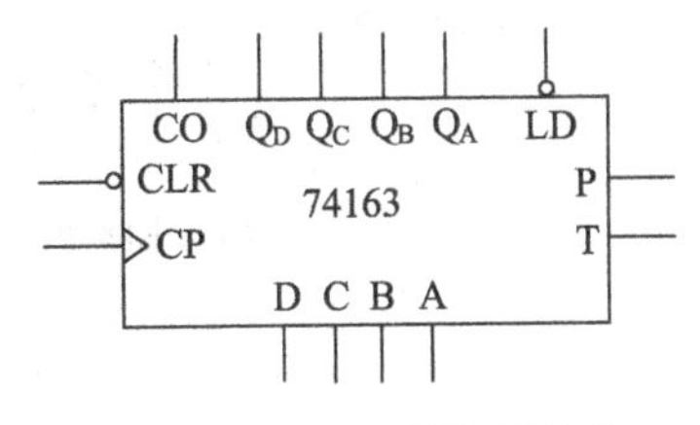

图 5-14　74163 的逻辑符号

74163 的功能表如表 5-8 所示，$\overline{CLR}$ 优先级最高，低电平有效，$\overline{CLR}$ 为低电平时计数器在时钟脉冲上升沿状态复位；$\overline{LD}$ 优先级次之，$\overline{CLR}$ 为高电平、$\overline{LD}$ 为低电平时，在时钟脉冲的上升沿将 $DCBA$ 端的数据并行置入计数器中；复位和置数信号无效且 P、T 中有低电平时，计数值保持不变；只有当 $\overline{CLR}$、$\overline{LD}$、P、T 4 个控制信号都是高电平时，74163 才执行加法计数操作，$Q_DQ_CQ_BQ_A$ 的值按 4 位二进制数递增。$CO=T\cdot Q_DQ_CQ_BQ_A$，只有当 T 和 $Q_DQ_CQ_BQ_A$ 都为 1 时 $CO=1$，CO 可用于控制 74163 的级联进位。74163 的功能比较全面，具有同步复位、同步置数、同步加法计数和状态保持等功能，利用复位和置数功能可以构成任意进制的加法计数器。

表 5-8 74163 功能表

输入									输出				工作方式
$\overline{CLR}$	$\overline{LD}$	P	T	CP	D	C	B	A	Q_D	Q_C	Q_B	Q_A	
0	Φ	Φ	Φ	↑	Φ	Φ	Φ	Φ	0	0	0	0	同步复位
1	0	Φ	Φ	↑	d	c	b	a	d	c	b	a	同步置数
1	1	Φ	0	Φ	Φ	Φ	Φ	Φ	Q_D	Q_C	Q_B	Q_A	保持
1	1	0	Φ	Φ	Φ	Φ	Φ	Φ	Q_D	Q_C	Q_B	Q_A	保持
1	1	1	1	↑	Φ	Φ	Φ	Φ	加法计数				加法计数

2. 74163 的使用方法

(1) 同步复位法构成 M 进制计数器

74163 可采用低电平有效的同步复位方式来构成 M 进制计数器，其计数范围为 $0\sim M-1$。利用同步复位法，状态检测电路在状态 $(M-1)$ 时输出低电平给同步复位端，以便下一个 CP 脉冲上升沿到来时 74163 同步置 0。状态 $(M-1)$ 是稳定状态，计数器工作中不会出现暂态，输出波形不会有由暂态引起的窄脉冲(毛刺)。

例 5-6 用 74163 构成一位 8421 码加法计数器，并画出波形图。

解 74163 是 16 进制计数器，采用同步复位法将其变为模 10 计数器时，应选状态 $(M-1)=10-1=9=(1001)_2$，计数器的 Q_D 和 Q_A 与非后接 $\overline{CLR}$，为了保证 $\overline{CLR}=1$ 时计数器正常计数，$\overline{LD}$、P、T 等信号均应接逻辑 1。其电路图及波形图分别如图 5-15(a)、(b)所示。

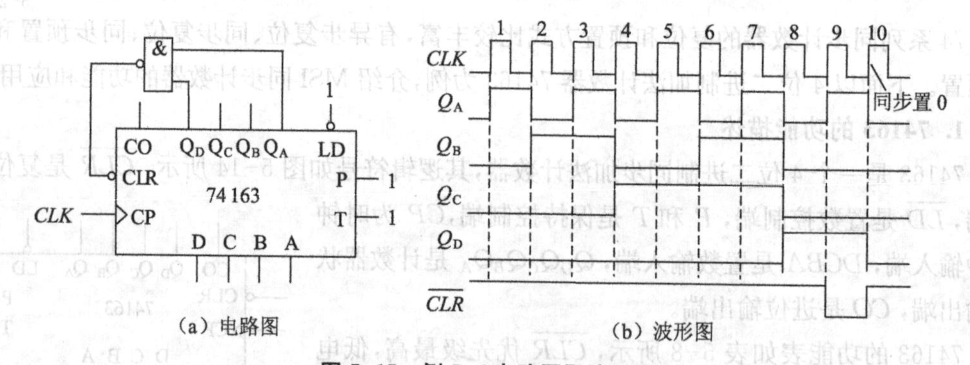

图 5-15 例 5-6 电路图及波形图

(2) 同步预置法构成 M 进制计数器

具有预置模式的计数器，可以通过预置初始状态来改变计数器的模，这比只能回到 0 状态的复位模式灵活得多。74163 可采用同步预置法构成 M 进制计数器，将计数器状态循环的初始状态作为 $DCBA$ 预置数，状态循环的末状态中“1”对应的 Q 端接与非门输入端，与非门输出端接 $\overline{LD}$，74163 的其他控制端 $\overline{CLR}$、P、T 均应接逻辑 1。

例 5-7 用 74163 实现一位余 3 码计数器，并画出工作波形。

解 余 3 码计数器是一个 10 进制计数器，计数值为 0～9，计数值 0 对应的状态是

0011，故 $DCBA=0011$；计数值 9 对应的状态是 1100，$\overline{LD}=\overline{Q_D Q_C}$，用一个二输入与非门实现；74163 其他控制输入端都接 1。计数器电路如图 5-16(a)所示。

计数器工作波形如图 5-16(b)所示，设 74163 的起始状态为 0011，电路工作在计数模式，9 个脉冲作用后，74163 状态为 1100，此时 $\overline{LD}=0$，电路进入同步置数模式，第 10 个时钟脉冲上升沿到来时，74163 完成预置操作，又回到起始状态 0011。

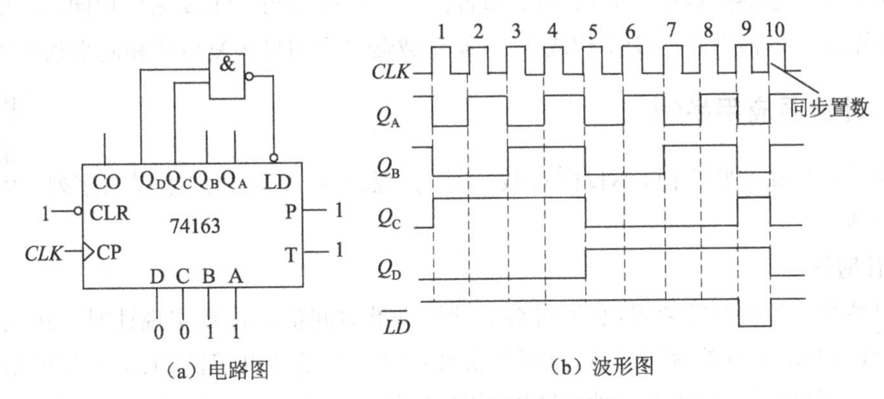

（a）电路图　　（b）波形图

图 5-16　例 5-7 电路图及波形图

(3) 级联扩展

用两片 74163 同步级联可构成 2～256 进制加法计数器，电路如图 5-17 所示。两片 74163 的 CP 端同接时钟脉冲 CLK，低位芯片 74163(1) 的 CO 接到高位芯片 74163(2) 的 T 端，两片 74163 同步级联构成 8 位二进制同步加法计数器，计数值为 $Q_7\sim Q_0$。当两片 $\overline{LD}$ 信号为 1 时，74163(1)是模 16 加法计数，74163(2)处于保持状态；当 74163(1)计数达到满量(状态为 1111)时，74163(2)满足计数条件，下一个 CLK 脉冲使 74163(1)状态回到 0000 以及 74163(2)状态值加 1，从而实现芯片间的进位。当计数值为满量 255 时，74163(2)的进位输出端 $CO_2=1$，两片 74163 的 $\overline{LD}=0$，电路满足预置条件，下一个 CLK 脉冲使电路的状态变为预置数 Y($Y_7\sim Y_0$ 对应的十进制值)，因此该计数器的计数范围是 $Y\sim 255$，计数器的模是 $M=256-Y$，改变预置数 Y 就可以改变计数器的模 M，而不必改变电路结构，故这种电路结构称为程控计数器。

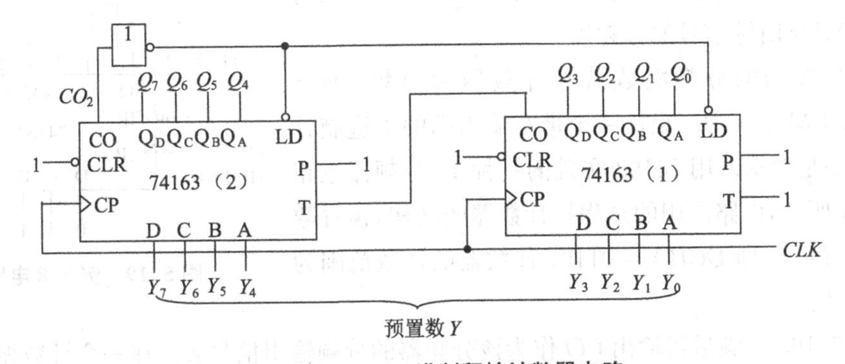

图 5-17　2～256 进制程控计数器电路

那么 k 个 74163 级联，计数器模 M 和预置数 Y 的关系为

$$Y = 16^k - M \tag{5-5}$$

例如，要构成 $M=135$ 进制的加法计数器，需要两片 74163 构成程控计数器，预置数 $Y=16^2-135=121=(0111\ 1001)_2$。

集成同步计数器家族中，74161 的引脚名称和惯用符号与 74163 完全相同，不同之处是 74161 为异步置 0，故若用 74161 构成 M 进制计数器可采用异步复位法和同步预置法。

5.3.3 计数器应用举例

5-3

计数器的用途非常广泛，不仅能计数，还能实现计时、分频和产生周期序列信号等功能。

1. 计时器

计时器是计量时间的装置，它通过对周期性基准时间信号计数实现计时。在数字电路中，用计数器对基准时钟脉冲计数，就可以实现计时。常见的电子钟、电子表就采用了这种计时原理，数码显示时间的电子钟的结构框图如图 5-18 所示。框图中的秒计数、分计数和时计数模块可以采用两位 8421 码计数器级联构成，计数值的个位和十位经七段显示译码器转换为七段显示码，送到 LED 七段显示器显示。

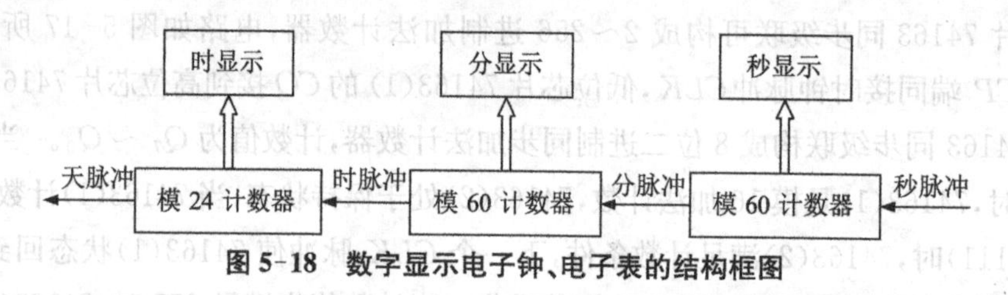

图 5-18 数字显示电子钟、电子表的结构框图

2. 分频器

数字式分频器是一种能够从较高频率输入信号得到较低频率输出信号的数字电路。用计数器对较高频率的输入脉冲计数，就可以实现分频，计数器的模就是分频次数。

例 5-8 某数字系统中振荡器的输出时钟频率为 10 MHz，其他部分电路需要 1 MHz 时钟信号。试用 74163 设计一个能够从 10 MHz 的输入时钟获得 1 MHz 时钟信号的分频器。

解 分频器的分频次数就是计数器的模数，$M=10\text{ MHz}\div 1\text{ MHz}=10$，设计一个带有输出端的十进制计数器即可满足要求。用 74163 实现的一种 10 分频器电路如图 5-19 所示，电路采用的是程控计数器的结构，预置数 $Y=16-M=6$，即 $DCBA=0110$，计数器的计数范围为 0110～1111。

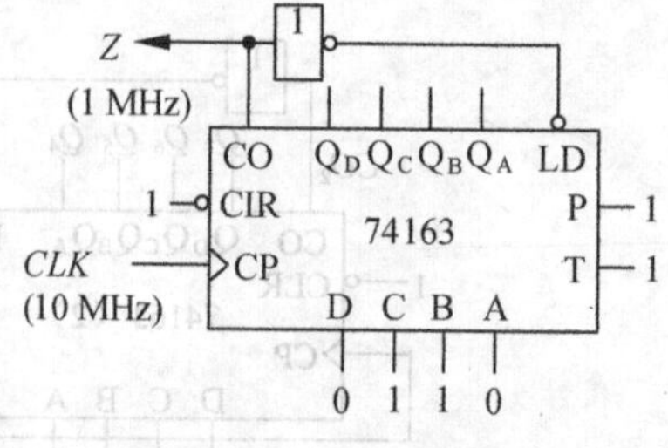

图 5-19 例 5-8 电路图

利用 74163 的满量程输出 CO 作为该分频器的分频输出信号 Z。在一个计数循环中，只有计数状态为 1111 时 Z 为 1，其他 9 个状态下 Z 都为 0，因此输出信号 Z 的占空比为 10%。

3. 序列发生器

序列发生器是一种能够在时钟脉冲作用下输出周期性序列的数字电路。利用计数器和数据选择器可方便地实现序列发生器，电路中计数器的模等于序列的周期，计数器的状态输出作为数据选择器的地址码，数据选择器的数据输入端接要产生的序列，数据选择器周期性输出指定序列。

用计数器 74163 和 8 选 1 数据选择器构成的"11100100"序列发生器电路如图 5-20 所示。因为序列的周期为 8，所以将 74163 接成模 8 计数器，即 74163 工作在计数模式，$Q_CQ_BQ_A$ 为状态输出。$Q_CQ_BQ_A$ 连接选择器的地址端 $A_2A_1A_0$，当 $Q_CQ_BQ_A$ 在 000～111 间循环时，选择器将依次选择 $D_0 \sim D_7$ 作为输出，输出端 Z 周期性地产生"11100100"序列。该电路可作为 8 位并/串转换电路，将选择器数据端的 8 位并行数据转换为 Y 端输出的串行数据。

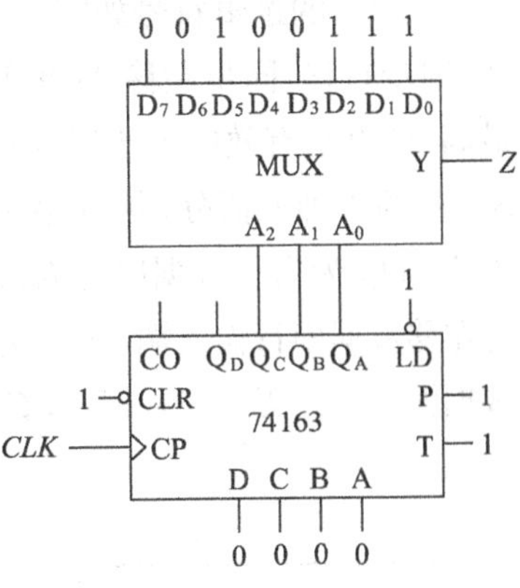

图 5-20　"11100100"序列发生器

5.4　移位寄存器芯片及应用

移位寄存器是用来寄存二进制数据并能将存储数据移位的时序逻辑电路，在数字通信中应用极其广泛。例如，计算机进行远程数据通信时，发送端将并行数据存入移位寄存器，由移位寄存器将数据逐位移送到串行传输线路上；与此对应，接收端从传输线路上逐位接收数据，将它们串行存入移位寄存器中，接收到一个完整的数据字后，从移位寄存器并行提取数据。移位寄存器还可用来实现序列检测器和序列发生器，也可以实现计数功能，营造节日气氛的彩灯也常用移位寄存器控制显示模式。

5.4.1　移位寄存器芯片及使用

移位寄存器产品非常多，典型的 74 系列移位寄存器芯片型号及基本特性如表 5-9 所示。其中，串行输入是指输入数据逐位输入，并行输入是指输入数据各位同时输入；串行输出是指输出数据逐位输出，并行输出是指输出数据各位同时输出；右移是指数据向右侧移位，双向是指数据既可以向右侧移位，也可以向左侧移位；三态输出是指输出高阻抗。

表 5-9　常用移位寄存器芯片型号及基本特性

型号	位数	输入方式	输出方式	移位方式
74194	4	串、并	串、并	双向移位
74195	4	串、并	串、并	右移
74198	8	串、并	串、并	双向移位
74299	8	串、并	串、并(三态)	双向移位
74323	8	串、并	串、并(三态)	双向移位

下面以功能最全、规模适中的4位双向移位寄存器74194为例，介绍移位寄存器芯片的功能和用法。74198除了数位不同外，引脚设置与使用方法与74194完全相同。

1. 74194的功能描述

74194的逻辑符号如图5-21所示，功能表如表5-10所示。74194具有异步置0、数据保持、同步右移、同步左移、同步并入5种工作模式。$\overline{CLR}$为优先级最高、低电平有效的异步置0控制端。S_1、S_0为工作方式控制端，S_1、S_0的4种取值分别控制保持、右移、左移和并入4种同步工作模式，D_R为右移数据串行输入端，Q_D为右移数据串行输出端；D_L为左移数据串行输入端，Q_A为左移数据串行输出端；$A \sim D$为并行数据输入端。无论何种模式，$Q_A \sim Q_D$都是并行数据输出端。

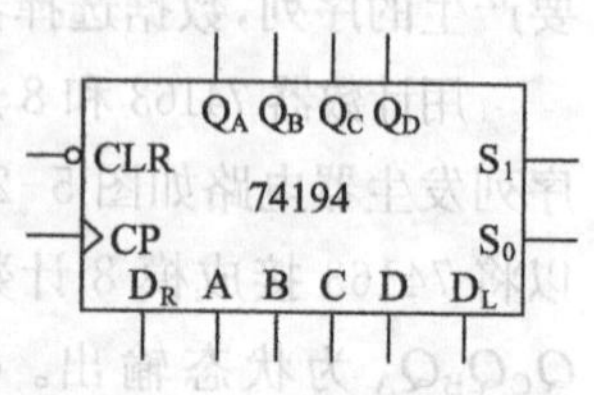

图5-21　74194逻辑符号

表5-10　74194功能表

输入					输出				工作模式
$\overline{CLR}$	S_1S_0	CP	D_RD_L	$A\ B\ C\ D$	Q_A	Q_B	Q_C	Q_D	
0	$\Phi\Phi$	Φ	Φ　Φ	Φ	0	0	0	0	异步复位
1	0 0	↑	Φ　Φ	Φ	Q_A^n	Q_B^n	Q_C^n	Q_D^n	数据保持
1	0 1	↑	x　Φ	Φ	x	Q_A^n	Q_B^n	Q_C^n	同步右移
1	1 0	↑	Φ　y	Φ	Q_B^n	Q_C^n	Q_D^n	y	同步左移
1	1 1	↑	Φ　Φ	$a\ b\ c\ d$	a	b	c	d	同步并入

2. 74194的使用与级联

74194的使用方法简单，根据功能要求，按照功能表进行电路连接即可。例如，74194需要工作于右移方式，可将CP端接外加移位时钟脉冲CLK，$\overline{CLR}$接1，S_1S_0接01，D_R接输入数据，就能构成4位右移寄存器；将S_1S_0接10，D_L接输入数据，74194即成为4位左移寄存器。

两片74194级联后构成了8位双向移位寄存器，如图5-22所示，电路具有异步复位、同步并入、保持、左移和右移等功能。为了连线方便，电路采用惯用逻辑符号，可根据需要改变引脚位置。

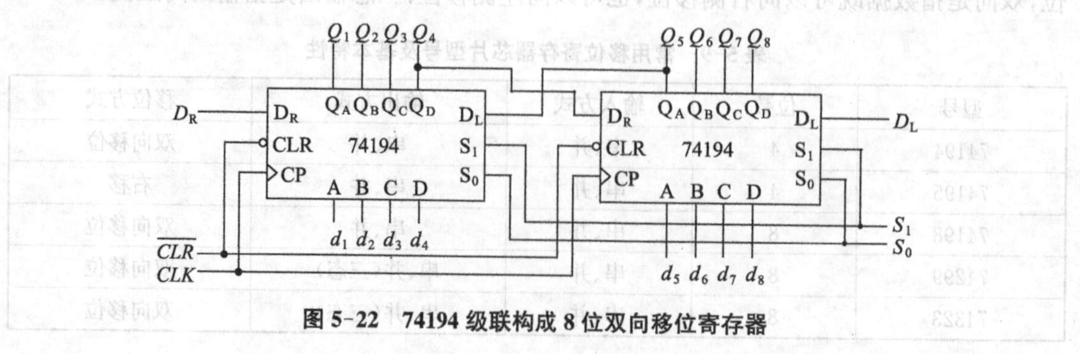

图5-22　74194级联构成8位双向移位寄存器

5.4.2 移位寄存器应用举例

移位寄存器功能丰富，使用十分灵活，用途非常广泛。这里介绍由移位寄存器构成的序列检测器和序列发生器。

1. 序列检测器

序列检测器是检测特定串行序列的数字电路，可用于串行数据异步传输的帧同步、序列密码检测等场合。用移位寄存器实现序列检测器十分方便，图 5-23 是用 74194 实现 1101(高位先行)序列检测电路，将 74194 设置为左移模式 ($S_1S_0=10$)，待检测的串行序列 X 由左移串行输入端 D_L 输入，在时钟脉冲 CLK 的作用下，经 Q_D 到 Q_A 左移输出，移位寄存器将串行数据转换为并行数据，供门电路进行序列检测。当序列值是 1101 时，与门输出 $Z=1$，表示电路检测到指定序列。

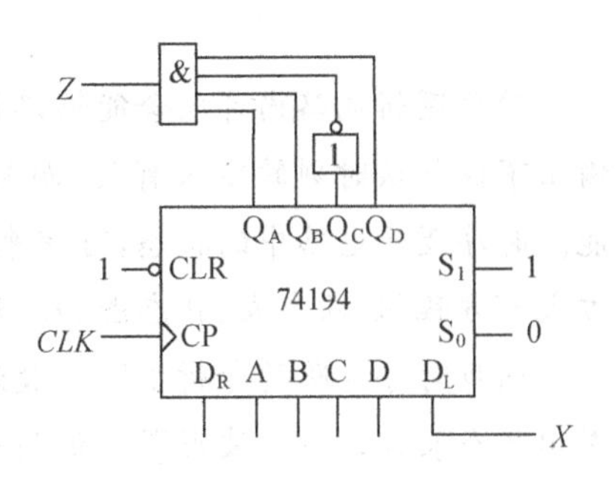

图 5-23 74194 构成的“1101”序列检测器

2. 序列发生器

图 5-24(a)是由 74194 构成的周期(长度)是 15 的序列发生器。电路中将 74194 接成右移寄存器，输入信号 $D_R=Q_C\oplus Q_D$，序列由 Q_D 输出。移位寄存器电路的分析比较简单，根据 D_R 表达式和移位特性可以直接确定电路每个状态的次态，电路的全状态图如图 5-24(b)所示，电路输出的序列为 000100110101111，为循环输出。

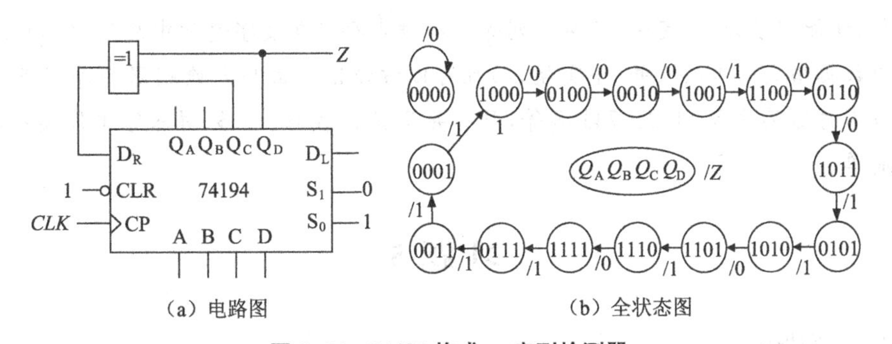

(a) 电路图 (b) 全状态图

图 5-24 74194 构成 m 序列检测器

由全状态图可知，状态 0000 构成自循环，若电路处于状态 0000，就会一直处于该状态，无法进入有效循环，也就无法输出序列。时序电路只能有一个状态循环，即有效工作状态构成的状态循环，若时序电路的无效(多余)状态也构成了循环，则称电路存在无效循环(也称为死循环)，此时电路不能自启动。

采用同步预置法实现自启动的序列发生器的电路如图 5-25所示。电路通过或非门译码控制 S_1，或非门一旦

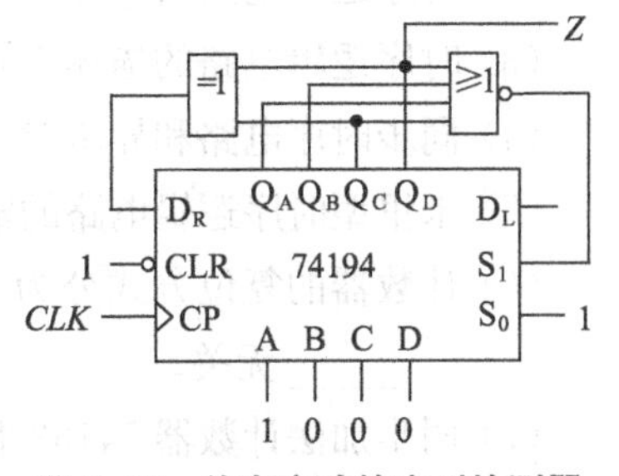

图 5-25 能自启动的序列检测器

检测到电路状态为0000，$S_1=1$，74194就进入同步并入模式，时钟脉冲 CLK 下一个上升沿将预置数端 $ABCD$ 的值1000置入74194的状态端 $Q_AQ_BQ_CQ_D$，电路将从1000开始进行有效循环。其实，预置的值可以是有效循环中任意一个状态。

本章小结

时序逻辑电路内部包含能够记忆二进制信息的存储器件，时序逻辑电路在任何时刻的输出不仅与该时刻的输入有关，而且还与该时刻以前的输入也有关系，因而其具有记忆功能。时序逻辑电路中的状态，可用来描述时序逻辑电路的工作情况。描述时序逻辑电路的方式有方程组、状态表、状态图和波形图等，它们是分析和设计时序逻辑电路的重要工具。

同步时序电路的分析步骤一般为：分析逻辑电路图→输出方程、激励方程、状态方程→求出状态表、状态图、波形图→说明电路逻辑功能。同步时序电路的设计是分析的逆过程，但比分析要复杂，设计步骤一般为：导出原始状态图（表）→状态化简→状态分配→触发器选型→确定激励函数、输出函数→检查自启动→画出逻辑电路图。

在数字系统中使用最多的时序电路有计数器和移位寄存器。常用计数器芯片有异步计数器7493和同步计数器74163。7493为2-8-16进制的异步加法计数器，它有两个高电平有效的异步复位端 R_{01} 和 R_{02}，可以采用异步复位的方法实现计数器变模。74163是功能非常全的十六进制同步加法计数器，具有同步复位、同步置数、加法计数和状态保持等多种工作模式，可以采用同步复位、同步置数等方法实现变模。计数器不仅能用于统计输入时钟脉冲的个数，还能用于分频、定时、产生序列等。移位寄存器在数字通信中应用极其广泛，不仅可以实现数据格式的串/并、并/串变换，而且可以方便地构成序列检测器和序列产生器，典型的移位寄存器芯片有74194、74198等，具有异步置0、左移、右移、并入等工作模式，使用方法非常简单。

习题5

5-1 填空题

(1) 数字电路按照结构和工作原理可分为________和________。

(2) 时序逻辑电路由________和________两部分组成。

(3) 时序逻辑电路的描述方式有________、________、________和________。

(4) 同步时序电路和异步时序电路的区别在于，异步时序电路________。

(5) 米里型时序逻辑电路的输出与________________有关。

(6) 计数器的复位方式分为________和________，其中异步复位是指复位控制信号与________________无关。

(7) 同步加法计数器74163芯片有四种工作模式，按照优先级的顺序分别为________、________、________和________。

(8) 由 74163 构成的 4 位二进制加法计数器，由 0000 状态开始，经过 169 个时钟脉冲后，计数器的状态为________。

(9) 电路状态图如图 5-26 所示，则该电路的功能是________________。

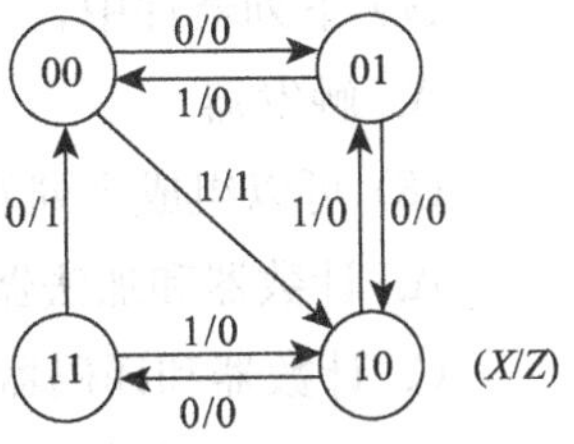

图 5-26　题 5-1(9)图

(10) 某电视机水平-垂直扫描发生器需要一个分频器将 31 500 Hz的脉冲转换为 60 Hz 的脉冲，欲构成此分频器至少需要________个触发器。

(11) 输入时钟脉冲频率为 100 kHz 时，十进制计数器最后一级输出脉冲的频率为________。

(12) 不但能存放数码，而且在移位脉冲作用下还能对数据进行移位操作的电路是________。

(13) 欲将一个移位寄存器中的二进制数乘以$(32)_{10}$，需要________个移位脉冲。

(14) 74194 中，需要________个脉冲可并行输入 4 位数据。

(15) 某移位寄存器的时钟脉冲频率为 100 kHz，要将存放在该寄存器中的数左移 8 位，完成该操作需要________ μs 的时间。

(16) 按事先规定脉冲顺序输出的电路称为________。

5-2　选择题

(1) 下列说法错误的是________。

A. 时序逻辑电路由组合逻辑电路和存储电路组成，组合逻辑电路必不可少

B. 时序逻辑电路的输出与输入和电路的状态有关

C. 状态图、状态表都可以描述时序电路的逻辑功能，且可以相互转换

D. 米里型时序逻辑电路的特点是电路的输出与当前输入信号和电路原来状态均有关

(2) 下列说法正确的是________。

A. 计数器输入脉冲的最大数目称为计数器的模数

B. 采用 8421BCD 码的模 10 计数器最高位可输出对称方波

C. 中规模集成计数器 74163 具有异步复位、同步置数、保持和加法计数功能

D. 5 进制计数器与 4 进制计数器串联可得到 9 进制计数器

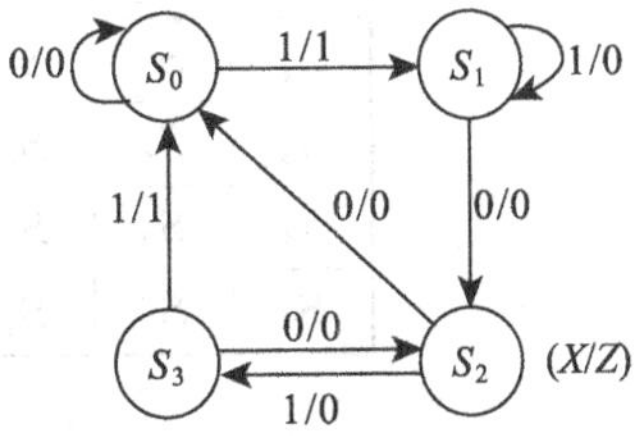

(3) 某时序电路的状态图如图 5-27 所示，设 S_0 为初态，当输入序列 X 为 1001 时，输出 Z 的相应序列为________。

A. 1001　　B. 1000

C. 1101　　D. 1010

图 5-27　题 5-2(3)图

(4) 构成计数器的主要电路是________。

A. 与非门　　B. 或非门　　C. 触发器　　D. 组合逻辑电路

(5) 用周期为 10 μs 的时钟信号，产生周期为 100 μs 的方波，则应采用________计数器。

A. 模 5　　B. 8421BCD　　C. 4 位二进制　　D. 5421BCD

(6) 74163工作在加法计数模式下，其最高位输出为时钟脉冲的________分频。

A. 2　　B. 4　　C. 8　　D. 16

(7) 下列器件中，________不是时序逻辑器件。

A. 触发器　　B. 计数器　　C. 比较器　　D. 移位寄存器

(8) 可以组成序列发生器的电路是________。

A. 计数器和加法器　　B. 译码器和编码器

C. 计数器和译码器　　D. 计数器和比较器

(9) 可以用来实现并/串转换和串/并转换的器件是________。

A. 移位寄存器　　B. 全加器

C. 译码器　　D. 计数器

(10) 有一个左移移位寄存器，当预先置入1011后，其串入端固定接0，在4个移位脉冲的作用下，四位数据的移位过程是________。

A. 1011→0110→1100→1000→0000　　B. 1011→0101→0010→0001→0000

C. 1011→1100→1101→1110→1111　　D. 1011→1010→1001→1000→0111

(11) 现欲将一个数据串延时4个CP的时间，最简的办法是采用________。

A. 4位并行寄存器　　B. 4位移位寄存器

C. 4进制计数器　　D. 4位加法器

(12) 将一个4位串行数据输入4位移位寄存器中，时钟脉冲频率为1 kHz，经过________可将该数据转换为4位并行数据输出。

A. 1 ms　　B. 4 ms　　C. 8 ms　　D. 16 ms

5-3　某时序电路的状态表如表5-11所示，试画出它的状态图，指出电路的类型。

表5-11　题5-3表

S^n	S^{n+1}		Z
	$X=0$	$X=1$	
S_0	S_0	S_1	0
S_1	S_0	S_2	0
S_2	S_3	S_2	0
S_3	S_4	S_0	0
S_4	S_0	S_5	0
S_5	S_5	S_1	1

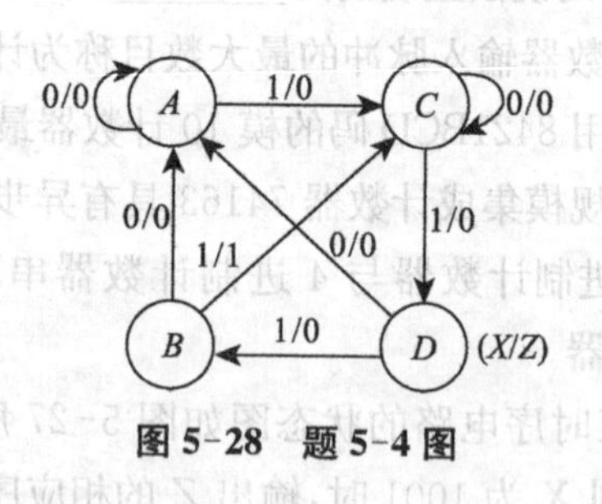

图5-28　题5-4图

5-4　电路的状态图如图5-28所示，试列出它的状态表，并说明电路的输出是米里型还是摩尔型。若电路的初始状态是A，输入序列是1011101，试求对应的状态序列和输出序列。

5-5　电路图和输入波形图如图5-29(a)(b)所示，试写出触发器的次态方程和电路的输出函数表达式，在图5-29(b)中画出Q和F的波形，设初态为0。

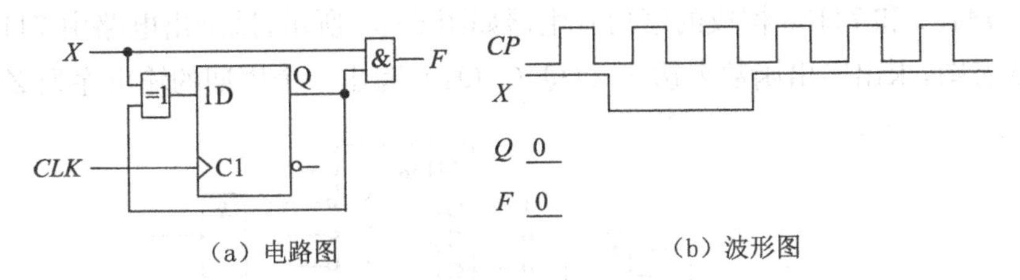

图 5-29　题 5-5 图

5-6　如图 5-30 所示电路，试写出触发器的次态方程和电路的输出函数表达式，求出电路的状态表(图)，指出电路的逻辑功能。

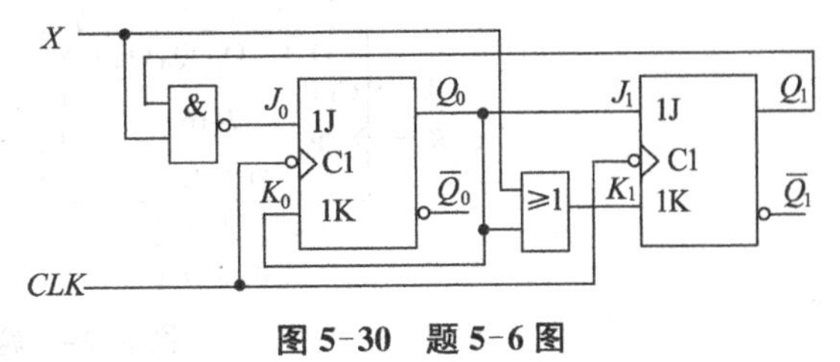

图 5-30　题 5-6 图

5-7　试用 7493 构成模 11 计数器，画出电路图和全状态图。

5-8　试用 7493 构成模 130 计数器，画出电路图。

5-9　74161 是异步复位、同步预置的 4 位二进制加法计数器，Q_D 为 74161 的最高位。说明图 5-31 中计数器的模值，指出电路的功能。

5-10　74161 是异步复位、同步预置的 4 位二进制加法计数器，Q_D 为 74161 的最高位。利用置数法构成 8421BCD 码加法计数器，写出电路的计数范围，画出电路主循环状态图。

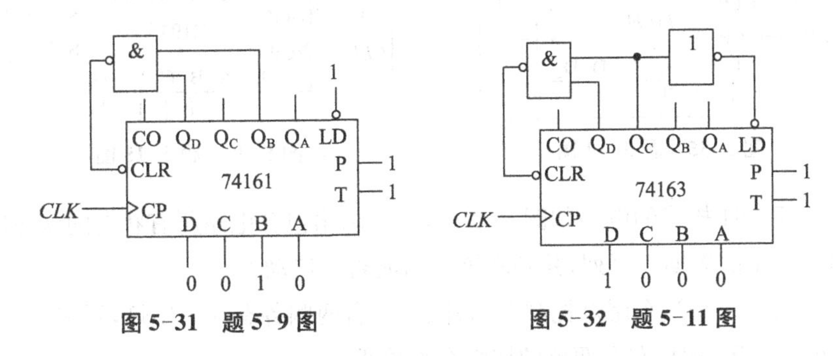

5-11　74163 构成的电路如图 5-32 所示，试画出电路的主循环状态图，说明电路功能。

5-12　图 5-33 是 4 位二进制加法计数器 74163 和 4 位二进制数据比较器 7485 组成的计数分频电路。试画出其全状态图，指出该计数器的模值。

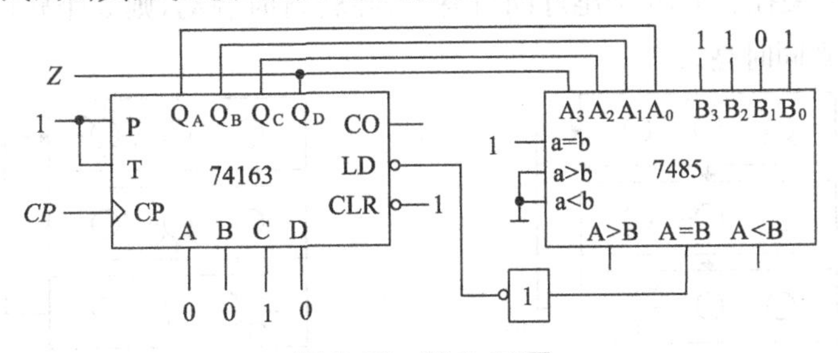

图 5-33　题 5-12 图

5-13 74161和74138构成的序列发生器如图5-34所示，试画出电路中74161计数循环的有效状态图，求出输出函数表达式$Z(Q_CQ_BQ_A)$，写出一个周期的输出序列Z。

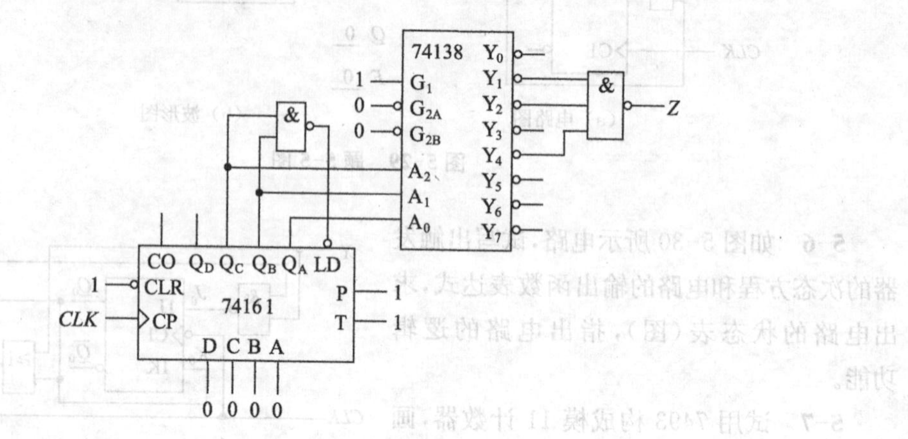

图5-34　题5-13图

5-14 由74194构成的电路如图5-35所示，画出$Q_AQ_BQ_C$的全状态图，说明该电路的逻辑功能，以及电路有何缺点。

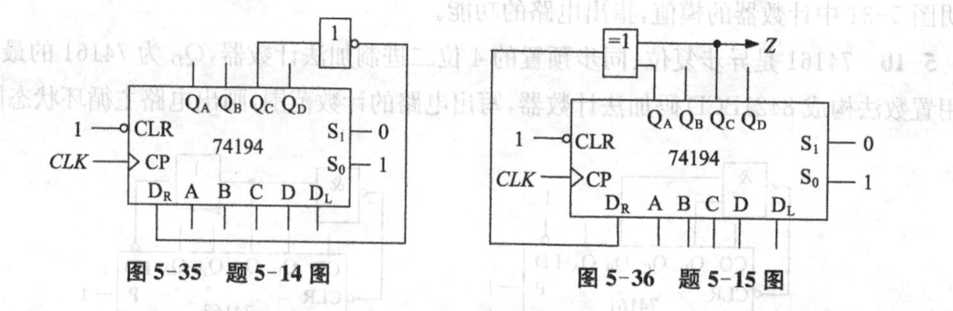

图5-35　题5-14图　　**图5-36　题5-15图**

5-15 由74194构成的电路如图5-36所示。画出包含电路所有状态的状态图(即全状态图)，指出所产生的周期性序列，并判断该电路能否自启动?

5-16 试设计一个汽车尾灯控制电路，汽车左右两侧各有3个尾灯，要求：

(1) 汽车正常运行时，左右两侧的尾灯全部熄灭；

(2) 右转时，在右转开关控制下，右侧3个尾灯按图5-37(a)所示规律周期性亮灭；

(3) 左转时，在左转开关控制下，左侧3个尾灯按图5-37(b)所示规律周期性亮灭；

(4) 在制动开关控制下，6个尾灯同时亮；若在转弯时制动，则3个转向尾灯正常动作，另一侧3个尾灯则同时亮。

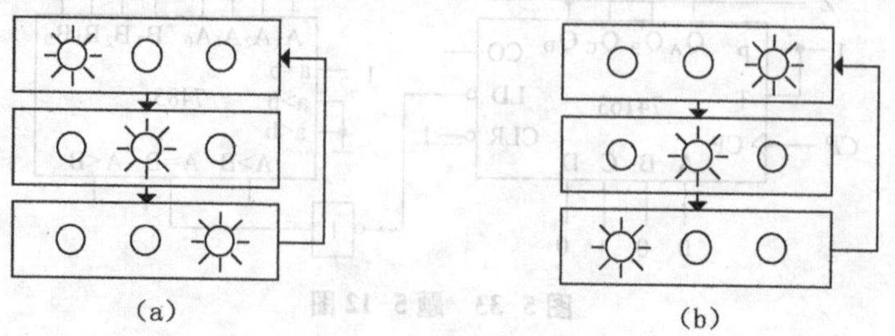

图5-37　题5-16图

第 6 章　半导体存储器及可编程逻辑器件

半导体存储器是计算机和数字系统不可缺少的重要品种，其集成度高、容量大，是存储器中的主导品种。可编程逻辑器件是目前数字系统设计所需的主要逻辑器件，其集成度高、功耗低，便于功能修改和大规模集成。半导体存储器和可编程逻辑器件都属于大规模集成电路器件。本章主要介绍半导体存储器的分类、基本结构和扩展方法，以及可编程逻辑器件的基本概念、电路的表示方法和结构特点。

6.1　随机存取存储器

6-1

半导体存储器(Semiconductor Memory)是一种能存储大量二值数据的存储部件，具有集成度高、容量大、价格低等突出优点。半导体存储器的种类很多，根据信息的存取方式可以分为随机存取存储器(Random Access Memory，RAM)和只读存储器(Read-Only Memory，ROM)两大类。

随机存取存储器能读能写，但断电后会丢失信息，是易失性存储器件，适用于需要频繁修改存储单元内容的场合，如在计算机中用作数据存储器。随机存取存储器可分为静态随机存储器(Static Random Access Memory，SRAM)和动态随机存储器(Dynamic Random Access Memory，DRAM)。SRAM 以双稳态触发器存储信息，只要不断电，写入的信息就可以一直保存；DRAM 则以 MOS 管栅、源极间寄生电容存储信息，因电容器存在放电现象，DRAM 必须每隔一定时间重新写入存储的信息，这个过程称为刷新(Refresh)。与 SRAM 相比，DRAM 结构简单，集成度更高，价格更低，但存取速度不如 SRAM 快，且需要刷新电路。因此，DRAM 适合用作特大容量的数据存储器，SRAM 适合用作相对较小容量的存储器。

6.1.1　RAM 的一般结构

RAM 主要由存储单元矩阵、地址译码器和读写控制电路 3 部分组成，如图 6-1 所示。RAM 的信号线有 3 类，即地址线、数据线和控制线。

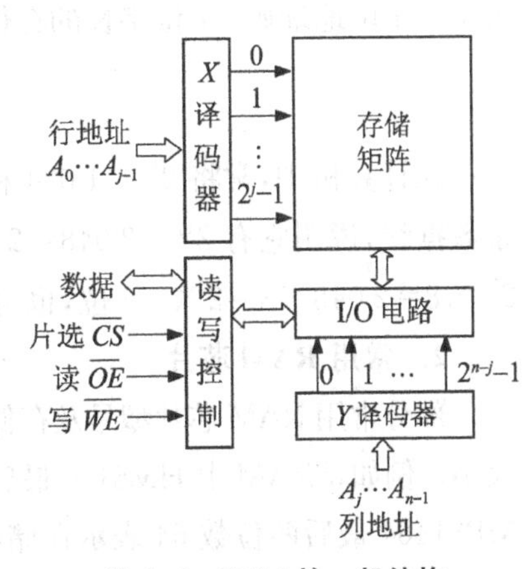

图 6-1　RAM 的一般结构

1. 存储单元矩阵

存储单元矩阵是 RAM 的核心，用来保存二进制数字信息。存储单元是存储矩阵存储信息的单位，每个存储单元中存储的一组二进制信息称为一个字(Word)，字的二进制位数称为字长(Word Length)，每个二进制位称为比特(Bit)。

为了便于读写操作，各个存储单元都分配了唯一的编号，该编号称为存储单元的地址(Address)。输入不同的地址码，就可以选中不同的存储单元。

2. 地址译码器

每个存储单元在存储矩阵中都有一个地址(Address)，对每个存储单元的存取(Access)是按地址进行的。地址译码器用来实现地址译码，以便选中地址码指定的存储单元。译码器是 RAM 的一个重要组成部分。

由于存储器的容量通常很大，地址码或地址线位数较多，如果直接对地址进行译码，仅地址译码器就非常庞大。为了简化电路，常常采用二维译码，将地址码分为 X 和 Y 两部分，分别用两个译码器进行译码。X 部分的地址称为行地址，Y 部分的地址称为列地址。只有同时被行地址译码器和列地址译码器选中的存储单元，才能进行读写操作。

3. 读写控制电路

读写控制电路用来对电路工作状态进行控制，一般包含片选和读写控制两种。片选信号 $\overline{CS}$ 是为便于系统扩展而设，低电平有效。只有当片选信号 $\overline{CS}$ 有效时，芯片才被选中，才可以对芯片进行读写操作。当芯片未被选中时，数据线处于高阻状态。

读控制信号 $\overline{OE}$ 和写控制信号 $\overline{WE}$ 分别用于对存储器进行读、写操作控制，均为低电平有效。有的存储器芯片的读写控制共用一个信号 $R/\overline{W}$，当 $R/\overline{W}$ 为高电平时执行读操作，$R/\overline{W}$ 为低电平时执行写操作。

6.1.2 常用 RAM 芯片

1. 存储容量

存储器的容量大小通常用存储单元的个数(即字数)与字长的乘积来表示，并用符号 C 表示。n 位地址码、m 位字长的存储器的存储容量为

$$C=2^n\times m(\text{位}) \tag{6-1}$$

在计算机中，常将 $2^{10}=1\,024$ 称为 1 K。例如 SRAM 芯片 HM6116 有 11 条地址线和 8 条数据线，说明它有 $2^{11}=2\,048=2$ K 个存储单元，每个单元的位数或字长为 8，存储容量为 $2^{11}\times8=2\,048\times8=2$ K$\times$8 位，也可以说存储容量为 2 K 字或 16 K 位或 16 K 比特。

2. 常用 RAM 芯片

部分常用 RAM 芯片型号及存储容量如表 6-1 所示，芯片型号后面的数字表示存储容量的大小。例如，SRAM 中 HM6116 最后两位数 16 表示存储器的存储容量为 16 K 位；DRAM 中 MB81464 最后两位数 64 表示存储容量为 64 K 字，前面一位 4 表示存储单元的字长。

HM6116 是一种典型的 SRAM 芯片，其逻辑符号如图 6-2 所示。它有 11 条地址线和 8

条数据线，存储容量为 $2^{11}\times8=2\,048\times8=2\,\text{K}\times8$ 位 $=16\,\text{K}$ 位。当 $\overline{CS}$ 和 $\overline{OE}$ 同时为低电平时，由地址线 $A_{10}\sim A_0$ 选中单元的数据将被读出到数据线 $D_7\sim D_0$ 上；当 $\overline{CS}$ 和 $\overline{WE}$ 同时为低电平时，放置在数据线 $D_7\sim D_0$ 上的数据将被写入由地址线 $A_{10}\sim A_0$ 选中的存储单元中。

表 6-1　部分常用 RAM 芯片型号及存储容量

SRAM		DRAM	
型号	存储容量	型号	存储容量
HM 6116	2 K×8	MB2118	16 K×1
HM6264	8 K×8	MB81416	16 K×4
HM62256	32 K×8	MB81464	64 K×4
HM628128	128 K×8	MB81C4256	256 K×4
HM628512	512 K×8	MB814101	4 K×1

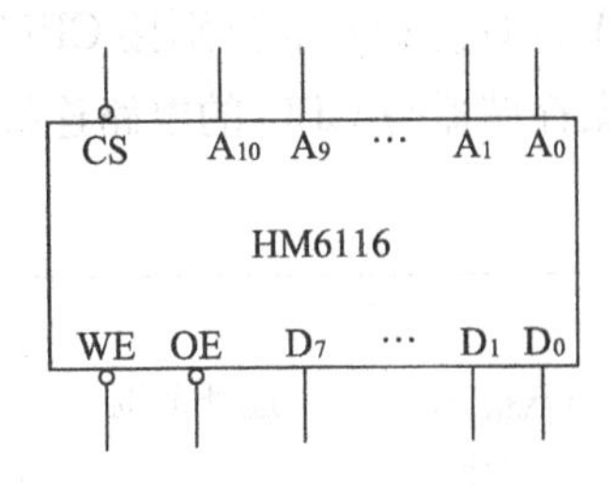

图 6-2　HM6116 的逻辑符号

6.1.3　存储器的容量扩展

尽管目前已有各种容量非常丰富的存储器件产品，但实际使用时，单片存储器件仍然很难满足存储容量的要求，因此，需要对存储器的容量进行扩展。

1. 字扩展

存储器的单元数(字数)不够时，需要扩展存储器的单元数，称为字扩展。字扩展的方法是：将多片存储器的地址线、数据线、读写线并接，把存储器扩展所要增加的高位地址线作为译码器的输入，译码器的输出分别接各片存储器的片选控制端。

2. 位扩展

当存储器的数据位数(字长)不够时，需要扩展存储器的数据位数，称为位扩展。扩展的目的就是将同一个地址的存储单元的位数增加。位扩展的方法是：将多片存储器对应的地址线、片选线、读写线并接，将数据输出合起来作为总的输出。当然，当存储器的数据位数和单元数都不够用时，就需要同时采用字扩展和位扩展方法。

下面通过一个具体实例介绍存储器的一般扩展和使用方法。

例 6-1　某计算机系统的 CPU 有 16 位地址总线和 16 位数据总线，试用 HM6116 为该系统构造存储容量为 2 K×16 位的数据存储器，要求地址范围为 8000H～87FFH。

解　HM6116 的存储容量为 2 K×8 位，要构造存储器容量为 2 K×16 位的数据存储器，需要 2 片 HM6116 进行位扩展。电路连接时，HM6116-1 芯片的数据线接 CPU 数据总线的低 8 位($D_7\sim D_0$)，HM6116-2 芯片的数据线接 CPU 数据总线的高 8 位($D_{15}\sim D_8$)。此外，HM6116-1 和 HM6116-2 的 11 条地址线全部接 CPU 地址总线的低 11 位($A_{10}\sim A_0$)，以便片内译码选中某个存储单元；读、写控制信号 $\overline{OE}$、$\overline{WE}$ 分别与 CPU 的读、写信号 $\overline{RD}$、$\overline{WR}$ 相连，以便 CPU 对存储器进行读写操作；HM6116-1 和 HM6116-2 的片选线 $\overline{CS}$

并联共用，由存储器的地址范围确定 CPU 的高位地址线的输入。

存储器的地址译码如表 6-2 所示。其中，HM6116-1 和 HM6116-2 的地址范围为 8000～87FFH，当 CPU 输出地址在这个范围时，74138 的 $A_2A_1A_0=000$，$\bar{Y}_0=0$，因此，HM6116-1 和 HM6116-2 芯片的片选信号端 $\overline{CS}$ 应该接 74138 的 $\bar{Y}_0$ 端。为了保证 CPU 输出地址在 8000H～87FFH 范围时译码器 74138 工作，74138 的使能端 G_1 应该接 CPU 的 A_{15}，$\bar{G}_{2A}$ 和 $\bar{G}_{2B}$ 分别接 CPU 的 A_{14} 和地。HM6116-1 和 HM6116-2 构成的 2K×16 位数据存储器与 CPU 的电路连接如图 6-3 所示。

表 6-2　存储器的地址译码

HM6116 芯片	地址范围	片外译码		片内译码
		74138 连接		HM6116 连接
		$G_1\bar{G}_{2A}$	$A_2A_1A_0$	$A_{10}\ A_9\ A_8\ A_7\ A_6\ A_5\ A_4\ A_3\ A_2\ A_1\ A_0$
	CPU 地址总线	$A_{15}A_{14}$ GND	$A_{13}\ A_{12}\ A_{11}$	$A_{10}\ A_9\ A_8\ A_7\ A_6\ A_5\ A_4\ A_3\ A_2\ A_1\ A_0$
2K×16 位	8000H ～ 87FFH	1 0 1 0	0 0 0 $(\overline{CS}_0=\bar{Y}_0)$ 0 0 0	0 0 0 0 0 0 0 0 0 0 0 ～ 1 1 1 1 1 1 1 1 1 1 1

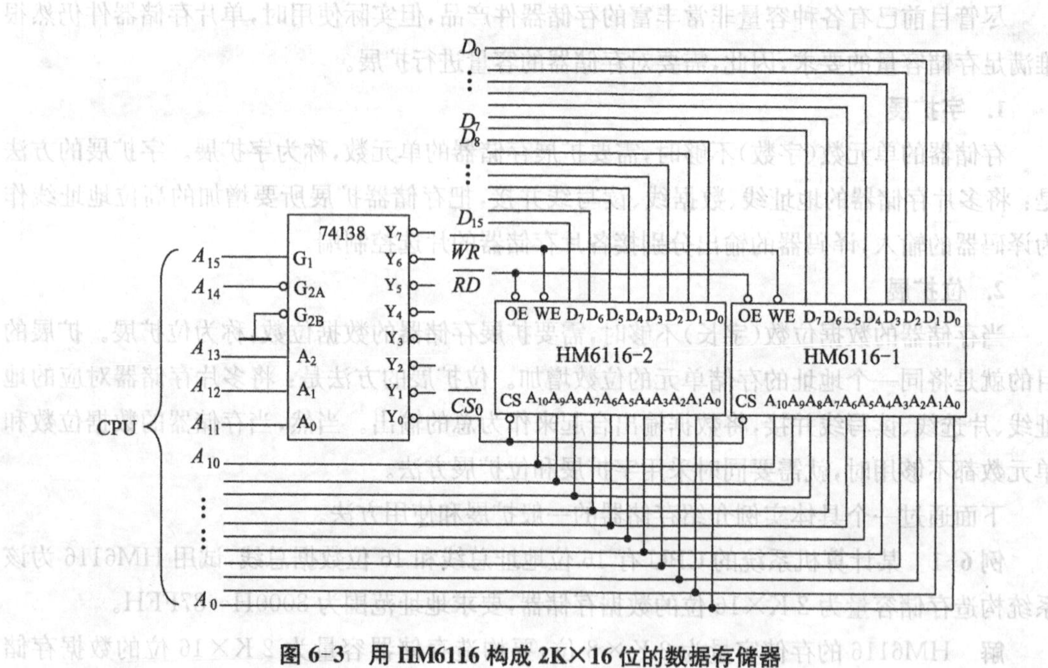

图 6-3　用 HM6116 构成 2K×16 位的数据存储器

6.2　只读存储器

只读存储器只能读出信息而不能修改或重新写入信息，断电后信息不会丢失，是非易失性存储器件，适用于存储固定数据信息的场合，如在计算机中用作程序存储器和常数表存储器。

6.2.1　ROM 的分类

只读存储器又分为固定 ROM、PROM、EPROM、E²PROM 和 Flash Memory。固定 ROM 的存储内容只能由生产厂家生产芯片时通过“掩膜”工艺植入，用户无法更改，固定 ROM 也称为掩膜 ROM；PROM 是可一次性编程的可编程只读存储器（Programmable ROM）；EPROM 是可多次编程的可（紫外线）擦除可编程只读存储器（Erasable PROM），具有很大的灵活性；E²PROM 是可多次编程的可电擦除可编程只读存储器（Electrically Erasable PROM）；Flash Memory 是兼有 EPROM 和 E²PROM 优点的闪速存储器（简称闪存），具有电擦除、可编程、速度快、集成度高等优点。E²PROM 和 Flash Memory 广泛用于各种存储卡中，如公交车的 IC 卡、数码相机中的存储卡、U 盘等。

半导体存储器的详细分类如图 6-4 所示。

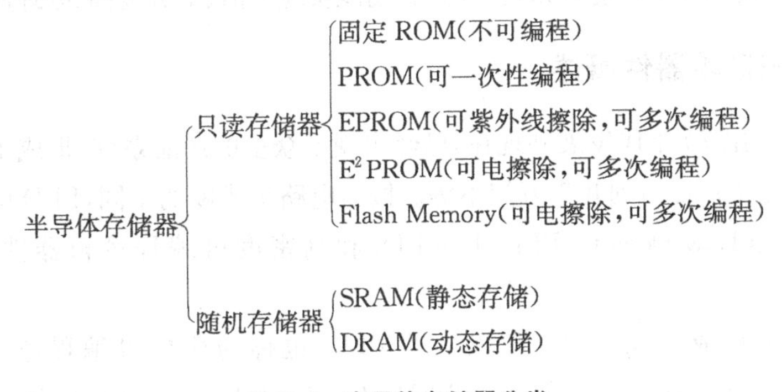

图 6-4　半导体存储器分类

6.2.2　ROM 的一般结构

ROM 的电路结构中通常包括存储矩阵、地址译码器和输出缓冲器三部分，如图 6-5 所示。存储矩阵由多个存储单元排列而成，每个存储单元中能存放 1 位二进制信息（0 或 1）。为了便于操作，每个存储单元都分配了唯一的地址（Address）码，输入不同的地址码，就可以选中不同的存储单元。地址译码器将输入的地址码译成相应的控制信号，利用这个控制信号从存储矩阵中选出指定的存储单元，并将其中的数据送到输出缓冲器。输出缓冲器一般都包含三态缓冲器，这一方面可以提高存储器的带负载能力，另一方面可实现对输出状态的三态控制，以便与系统的数据总线连接。

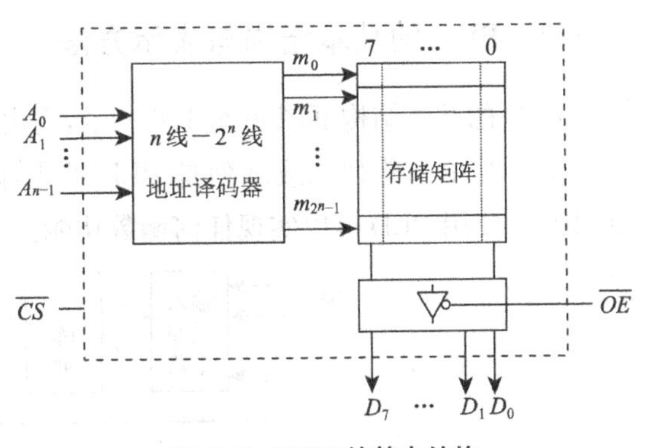

图 6-5　ROM 的基本结构

ROM 中的数据通常按单元（图 6-5 中为 8 比特字长）寻址，每个地址对应一个单元。地址译码器有 n 条地址线 $A_{n-1} \sim A_0$(n 位地址码),可通过全译码产生 2^n 个译码输出信号,即实现 n 个输入变量 $A_{n-1} \sim A_0$ 的全部 2^n 个最小项 $m_0 \sim m_{2^n-1}$,可以寻址 2^n 个单元。8 条数据线 $D_7 \sim D_0$ 每次输出一字节数据。ROM 通常还有一个片选输入端 $\overline{CS}$ (Chip Select)和一个数据三态输出的使能端 $\overline{OE}$ (Output Enable),用来实现对输出的三态控制。

6-2

6.3 可编程逻辑器件

可编程逻辑器件(Programmable Logic Device,PLD)是 20 世纪末期迅速发展起来的新型半导体集成电路,能完成任何数字器件功能,是目前数字系统设计的主要硬件基础。PLD 中集成了大量逻辑门、连线、记忆单元等电路资源,用户可通过计算机编程方式使用这些电路资源,从而实现所需的逻辑功能,PLD 具有逻辑功能实现灵活、集成度高、处理速度快等优点。

6.3.1 可编程逻辑器件概述

PLD 从 20 世纪 70 年代发展到现在,已经出现了众多的产品系列,形成了多种结构并存的局面,其集成度从几百门到几千万门不等。按照电路集成度的不同,PLD 可以分为低密度可编程逻辑器件(Low-Density PLD,LDPLD)和高密度可编程逻辑器件(High-Density PLD,HDPLD)。

LDPLD 是指集成度在 1 000 门以下的 PLD,也称为简单可编程逻辑器件(Simple Programmable Logic Device,SPLD)。SPLD 又分为可编程只读存储器(Programmable Read Only Memory,PROM)、可编程逻辑阵列(Programmable Logic Array,PLA)、可编程阵列逻辑(Programmable Array Logic,PAL)、通用阵列逻辑(Generic Array Logic,GAL)等。

HDPLD 是指集成度在 1 000 门以上的 PLD,可以分为复杂可编程逻辑器件(Complex Programmable Logic Device,CPLD)和现场可编程门阵列(Field Programmable Gate Array,FPGA)两类。

6.3.2 PLD 的基本结构与表示方法

PLD 的基本结构框图如图 6-6 所示,它由输入缓冲电路、与阵列、或阵列和输出缓冲电路组成。其中与阵列和或阵列是 PLD 的主体,任何逻辑函数都可以写成与或表达式的形式,因此,使用 PLD 可以实现任何函数功能。

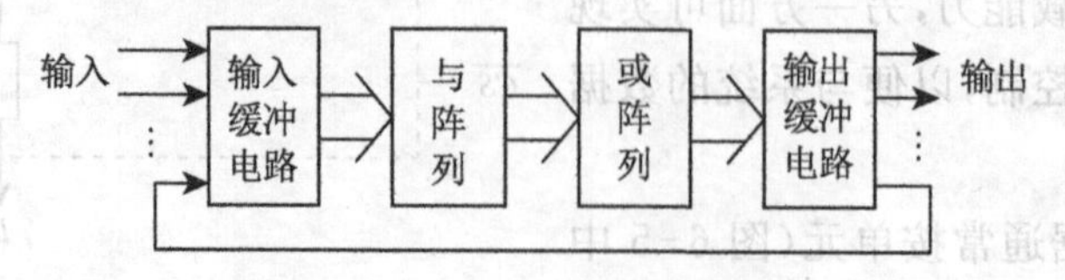

图 6-6 PLD 的基本结构框图

为了准确地表示 PLD 中与-或阵列的电路连接及其编程逻辑关系，通常采用以下画法。

(1) PLD 中信号线连接的表示方法

图 6-7 是 PLD 中两条信号线之间的三种连接表示方法。图 6-7(a)中的圆点表示两条信号线是连通的，是固定连接；图 6-7(b)中的两条信号线是连通的，但是依靠用户编程实现“连通”；图 6-7(c)中的两条信号线是断开的，即两条信号线没有连通。

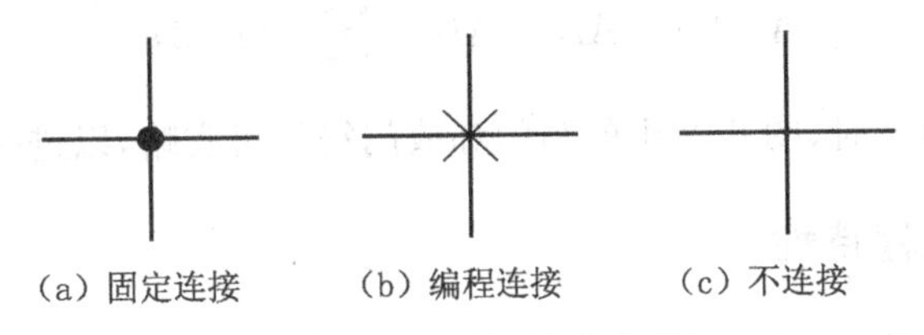

图 6-7 PLD 中连接的表示方法

(2) PLD 中基本逻辑门的表示方法

PLD 产品中的逻辑符号一般采用美标画法。互补输出的输入缓冲电路如图 6-8(a)所示，变量输入产生原变量和反变量输出，供与阵列选择使用；该电路同时可以增强电路带负载的能力，可用于 PLD 的输入缓冲电路和反馈输入缓冲电路中。输出缓冲电路主要用于 PLD 的输出电路，通常采用三态输出结构，高电平使能和低电平使能的三态反相缓冲器分别如图 6-8(b)和(c)所示。

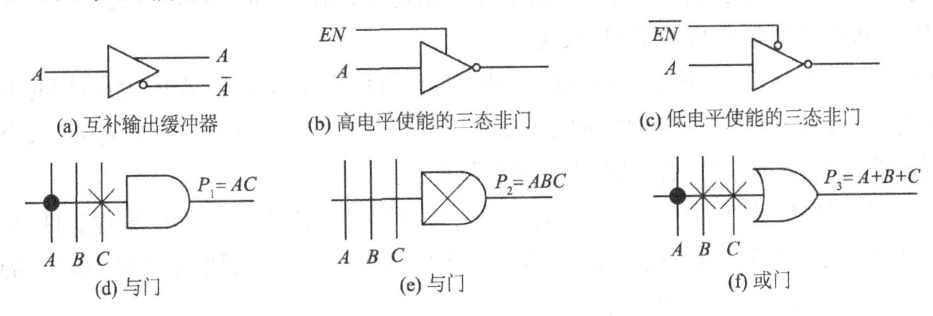

图 6-8 基本逻辑门的 PLD 表示法

为了使多输入与门、或门的图形易画和易读，采用简便画法。图 6-8(d)～(f)表示了 PLD 中与门和或门的画法。3 个逻辑门都有 3 个输入信号端 A、B、C，图 6-8(d)中，与门输入信号 A 固定连接、B 不连接、C 编程连接，与门输出 $P_1=AC$；图 6-8(e)中，与门符号上的“×”表示与门的所有输入端都是编程连接，$P_2=ABC$；图 6-8(f)中，或门输入信号 A 固定连接、B 和 C 编程连接，或门输出 $P_3=A+B+C$。

(3) PLD 中的与-或阵列图

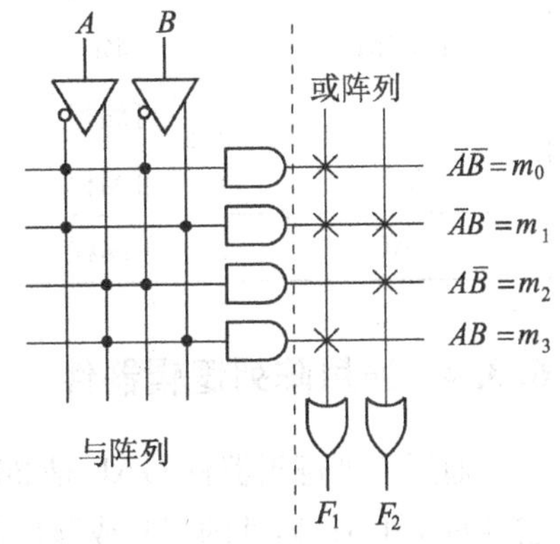

图 6-9 与-或阵列图

PLD 中的多个与门构成与阵列，多个或门构成或阵列，与门输出的乘积项在或阵列中进行或运算，从而得到与或型表达式。图 6-9 是一个用与-或阵列表示的电路图，其中与阵列是固定连接的（不可编程），该电路包含4个与门，实现了 A、B 的4个最小项；或阵列是可编程的，包含两个4输入或门。根据图中的编程连接情况，函数 F_1 和 F_2 的表达式为

$$F_1(A, B) = \bar{A}\bar{B} + \bar{A}B + AB = \sum m(0, 1, 3)$$

$$F_2(A, B) = \bar{A}B + A\bar{B} = \sum m(1, 2)$$

当与-或阵列很庞大时，图6-9中的与门和或门符号可省略，以进一步简化阵列图。

6.3.3 SPLD的编程特性

PROM是最早出现的可编程逻辑器件，图6-9是一个两位地址、两位数据的PROM。PROM的与阵列固定，或阵列可编程。PROM的与阵列可将输入变量的全部最小项译出来，因此PROM实现的逻辑函数是最小项表达式形式，但由于逻辑函数往往只用到部分最小项，芯片的利用率不高，且当PROM的输入变量个数增加时，与阵列的规模成倍增加，因此，PROM很少作为PLD器件使用。

PLA就是为了解决PROM实现函数时资源利用率不高的问题而设计的。PLA最大的优点就是与阵列、或阵列均可编程，使得乘积项不再是最小项，因此，可以实现最简逻辑函数，从而有效地提高了芯片的利用率。由于器件制造中的困难和相关应用软件的开发没有跟上，PLA很快被随后出现的PAL取代。

PAL是20世纪70年代后期出现的一种PLD器件，它集成了PLA的优点，同时兼顾了软件的改进，采用可编程的与阵列、固定的或阵列，相当于74系列、4 000系列等中、小规模标准逻辑系列，PAL使用灵活，具有很强的替代性。

PROM(不包括EPROM、E^2PROM、FLASH)、PLA、PAL都是一次性编程器件，使用成本比较高；GAL是PAL改进的结果，可以进行多次编程。PROM、PLA、PAL、GAL的编程特性及实现函数形式如表6-3所示。

表6-3 SPLD的编程特性

器件类型	与阵列	或阵列	实现函数	输出电路
PROM	固定	可编程	标准与或式	固定
PLA	可编程	可编程	最简与或式	固定
PAL	可编程	固定	最简与或式	固定
GAL	可编程	固定	最简与或式	可编程

6.3.4 通用阵列逻辑器件

通用阵列逻辑器件GAL是20世纪80年代中期发展起来的可电擦除可编程逻辑器件，它继承了PAL器件的“与-或”阵列结构，与阵列可以编程，或阵列不能编程，但功能比PAL更强。GAL器件的输出端采用了输出逻辑宏单元(Output Logic Macro Cell, OLMC)的宏

单元结构，用户可以根据需要编程，对 OLMC 的内部电路进行不同组态的组合，因此，GAL 的输出具有一定的灵活性和通用性。GAL 是真正获得广泛应用的一种 SPLD。

GAL 器件的品种不是很多，最常用的主要有 GAL16V8、GAL20V8 和 GAL22V10 等型号。GAL22V10 型号中，V 表示输出方式可组态，22 表示最多有 22 个引脚作为输入端，10 表示器件内部含 10 个 OLMC，最多可有 10 个输出端。下面以 GAL22V10 为例，简单介绍 GAL 的电路结构和工作原理。

1. GAL22V10 的电路结构

GAL22V10 的电路结构图如图 6-10 所示，其主要由以下 5 部分组成：

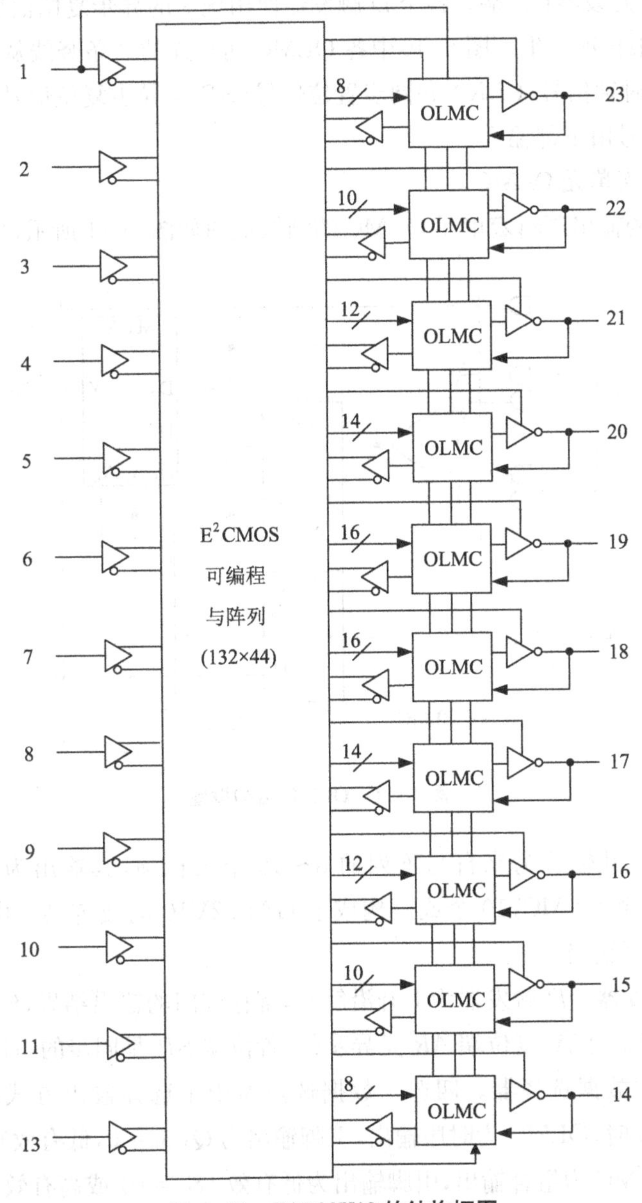

图 6-10　GAL22V10 的结构框图

① 1 个可编程与阵列。

② 12 个输入缓冲器的输入端(引脚 1～11,13 为专用输入端,只能作输入引脚使用)。

③ 10 个三态输出缓冲器(引脚 14～23 为输出缓冲器的输出端),引脚 14～23 既可以设置为输出引脚也可以设置为输入引脚。因此,GAL22V10 最多可以有 22 个输入端。

④ 10 个输出逻辑宏单元(OLMC14～23,内部包含或门阵列)。

⑤ 10 个输出反馈/输入缓冲器。

除了以上 5 个组成部分外,该器件还有 1 个电源 U_{CC} 端和 1 个接地端(引脚 24 和引脚 12,图中没有画出来)。用做时序电路时,引脚 1 为时钟 CLK 输入端,时钟 CLK 同时送到 10 个 OLMC 中的 D 触发器 CP 端。各个 D 触发器使用统一的异步复位信号和同步置位信号,且均由与阵列的乘积项产生。图 6-10 中各 OLMC 间相连的 3 条竖线从左至右分别是异步复位信号 (AR)、时钟信号(CLK) 和同步置位信号(SP),异步复位信号和时钟信号由上部输入,同步置位信号由下部输入。

2. 输出逻辑宏单元 OLMC

GAL22V10 的输出逻辑宏单元 OLMC 的结构框图如图 6-11 所示,主要由 4 部分组成。

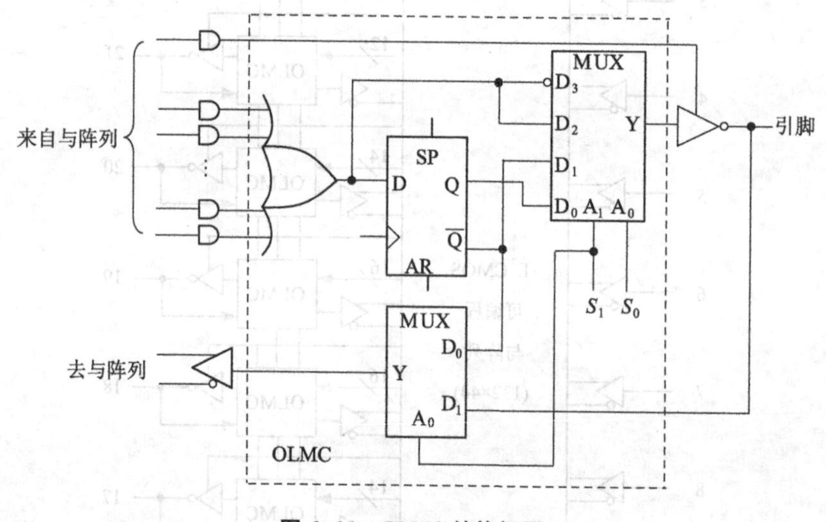

图 6-11 OLMC 结构框图

① 1 个或门。其输入为来自与阵列的 8～16 个乘积项,其输出为各个乘积项之和。GAL22V10 有 10 个 OLMC,10 个或门构成了 GAL22V10 的或阵列。由于或门是固定连接,因此或阵列不可编程。

② 1 个 D 触发器。D 触发器为上升沿触发,寄存或门的输出结果,使 GAL 器件能够被用于时序逻辑电路。注意,复位端 AR 是异步的,置位端 SP 是同步的,且均为高电平有效。

③ 1 个四选一数据选择器。四选一数据选择器用于选择输出方式,受内部编程信息 S_1S_0 控制。$S_1=0$ 时,OLMC 为时序输出,引脚输出为 $\overline{Q}$($S_0=0$,低有效) 或 Q($S_0=1$,高有效);$S_1=1$ 时,OLMC 为组合输出,引脚输出为低有效 ($S_0=0$) 或高有效($S_0=1$)。低有效是指输出信号和与-或式是反相关系,高有效是指输出信号和与-或式是同相关系。

④ 1 个二选一数据选择器。二选一数据选择器用于选择反馈缓冲器送到与阵列的信号，受内部编程信息 S_1 控制。$S_1=0$ 时，选择 $\bar{Q}$ 反馈至与阵列；$S_1=1$ 时，选择引脚信号反馈至与阵列（如果引脚定义为输入，则将该引脚的输入信号反馈至与阵列）。

根据内部编程信息 S_1S_0 的不同，GAL22V10 的每个 OLMC 有低有效组合输出、高有效组合输出、低有效时序输出以及高有效时序输出 4 种工作模式，如图 6-12 所示。

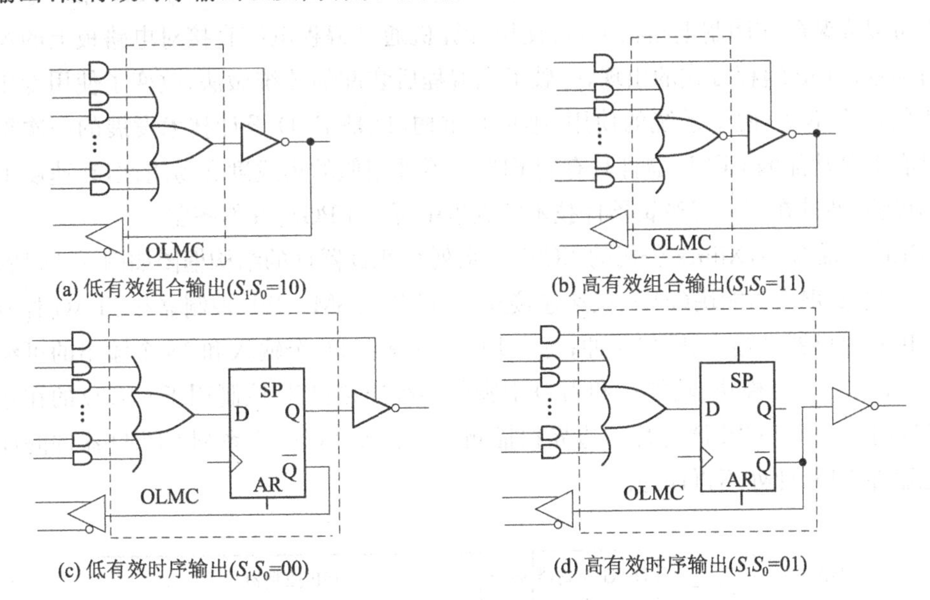

图 6-12　OLMC 的 4 种组态模式

3. GAL 器件的特点

GAL 器件是一种较为理想的高输入阻抗器件，在正常的输入电压范围内，输入端的漏电流不超过 10 μA，GAL 器件的输入缓冲器电路还具有滤除噪声和静电防护功能。GAL 器件的输出端是三态输出缓冲器，GAL 除了具有能驱动较大负载、隔离作用以及能对输出进行三态控制的特点外，还有以下两个突出的特点：

① 输出级通常采用单一类型的 MOS 管，而不是采用 P 沟道管和 N 沟道管互补的 CMOS 结构，因此不会发生 CMOS 电路的锁定效应。

② GAL 的输出具有"软开关特性"，当负载电流较大时，软开关特性能有效地降低公共电源线上的电流变化率，即减小因电流变化在电源线和地线寄生电感上产生的噪声电压。

6.3.5　高密度可编程逻辑器件

微电子技术的发展和应用上的需求，使集成度更高、功能更强的高密度可编程逻辑器件迅速发展起来。高密度可编程逻辑器件有阵列扩展型 CPLD 和单元型 FPGA 两种结构类型。CPLD 和 FPGA 具有专用集成电路（Application Specific Integrated Circuit，ASIC）的大规模、高集成度、高可靠性的优点，克服了普通 ASIC 设计周期长、投资大、灵活性差的缺点。

1. 复杂可编程逻辑器件(CPLD)

CPLD是在GAL的"与-或"结构基础上扩展而成的,由多个SPLD经可编程互连结构进一步集成。CPLD中各逻辑块间的互联大多采用确定型具有固定长度的连线,信号通过器件的路径长度和时延是固定且可预知的,连线结构比较简单,但布线不够灵活。

大多数的CPLD器件采用在系统编程(In System Programmability,ISP)技术。ISP是指器件可以先装配在印制电路板上,再使用计算机通过编程电缆直接对电路板上的逻辑器件进行编程。ISP编程方式的出现,打破了先编程后装配的传统做法,改变了使用专用编程器编程的诸多不便,便于系统的使用、维护和重构,这是PLD设计技术发展的一次重要变革。具有ISP功能的CPLD器件具有同FPGA器件相似的集成度和易用性,在速度上具有一定的优势,使其在可编程逻辑器件技术的竞争中可与FPGA并驾齐驱。

CPLD产品众多,Xilinx公司的XC9500系列CPLD器件的结构框图如图6-13所示,它包括I/O块(IOB)、功能块(FB)、快速连接开关矩阵(FCSM)、ISP控制器和JTAG控制器等部分。IOB提供器件输入、输出缓冲;每个FB提供具有36个输入和18个输出的可编程逻辑;FCSM用于I/O模块、功能块和I/O引脚的编程连接;ISP控制用于CPLD的在系统编程;JTAG控制用于CPLD芯片的边界扫描测试。有关XC9500系列CPLD器件的详细资料参见器件手册,此处不再详述。

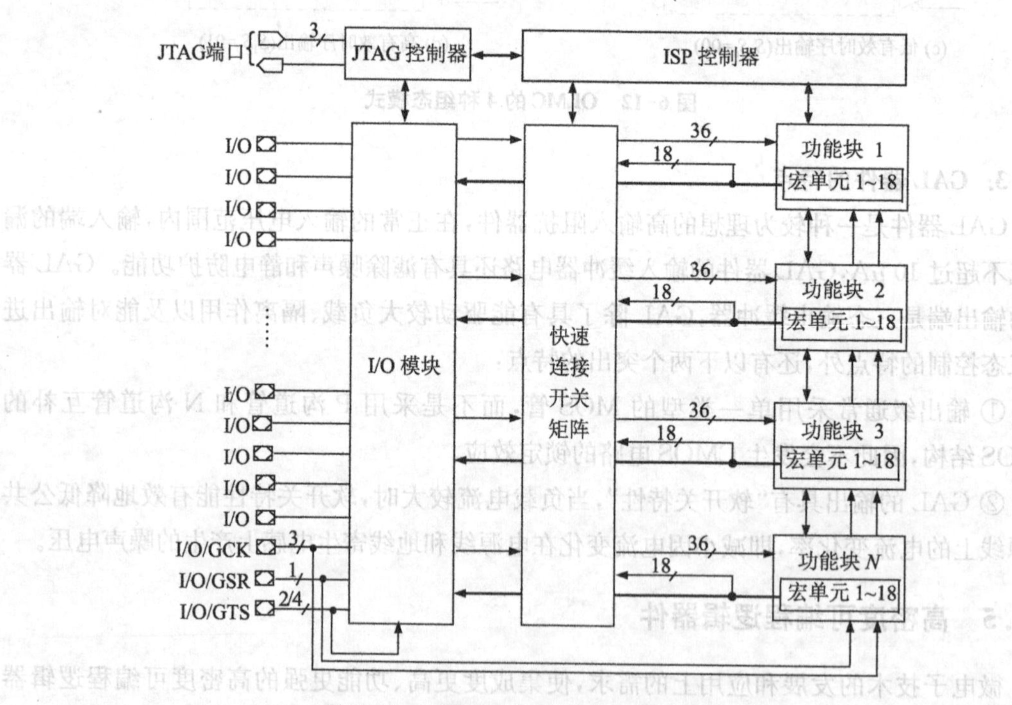

图6-13 XC9500系列CPLD的结构框图

2. 现场可编程门阵列(FPGA)

现场可编程门阵列,不是SPLD的扩展,而是由许多非"与-或"结构的基本逻辑单元组成,逻辑单元之间及逻辑单元与I/O块之间采用可编程连线进行连接。FPGA器件内部包含长度不等的连线，信号通过器件的路径长度和时延是非固定且不可预知的，连线结构复杂，但布线非常灵活。

大多数的 FPGA 采用 SRAM 编程工艺，可进行任意次数的快速编程，实现板级和系统级的动态配置，因此 FPGA 称为在线重配置（In Circuit Reconfigurable，ICR）的 PLD 或可重配置硬件（Reconfigurable Hardware Product，RHP）。

FLEX10K 系列 FPGA 是 Altera 公司的典型产品，该产品采用 SRAM 编程工艺和 ICR 编程技术，有电源电压为 +5 V、+3.3 V 和 +2.5 V 等多种产品。此处介绍其电源电压为 +5 V 的基本系列，包括 EPF10K10～EPF10K100 等 7 种型号，EPF10K 后的数字为片内等效门的千门数。FLEX10K 的结构如图 6-14 所示，主要包括逻辑阵列块（Logic Array Block，LAB）、嵌入式阵列块（Embedded Array Block，EAB）、I/O 单元（I/O Element，IOE）和快速通道互连（Fast Track Interconnect，FTI）四部分。LAB 用于实现一般逻辑功能，EAB 用于实现 RAM、ROM、FIFO 等存储器功能，IOE 实现输入、输出功能，快速通道互连 FTI 实现各个单元的快速互连。JTAG 边界扫描测试部分没有画出来。有关 FLEX10K 系列 FPGA 器件的详细资料可参见器件手册。

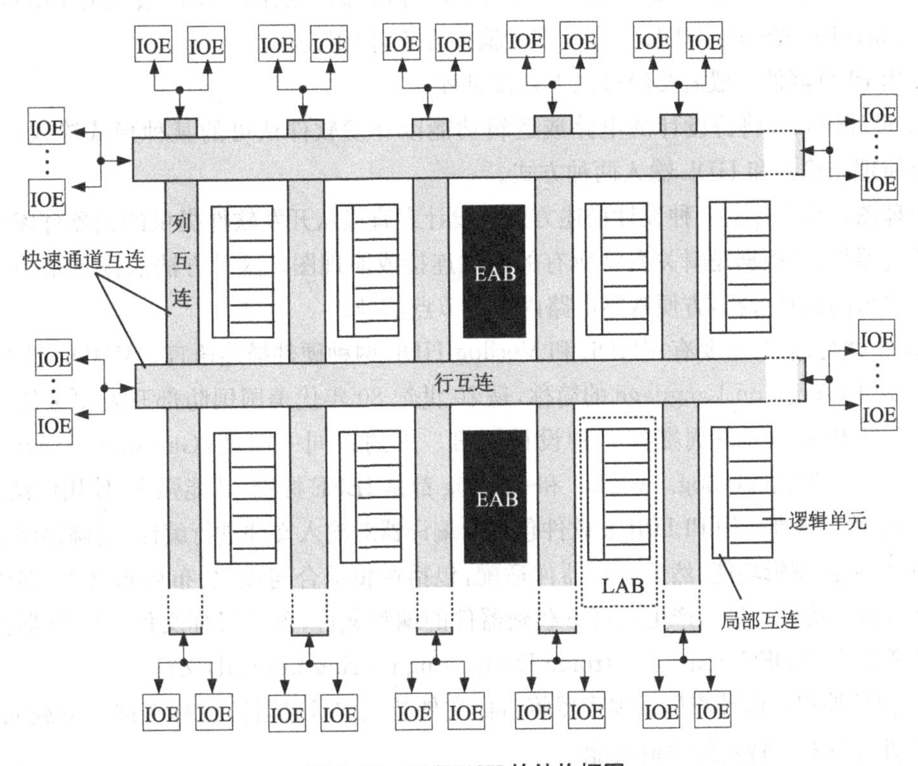

图 6-14　FLEX10K 的结构框图

由于结构上存在差异，CPLD 和 FPGA 存在以下不同：

① FPGA 的集成度比 CPLD 高，具有更复杂的布线结构和逻辑实现。

② CPLD 逻辑寄存器少，更适合完成各种算法和组合逻辑；FPGA 逻辑弱而寄存器多，更适合完成时序逻辑。换句话说，CPLD 更适合于触发器有限而乘积项丰富的结构；FPGA

更适合于触发器丰富的结构。

③ CPLD的速度比FPGA快。FPGA在逻辑门下编程，逻辑单元采用分布式互连。CPLD在逻辑块下编程，逻辑块间是集总式互连，因此具有较高的速度和较大的时间可预测性。

④ CPLD比FPGA使用起来更方便。CPLD的编程采用E^2PROM或FastFlash技术，无需外部存储器芯片，系统断电时编程信息不丢失，使用简单，保密性好。FPGA大部分是基于SRAM编程，其编程信息存放在外部存储器上，系统断电时SRAM中编程信息会丢失，故每次上电时，需从器件外部将编程数据重新写入SRAM中，FPGA使用方法复杂，保密性差。

⑤ 在编程上FPGA比CPLD更灵活。CPLD通过修改具有固定内连电路的逻辑功能来编程。FPGA主要通过改变内部连线的布线来编程，可实现在线重配置(In Circuit Reconfigurability，ICR)。

6.3.6 PLD的应用开发

与标准器件买来就能使用不同，PLD器件只有经过编程后才具备一定的功能。目前，市面上的PLD开发软件包品种很多，如Xilinx公司的Foundation和Alliance、Altera公司的MAX+PlusⅡ和Quartus、AMD公司的Synario等，它们一般都支持本公司的PLD产品开发，支持原理图、波形图、HDL语言等多种输入方式，使用灵活。

使用PLD器件一般需要经过以下开发过程：

① 设计输入。将待设计的电路或逻辑功能以开发软件认可的某种形式输入计算机。通常有原理图输入和HDL输入两种方式。

原理图是最直接的一种设计描述方式。设计者直接从开发软件提供的元器件库中调出需要的元器件，并根据逻辑关系将所有的器件连接成原理图。这种方法的优点是易于实现逻辑电路图的仿真分析，方便观察电路内部的节点信号。

HDL就是编程，主要有VHDL和Verilog HDL两种硬件描述语言。VHDL是VHSIC Hardware Description Language的简称，是20世纪80年代美国国防部开发出来用于提高设计可靠性和缩短开发周期的一种设计语言。大约在同一时期，Gateway Design Automation公司开发出Verilog。VHDL和Verilog都是IEEE标准，功能强大，使用广泛。

② 编译与仿真。用PLD开发软件包中的编译器对输入文件进行编译，排除语法错误后进行仿真，验证逻辑功能，然后进行器件适配，包括逻辑综合与优化、布局布线等，器件适配后再进行时序仿真。最后产生的可下载到器件的编程文件，称为目标文件。PLD器件的目标文件通常为JEDEC(Joint Electronic Device Engineering Council)文件。

③ 器件编程。由计算机或编程器将目标文件装入PLD器件，也称下载。下载完成后，PLD器件就具有了特定的逻辑功能。

④ 器件测试。验证PLD器件的逻辑功能。

6.4 VHDL入门

超高速集成电路硬件描述语言(Very High Speed Integrated Circuit Hardware

Description Language，VHDL）是一种用于数字电路设计的硬件描述语言。VHDL 主要用于描述数字系统的结构、行为、功能和接口，可以用于 CPLD 和 FPGA 的设计中。VHDL 于 1987 年被国际电子电气工程师学会（The Institute of Electrical and Electronics Engineers，IEEE）接纳为 IEEE 1076 标准，后于 1993 年升级为标准版本 IEEE 1164。下面介绍 VHDL 最基本的语法知识和有关概念。

6.4.1　VHDL 程序结构

VHDL 程序通常包括实体说明、结构体、库、程序包和配置 5 个部分，如图 6-15 所示。实体说明和结构体组成设计实体，简称实体，实体是 VHDL 源程序的基本单元，具有很强的描述能力，可以表示一个逻辑门、一个功能模块，甚至整个系统。通常，将实体理解为一个逻辑模块，实体说明用来描述该模块的端口，类似于电路原理图中的逻辑符号，它并不描述模块的具体功能和内部结构；而结构体则用来描述该模块的内部功能。这种将设计实体分为内外两部分的描述方法符合数字系统的模块化设计思想。

图 6-15　VHDL 程序结构

1. 实体说明

实体说明（Entity Declaration）用于描述逻辑模块的输入/输出信号，其语法如下：

```
entity  实体名  is                 --实体名自选，通常用反映模块功能特征的名称
    [generic  (类属表);]           --[ ]表示可选项
    [port  (端口表);]
end entity 实体名;                 --这里的实体名要和开始的实体名一致
```

entity 和 end entity 定义了实体说明的开始和结束，entity 是实体说明的关键字。generic 是类属说明语句的关键字，用于定义类属参量，其具体含义通过后面的例题加以说明。port 是端口说明语句的关键字，端口表中列出输入、输出端口的有关信息。在 VHDL 语法中，每条语句都必须以“;”结尾。“--”是注释的引导符号，随后的字符作为注释信息，不被编译。下面的例子说明了实体说明语句的格式和 port 语句的用法。

例 6-2　用实体说明语句描述二输入与非门的输入输出端口。

解

```
entity  NAND2  is                        --实体名为 NAND2
      port (A,B: in  STD_LOGIC;          --输入端口为 A,B
               C: out  STD_LOGIC);       --输出端口为 C
end entity NAND2;
```

程序的 port 语句中，关键字“in”说明端口 A 和 B 是输入模式，“out”说明端口 C 是输出模式；“STD_LOGIC”用于说明端口 A、B、C 的数据类型是标准逻辑型，这里的端口就是指平常所说的信号。

(1) 端口说明

端口说明语句的一般格式如下:

```
port (端口名: 端口模式 数据类型;...);
```

端口模式指端口的数据传输方向,其示意图如图 6-16 所示,有以下 4 种模式:

in: 输入端口,该引脚接收外部信号

out: 输出端口,该引脚向外输出信号

inout: 双向端口,可以双向传输信号

buffer: 缓冲端口,工作于缓冲模式

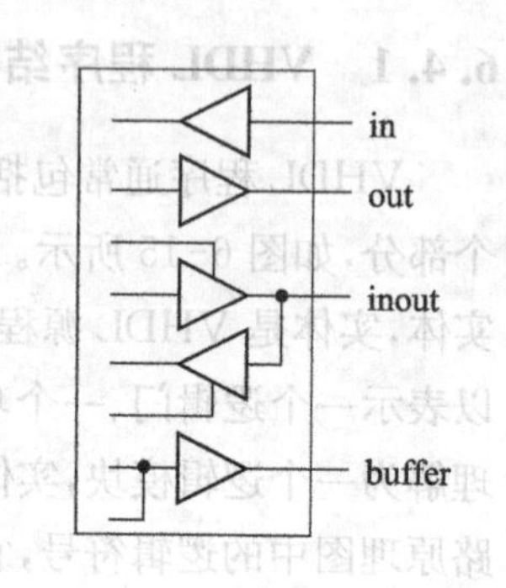

图 6-16 端口模式示意图

数据类型是端口信号的取值类型,例 6-2 中输入、输出端口的数据类型是工业标准逻辑型,是最常用的数据类型,该类型的数据有 0、1、X(未知)、Z(高阻)等 9 种取值。

(2) 类属说明

类属说明语句用于指定参数,其格式为:

```
generic (常数名: 数据类型:=设定值;...);
```

例 6-3 用类属说明语句定义总线宽度。

解

```
entity MCU1 is                                    --实体名为 MCU1
generic (ADDR_WIDTH: integer: = 16);              --定义 ADDR_WIDTH 为整型值 16
port (ADDR_BUS  :  out  STD_LOGIC_VECTOR  (ADDR_WIDTH - 1  downto  0));
......
```

例 6-3 中 port 引导的端口说明语句定义 ADDR_BUS 为输出型总线,数据类型是标准逻辑向量,宽度是 ADDR_WIDTH,标准逻辑向量是标准逻辑型数据的组合。总线宽度的具体取值由类属说明语句定义,generic 引导的类属说明语句定义了总线宽度是整型数据,取值为 16。

类属说明语句也常用来定义仿真时需要的时间参数,下面的例子是一个二输入与门的实体说明,其中用类属说明语句定义了上升沿 TRISE 和下降沿 TFALL 的宽度。

```
entity AND2 is
      generic (TRISE: time  := 1 ns;
                    TFALL: time  := 1 ns);
      port (A0, A1: in STD_LOGIC; Z: out STD_LOGIC);
end entity AND2;
```

实体说明只是指出了输入、输出信号的名称、方向、类型,并没有指出其函数关系,即电路功能的实现。该功能被认为是模块的内部信息,由相应的结构体定义。

2. 结构体

VHDL 通过结构体(architecture)具体描述实体的逻辑功能。结构体的语句格式

如下：

```
architecture  结构体名  of  实体名  is
    [说明语句];
begin
    [功能描述语句];
end architecture 结构体名;
```

上述语句格式中，architecture 是结构体关键字，实体名必须是该结构体对应实体说明中定义的实体名，结构体名由用户自选，通常采用体现结构体特征的名称。

例 6-4　与例 6-2 中实体说明对应的一种结构体。

解

```
architecture DATAFLOW of NAND2  is          --DATAFLOW 是结构体的名称
begin
    C <= A nand B;                          --用逻辑表达式描述输入、输出关系
end architecture DATAFLOW;
```

3. 配置

一个实体的功能可以有多种描述方式，也就是说，一个实体可以用不同的结构体来描述。在仿真或硬件映射时，具体采用哪个结构体，可以通过配置语句实现。配置(configuration)就像电路板设计中的元件清单，用于说明电路板中的各个部分采用哪个元件。配置语句用于确定一个具体的实体和结构体对。

配置语句的关键字是 configuration，语句的一般格式如下

```
configuration  配置名  of  实体名  is        --配置名由用户定义
    配置说明
end  configuration  配置名;
```

如果例 6-2 中的实体说明有多个结构体，可以通过配置语句为它指定一个实际使用的结构体。例如，将例 6-4 的结构体配置给实体说明，其配置语句如下

```
configuration  FIRST  of  NAND2  is         --配置名是 FIRST
    for  DATAFLOW                           --将结构体 DATAFLOW 配置给实体 NAND2
    end  for;
end  configuration  FIRST;
```

4. 库和程序包

一个实体中定义的数据类型、常量和子程序只能用于该实体，不能用于其他实体。为了使这些信息可以被不同实体共享，VHDL 提供了库和程序包结构。

程序包(Package)也叫包集合，主要用来存放各个设计都能共享的数据类型、子程序说明、属性说明和元件说明等部分。VHDL 有许多标准程序包，用户也可以自己编写程序包。

程序包由两部分组成——程序包说明和程序包体，其语法格式为

```
package  程序包名  is        ⎫
    说明语句                  ⎬程序包说明
end  package  程序包名;      ⎭
package  body  程序包名  is        ⎫
    说明语句                        ⎬程序包体
end  package  body  程序包名;      ⎭
```

首先在程序包说明中定义数据类型、常量，以及子程序和元件等，然后在程序包体中描述各项的具体内容。

库(Library)是已编译数据的集合，用于存放包集合定义、实体定义、结构定义和配置定义。库以 VHDL 源文件形式存在，主要包括：

(1) STD 库

STD 库是 VHDL 的标准库，库中有两个程序包——STANDARD 和 TEXTIO，STANDARD 程序包中定义了多种 VHDL 常用的数据类型(如 BIT、BIT_VECTOR)、子类型和函数等；TEXTIO 程序包中定义了支持 ASCII 文件 I/O 传输的若干数据类型和子程序，多用于测试。

(2) WORK 库

WORK 库是现行作业库。设计者正在进行的数据不需要任何说明，经编译后都会自动存入 WORK 库中。

(3) IEEE 库

除了 STD 库和 WORK 库以外，其他库都被称为资源库。IEEE 库是最常用、最重要的资源库，该库中的 STD_LOGIC_1164 是被 IEEE 正式认可的标准程序包。

(4) ASIC 库

ASIC 库是各个公司提供的 ASIC 逻辑单元信息，门级仿真是针对具体的公司进行的。

(5) 用户自定义库

用户根据设计需要而开发的共用程序包、实体等汇集在一起定义成一个库，称为用户库。

VHDL 的库说明语句格式为：

```
library  库名;
use  库名.程序包名.项目名;     --当项目名为 ALL 时，表示打开整个程序包
```

例如，IEEE 的 STD_LOGIC_1164 程序包的库说明语句是：

```
library IEEE;                        --说明使用的库
use IEEE.STD_LOGIC_1164.ALL;         --说明使用的程序包
```

6.4.2 VHDL 的基本语法

1. VHDL 的语言要素

VHDL 是一种计算机编程语言，其语言要素包括数据对象、数据类型和运算操作符。

(1) 数据对象

数据对象包括变量、信号和常数。

① 变量(variable)

VHDL的变量是局部量,只能用于进程和子程序中,变量的使用包括变量定义语句和变量赋值语句。变量定义语句的语法格式为

```
variable 变量名: 数据类型 := 初始值;
```

例6-5 变量定义语句举例。

解
```
variable A : bit;                              --定义A是位型变量
variable B : boolean := false;                 --定义B是布尔变量,且赋初值"false"
variable C : STD_LOGIC_VECTOR(3 downto 0);     --定义C是标准逻辑矢量
variable D, E : integer := 2;                  --定义D和E是整型变量,且赋初始值2
```

变量赋值语句的格式为

```
变量名 := 表达式;
```

变量的赋值符号为":=",使用变量赋值语句时,要注意保持赋值符号两边的数据类型一致,下面是几种不同的变量赋值方式。

例6-6 变量赋值语句举例。

解
```
variable A, B : bit;                   --定义变量A、B是位型
variable C, D : bit_vector(0 to 3);    --定义变量C、D是位矢量
A := '0';                              --位赋值
C := "1001";                           --位矢量赋值
D(0 to 1) := C(2 to 3);                --段赋值,将矢量C的后两位赋值给矢量D的前两位
D(2) := '0';                           --位赋值
```

② 信号

VHDL的信号(signal)概念类似于硬件电路中的连接线,与之相关的信号赋值、延时等语句适合于描述硬件电路的一些基本特征。信号的适用范围是实体、结构体和程序包,信号不能用于进程和子程序。信号语句包括信号定义语句和信号赋值语句。

信号定义语句的格式为

```
signal 信号名: 数据类型 := 初始值;
```

其中"初始值"不是必需的,只在VHDL的行为仿真时有效。以下是几个信号定义语句。

例6-7 信号定义语句举例。

解
```
signal A : bit;                                  --定义bit型信号A
signal B : std_logic := '0';                     --定义标准逻辑型信号B,初始值为低电平
signal DATA : STD_LOGIC_VECTOR(15 downto 0);     --定义标准位矢量信号
signal X, Y : integer range 0 to 7;              --定义整型信号X和Y,其值变化范围是0~7
```

信号赋值语句的格式为

```
信号名 <= 表达式;
```

信号的赋值符号是"<=",信号的初始赋值符号是":="。下面是几个信号赋值语句。

例 6-8 信号赋值语句举例。

解
```
X <= A and B;
Z <= '1' after 5 ns;          --after是延时关键字,信号Z的赋值时间在5 ns之后。
```

信号定义语句用来说明电路内部使用的信号,这些信号并不送往外部端口,所以在结构体中说明,而不在实体说明语句中说明。

③ 常数

VHDL设计实体中的常数(constant)可以使程序容易阅读和修改,定义常数后,程序中所有用到该常数值的地方都用定义的常数名表示,需要修改该常数时,只要在该常数名定义处修改即可。常数定义的语法格式为

```
constant 常数名: 数据类型 := 表达式;
```

(2) 数据类型

VHDL的数据类型可以分为标准数据类型和用户自定义数据类型.

① 标准数据类型: VHDL的STD库中STANDARD程序包中定义了十种数据类型,称为标准数据类型或预定义数据类型.

bit: 位型数据,有0、1两种取值,表示为'0'和'1',可以参与逻辑运算。

bit_vector: 位矢量型,是多个位型数据的组合,表示如"1001",使用时必须注明位宽。

integer: 包括正、负整数和零,整型数据的取值范围是$-(2^{31}-1)\sim+(2^{31}-1)$。

boolean: 布尔型数据,取值是true和false。

real: 实型数据,取值范围是$-1.0E38\sim+1.0E38$。

character: 字符型数据,可以是任意的数字和字符,表示字符型数据时,字符用单引号括起来,如'A'。

string: 字符串,是用双引号括起来的一个字符序列,又称为字符矢量或字符数组,如"integer range",字符串是字符型数据的扩展。

time: 时间型数据,是一个物理量,由整数和单位组成,预定义单位是fs、ps、ns、μs、ms、sec、min和hr。使用时,数值和单位之间应有空格,如10 ns。系统仿真时,时间型数据用于表示信号时延,使模拟更符合实际系统的状况。

severity level: 错误等级类型,用来表示仿真中出现的错误分级,有note(注意)、warning(警告)、error(出错)、failure(失败)4种等级,调试人员可以据此了解系统仿真状态。

natural和positive: 前者是自然数类型,后者是正整数类型。

IEEE库的STD_LOGIC_1164程序包中还定义了两种应用十分广泛的数据类型。

std_logic: 工业标准逻辑型,有0、1、X(未知)、Z(高阻)等9种取值。

std_logic_vector: 标准逻辑矢量型,是多个std_logic型数据的组合。

VHDL 的 STD 库中定义的数据类型可以直接使用而无须事先说明。而 IEEE 库中定义的数据类型在使用前必须在程序开始处，用库调用语句加以说明。

② 用户自定义数据类型：用户可以选择 VHDL 标准数据类型的一个子集，作为自定义数据类型，例如

```
type DIGIT is range 0 to 9;          --定义 DIGIT 的数据类型是 0~9 的整数
```

(3) VHDL 的运算操作符

不同的 VHDL 版本和编译器支持的运算不同，常用运算操作符包括逻辑运算符、算术运算符和关系运算符，如表 6-4 所示。表中各运算符的优先级由低到高排列。使用时，应注意操作符和操作数类型要相符。

表 6-4　VHDL 运算符

分类	运算符	功能说明
逻辑运算符	AND	与运算
	OR	或运算
	NAND	与非运算
	NOR	或非运算
	XOR	异或运算
	NOT	非运算
算术运算符	+	加
	−	减
	*	乘
	/	除
	MOD	取模
	REM	取余
	+	正
	−	负
	**	指数
	ABS	取绝对值
	&	并置
关系运算符	=	等于
	/=	不等于
	<	小于
	>	大于
	<=	小于等于
	>=	大于等于

逻辑运算符用于对逻辑型数据 bit 和 std_logic、逻辑型数组 bit_vector 和 std_logic_vector，以及布尔型数据 boolean 的逻辑运算。逻辑运算经 VHDL 综合器综合后直接产生组合电路。

算术运算符包括整型数的加、减运算符，整型或实型数(含浮点数)的乘、除运算符，对整型数的取模和取余运算符，对单操作数添加符号的符号操作符“+”和“−”，以及指数运算符“**”和取绝对值运算符“ABS”。

并置运算符“&”用于将位或数组组合起来，形成新的数组，例如：“VH”&“DL”的结果是“VHDL”，“01”&“00”的结果是“0100”。

实际能综合为逻辑电路的算术运算符只有加、减、乘运算符，对于较长数据位，应慎重使用乘法运算，以免综合时电路规模过于庞大。

关系运算符的作用是比较相同类型的数据，并将结果表示为 boolean 型数据的 true 或 false。关系运算符包括等于(=)、不等于(/=)、大于(>)、大于等于(>=)、小于(<)、小于等于(<=)。

2. VHDL 的语句

VHDL 有两种类型的语句：并行执行语句和顺序执行语句。

(1) 并行语句

并行语句(parallel)主要用来描述模块之间的连接关系。并行语句之间是并行关系，当某个信号发生变化时，受此信号触发的所有语句同时执行。常用的并行语句有信号赋值语句、条件赋值语句和元件例化语句。前面已经介绍了信号赋值语句，下面介绍条件赋值语句和元件例化语句。

① 条件赋值语句

条件赋值语句包括 when_else 和 with_select_when 语句。

when_else 语句的语法格式为

```
赋值目标 <= 表达式 1  when  赋值条件 1  else
            表达式 2  when  赋值条件 2  else
            …
            表达式 n;
```

with_select_when 语句的语法格式为

```
with 选择表达式 select
赋值目标信号 <=表达式 1  when  选择值 1,
              表达式 2  when  选择值 2,
              …
              表达式 n  when  选择值 n;
```

② 元件例化语句

元件例化就是引入一种连接关系，将预先设计好的实体定义为一个元件，然后通过关联将实际信号与当前实体中指定的端口相连接。

元件例化分为两部分：第一部分是元件定义语句，该部分语句将一个已有的设计实体定义为一个元件，实现封装，使之只保留对外的端口，可以被其他模块调用。第二部分是元件例化语句，就是指元件的调用，方法是将元件端口(输入输出信号、引脚)映射到需要连接的位置上。其语句格式是：

```
--元件定义语句
component  元件名  is
   generic  (类属表);
   port  (端口名表);
end  component  元件名;
--元件例化语句
例化名: 元件名 port map (端口名 => 连接端口名,...);
```

例 6-9　采用元件例化的方式实现图 6-17 所示电路。

解　首先用 VHDL 描述一个二输入与非门，然后把该与非门当作一个已有元件，用元件例化语句结构实现图 6-17 所示的连接关系。

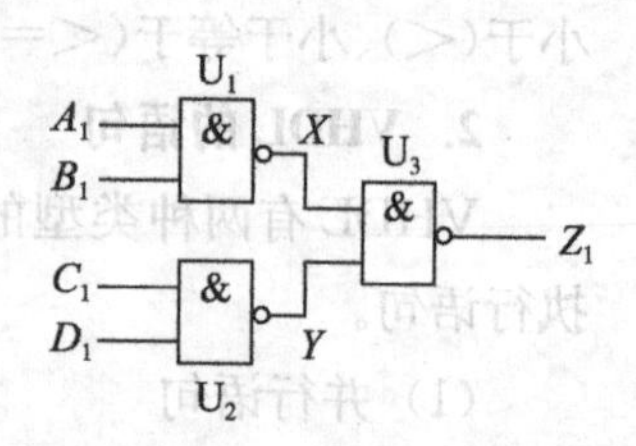

图 6-17　例 6-9 电路图

```
library  IEEE;
use  IEEE.STD_LOGIC_1164.ALL;
entity  NAND2  is     --2 输入与非门的设计
   port (A,B: in  STD_LOGIC; C: OUT  STD_LOGIC);
end  entity  NAND2;
```

```
architecture  ARCH_NAND2  of  NAND2  is
begin
    C <= A  NAND  B;
end  architecture  ARCH_NAND2;
library  IEEE;                          --用元件例化方式实现图 6-17 所示电路的连接关系
use  IEEE.STD_LOGIC_1164.ALL;
entity  CIRCUIT  is
    port (A1,B1,C1,D1: IN  STD_LOGIC; Z1: OUT  STD_LOGIC);
end  entity  CIRCUIT;
architecture  ARCH_CIR  of  CIRCUIT  is
component NAND2                         --元件说明,引用前面描述的与非门
    port (A,B: IN STD_LOGIC; C: OUT  STD_LOGIC);
end  component  NAND2;
signal  X,Y: STD_LOGIC;                 --定义电路中的两个连接信号
begin                                   --用元件例化语句实现元件在电路中的连接
   U1: NAND2  port  map (A => A1, B => B1, C => X);      --元件例化语句实现引脚连接
   U2: NAND2  port  map (A => C1, B => D1, C => Y);
   U3: NAND2  port  map (A => X, B => Y, C => Z1);
end  architecture  ARCH_CIR;
```

(2) 顺序语句

顺序语句(sequential)是完全按照程序书写顺序执行的语句,前面的语句执行结果会影响后面的语句。顺序语句只能出现在进程和子程序中,从仿真角度来看,顺序语句是顺序执行的。VHDL 的顺序语句包括赋值语句、流程控制语句、子程序调用语句和等待语句等类别,这里只介绍流程控制语句中的 if 和 case 语句。

① if 语句

根据语句所设条件,if 语句有选择地执行指定的语句,其语法格式由简单到复杂可以分为三种,分别是 if_then_end if、if_then_else_end if 和 if_elsif_else_end if。

if_then_end if 语句的语法格式是:

```
if  条件  then
    顺序语句;
    end  if;
```

当条件成立时,执行顺序语句,否则跳过该语句。

例 6-10　用 if 语句描述表 6-5 所示的三态非门。

解

```
if OE = '0'  then
    Y <= not X;
else
      Y <= 'Z';              --高阻符号“Z”要大写
end if;
```

表 6-5　三态非门真值表

输入		输出
OE	*X*	*Y*
1	*Φ*	*Z*
0	0	1
0	1	0

if_elsif_else_end if 语句的语法格式是

```
if  条件 1  then
    顺序语句 1;
elsif  条件 2  then
    顺序语句 2;
        …
[elsif  条件 n  then
        顺序语句 n;]            --elsif 根据需要可以有若干个
[else
        顺序语句 0;]            --最后的 else 语句可以按需要选用
end if;
```

若条件成立，就执行 then 后的顺序语句；否则，检测后面的条件，并在条件满足时，执行相应的顺序语句。

if 语句至少有一个条件句，条件句必须是 boolean 表达式，当条件句的值为 true 时（即条件成立），执行 then 后的顺序语句。方括号中的内容是可选项，用于多个条件的情形。

② case 语句

根据表达式的取值直接从多组顺序语句中选择一组执行，其语句格式为

```
case  表达式  is
when  选择值 1  =>  顺序语句 1;
when  选择值 2  =>  顺序语句 2;
…
when  选择值 n  =>  顺序语句 n;
[when others  =>  顺序语句 n;]
end case;
```

3. 结构体功能描述语句的结构类型

用结构体进行功能描述可采用 5 种不同类型的语句结构，如图 6-18 所示，这 5 种语句结构都以并行方式工作，可以看作结构体的 5 个子结构。信号赋值语句和元件例化语句已经在数据对象中做了介绍，这里介绍其他 3 种语句结构：块语句、进程语句和子程序调用语句。

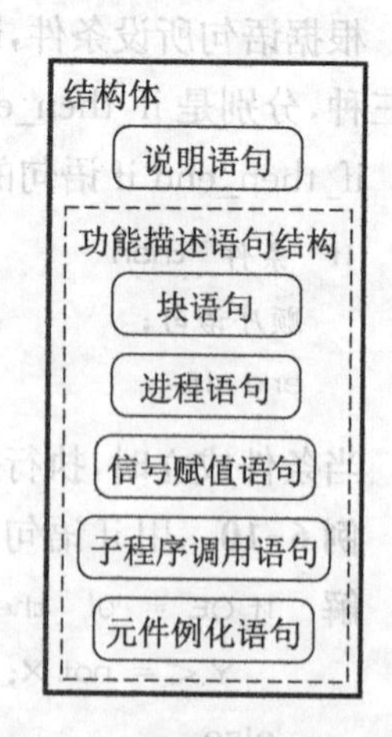

图 6-18　结构体的语句结构

(1) 块语句

块（block）语句用于将结构体中的并行描述语句组成一个模块，类似于电路图中的模块划分，其目的是改善并行语句的结构，增加其可读性，或用来限制某些信号的使用范围。

block 语句的格式为：

```
块结构名: block
```

```
    [块保护表达式;]
    [端口说明语句;]
    [类属说明语句;]
begin
    并行语句;
end block 块结构名;
```

(2) 进程语句

进程(process)语句采用顺序语句描述事件,其语法结构为:

```
[进程名:] process [(敏感信号表)]
          [进程说明部分]
          begin
              顺序描述语句;
          end process [进程名];
```

进程名不是必需的。在敏感信号表中列出启动该进程的敏感信号,敏感表中任一信号发生变化,都会触发该进程。进程说明部分定义了该进程所需的局部数据,包括数据类型、常数、变量、子程序等。顺序描述语句可以是赋值语句、子程序调用语句、顺序描述语句、进程启动与跳出语句等。

(3) 子程序调用语句

子程序在被主程序调用后,可以将处理结果返回主程序,子程序中只能使用顺序语句。VHDL 中的子程序有过程和函数两种类型。

① 函数

函数(function)分为函数声明和函数主体。函数声明是包集合与函数的接口界面,放在包集合的包头部分;函数主体应放在包集合的包体内,在结构体中直接调用。

函数的语句格式为:

```
function  函数名 (参数1;参数2;...)
    return  数据类型名  is
    [说明部分]
begin
    [顺序语句];
return [返回变量值]
end function 函数名;
```

② 过程

过程(procedure)的作用是传递信息,即通过参数进行信息的传递,参数需要说明类别、类型及传递方向。

过程定义的语法格式为:

```
procedure  过程名 (参数1;参数2;...)  is
```

```
    [说明部分]
begin
    [顺序语句];
end procedure  过程名;
```

6.4.3 VHDL 描述逻辑电路

VHDL 可以通过多种方式在结构体中描述实体的逻辑功能,结构体功能描述的基本方式有以下三种:行为描述方式(Behavior)、数据流描述方式(Dataflow,又称为寄存器传输级 RTL 描述)、结构化描述方式(Structural)。

行为描述方式属于高级描述方式,通过对电路行为的描述实现设计。这种描述方式不包含与硬件结构有关的信息,易于实现系统优化,易于维护。数据流描述方式的特点是采用逻辑函数表达式形式表示信号关系。结构化描述方式通过元件例化来实现,这种方法类似于电路图的描述方式,将电路的逻辑功能分解为功能单元,每个功能单元都被定义为一个元件,通过元件说明和元件调用的方式,构成电路中各元件的连接关系。实际设计中,应根据功能、性能和资源的实际情况,选择适当的描述方式,通常是混合使用这三种描述方式。

例 6-11 分别用数据流描述、结构化描述和行为描述方式设计一个 3 人表决电路。

解 3 人表决电路的概念和门电路结构见例 3-3 的介绍,其电路图和真值表如图 6-19 和表 6-6 所示。对该电路采用三种不同描述方式的 VHDL 源程序如下。

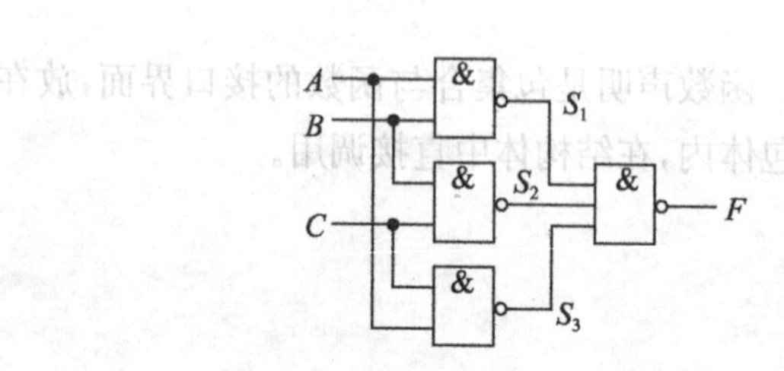

图 6-19 例 6-11 电路图

表 6-6 例 6-11 真值表

A	B	C	F
0	0	0	0
0	0	1	0
0	1	0	0
0	1	1	1
1	0	0	0
1	0	1	1
1	1	0	1
1	1	1	1

```
library IEEE;
use IEEE.STD_LOGIC_1164.ALL;
entity MAJ is                                    --实体说明
    port (A,B,C: in bit; F: out bit);            --该实体有 3 个输入、1 个输出
end entity MAJ;
architecture CONCURRENT of MAJ is                --结构体采用数据流描述方式
signal ABC bit_vector(2 down to 0);
```

```
begin
    ABC <= A&B&C;
    with A&B&C select       --用并置运算符形成位矢量,根据真值表选出 F=1 的行
        F <= '1' when "011" | "101" | "110" | "111", '0' when others;
end architecture CONCURRENT;
architecture STRUCTURE of MAJ is                --结构体采用结构化描述方式
    component NAND2 port (IN1, IN2: in BIT; OUT1: out bit);     --元件说明
    end component;
    component NAND3 port (IN1, IN2, IN3: in BIT; OUT1: out bit);
    end component;
    signal S1, S2, S3: BIT;                     --定义内部连接信号
begin
    GATE1: NAND2 port map (A, B, S1);           --采用元件例化语句实现管脚映射
    GATE2: NAND2 port map (B, C, S2);
    GATE3: NAND2 port map (A, C, S3);
    GATE4: NAND3 port map (S1, S2, S3, F);
end architecture STRUCTURE;
architecture BEHAVIOUR of MAJ is                --结构体采用行为描述方式
begin
    process (A,B,C)
        constant TABLE: BIT_VECTOR (0 to 7) := "00010111";
        variable INDEX: NATURAL;                --定义变量 INDEX 为自然数类型
    begin
        INDEX := 0;                             --每次执行时都要初始化指针为 0
        if A = '1' then INDEX := INDEX+1; end if;
        if B = '1' then INDEX := INDEX+2; end if;
        if C = '1' then INDEX := INDEX+4; end if;
        F <= TABLE (INDEX);                     --根据 INDEX 的取值查表 TABLE
    end process;
end architecture BEHAVIOUR;
```

该电路的 VHDL 源程序有一个实体说明和三种不同的结构体,实际使用哪个结构体,可以由配置语句加以选择。采用数据流描述方式的结构体中,语句 with_select_when 采用了一种简写方式,将真值表中 $F=1$ 的行并列地写成""011" | "101" | "110" | "111"",从而只用一个语句行就说明了整个真值表的内容。

在采用结构化描述方式的结构体中,首先采用元件说明语句说明了电路中采用的两种元件 NAND2 和 NAND3 的 I/O 引脚,并定义了电路中出现的三个内部信号 S_1、S_2 和 S_3。然后用元件例化语句实现逻辑门的管脚映射,完成电路中各逻辑门的连接。需要注意的是,在该例子中,没有给出 NAND2 和 NAND3 的设计,而是直接将它们当作已有的元件加以

使用。

在采用行为描述方式的结构体中，将真值表中函数 F 的取值定义为一个长度为 8 的位矢量 TABLE，用三条 if 语句将 A、B、C 的取值转换为变量 INDEX 的值，最后以 INDEX 的值作为 TABLE 位矢量的位地址，选出 TABLE 中相应的位，作为 F 的取值。这个过程就是根据自变量 A、B、C 的取值在真值表中找出相应的函数值。

各种组合逻辑电路都可以用 VHDL 描述，下面给出一个完整的 VHDL 实现组合逻辑电路的源程序。

例 6-12 用 VHDL 描述一个 8 线-3 线优先编码器，该编码器的编码输入端是 I(7)～I(0)，编码优先顺序由高到低是 I(7)到 I(0)，编码输出端是 A(2)～A(0)，该电路还有一个高电平有效的编码有效输出端 GS。

解

```
library IEEE;
use IEEE.STD_LOGIC_1164.ALL;
entity PRI_ENCODER is                                --实体说明
    port (I : in bit_vector(7 downto 0);             --编码输入
        A : out bit_vector(2 downto 0);              --编码输出
        GS : out bit);                               --GS是编码有效输出，高电平有效
end entity PRI_ENCODER;
architecture ARCH_EN of PRI_ENCODER is               --结构体
begin
    process(I)                                       --输入信号I是敏感值，当数组I有变化时，启动进程
    begin
        GS <= '1';                                   --GS赋初值，当GS=1时，表示编码输出有效
        if I(7) = '1'  then A <= "111";              --I(7)优先级最高，相应编码为"111"
        elsif I(6) = '1' then A <= "110";
        elsif I(5) = '1' then A <= "101";
        elsif I(4) = '1' then A <= "100";
        elsif I(3) = '1' then A <= "011";
        elsif I(2) = '1' then A <= "010";
        elsif I(1) = '1' then A <= "001";
        elsif I(0) = '1' then A <= "000";            --I(0)优先级最低，相应编码为"000"
        else GS <= '0';                              --当数据输入都为"0"时，输出编码无效，用GS=0表示
            A <= "000";                              --编码无效时，将编码输出设置为"000"
        end if;
    end process;
end architecture ARCH_EN;
```

本章小结

半导体存储器是一种能存储大量数据或信息的半导体器件，是现代数字系统特别是电

子计算机中的重要组成部分。半导体存储器一般由存储单元矩阵、地址译码电路、I/O 电路和读写控制电路组成。半导体存储器从存、取功能上分为 ROM 和 RAM 两大类。半导体存储器的存储容量常用存储器的存储单元数和每个存储单元存储的数据位数的乘积来表示，若存储容量不够使用，需要对存储器的容量进行扩展。

可编程逻辑器件是目前数字系统设计的主要硬件基础，与-或阵列是 PLD 的核心结构，其编程状况通常用与-或阵列图表示。低密度可编程逻辑器件可细分为 PROM、PLA、PAL 和 GAL 等，它们有不同的编程特点和逻辑函数的实现形式。高密度可编程逻辑器件可分为 CPLD 和 FPGA 两大类，CPLD 是在 GAL 的与-或结构基础上扩展而成的，FPGA 是由许多非“与-或”结构的基本逻辑单元组成的逻辑单元阵列结构。一般而言，CPLD 有比较丰富的逻辑资源，集成规模略小，适合实现控制型数字系统；FPGA 有比较丰富的存储资源，集成规模大，适合实现存储型数字系统。

无论是 GAL、CPLD 还是 FPGA，其编程使用都必须借助于 PLD 开发系统才能完成。因此，熟练使用 PLD 开发系统是非常重要的，只有通过实验才能达到此目的。

VHDL 用于描述数字系统的结构、行为、功能和接口，具有强大的语言结构、硬件描述能力和移植能力，是标准化的硬件描述语言，并获得了广泛应用。熟练掌握硬件描述语言 VHDL，能够对设计系统进行规范描述。

习题 6

6-1　填空题

(1) 半导体存储器按存取功能分为______存储器和______存储器。

(2) 动态 MOS 存储单元是利用______存储信息，为不丢失信息，必须______。

(3) 某 SRAM 芯片有 13 条地址线和 8 条数据线，其存储容量为______。

(4) 1 024×4 位的 RAM 芯片有______条地址线、______条数据线。

(5) 2K×8 位的存储器有______条地址线、______条数据线。

(6) 存储器容量扩展的方法有______和______。

(7) 为构成 1 024×8 位的 RAM，需要______片 256×4 位的 RAM。

(8) 本课程中，IC 的中文名称是______。

(9) PLD 的中文名称是______。

(10) SPLD 的核心结构是______和______。

(11) PROM 的编程特点是______。

(12) 两类大规模可编程逻辑器件分别是______和______。

(13) CPLD 的中文名称是______。

(14) FPGA 的中文名称是______。

(15) VHDL 语言中，“<=”是______关系运算符。

(16) VHDL 程序的基本结构包括______、______、______和______。

6-2 选择题

(1) 当ROM断电后，其存储的数据将________。

A. 全变成0　B. 全变成1　C. 保持原样　D. 变得无法预测

(2) 为构成1 024×8位的RAM存储体，需要________片256×4的RAM。

A. 6　B. 7　C. 8　D. 9

(3) 不属于PLD编程连接点形式的是________。

A. 编程连接　B. 固定连接　C. 不连接　D. 不固定连接

(4) PROM实现函数的形式是________。

A. 最简与或式　B. 最简或与式　C. 标准与或式　D. 标准或与式

(5) PLA最适用于实现函数的________。

A. 最简与或式　B. 最简或与式　C. 标准与或式　D. 标准或与式

(6) 下列器件中，仅与阵列可编程的器件是________。

A. PLA　B. PROM　C. PAL　D. FPGA

(7) 下列对CPLD说法正确的是________。

A. CPLD是现场可编程逻辑器件的英文简称

B. CPLD是基于查找表结构的可编程逻辑器件

C. 早期的CPLD是从GAL的结构扩展而来

D. 在Altera公司生产的器件中，FLEX10K系列属于CPLD结构

(8) 在一个VHDL设计中idata是一个信号，数据类型为integer，下面哪个赋值语句是不正确的________。

A. idata <= 16#20#　B. idata <= 32

C. idata <= 16#A#E1　D. idata <= B#1010#

(9) 在EDA中，ISP的中文含义是________。

A. 网络供应商　B. 在系统编程

C. 没有特定意义　D. 使用编程器烧写PLD芯片

(10) 基于EDA软件的PLD设计：原理图/HDL文本输入→________→综合→适配→________→编程下载→硬件测试。

A. 逻辑综合　功能仿真　B. 功能仿真　时序仿真

C. 配置　引脚锁定　D. 配置　时序仿真

(11) VHDL属于________描述语言。

A. 普通硬件　B. 行为　C. 高级　D. 低级

(12) 在VHDL语言中，下列对时钟边沿检测的描述，错误的是________。

A. if clk' event and clk='1' then　B. if falling_edge(clk) then

C. if clk' event and clk='0' then　D. if clk' stable and not clk='1'then

6-3 图6-20为4个RAM芯片构成的存储电路。每个RAM芯片的片上地址线为$A_9 \sim A_0$；数据线为$D_3 \sim D_0$，2-4译码器的译码输出为低电压输出有效。写出该存储电路的

总容量，以及通过地址线 $A_{11} \sim A_0$ 访问 RAM 芯片(4)的有效地址范围(即 RAM 中存储单元可寻址访问的地址空间)。

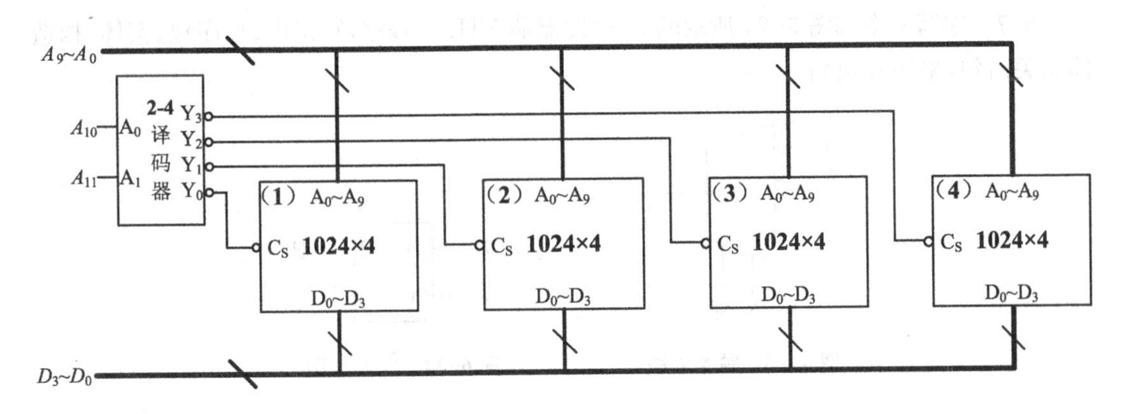

图 6-20　题 6-3 图

6-4　某单片机系统如图 6-21 所示，写出 6116(A)和 6116(B)的地址范围。

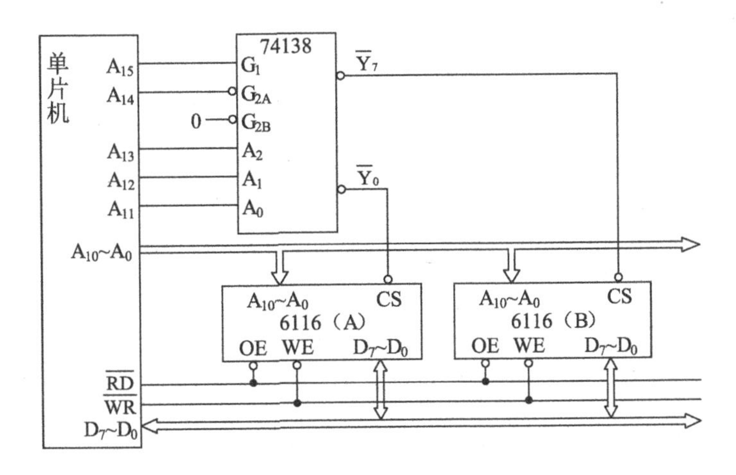

图 6-21　题 6-4 图

6-5　PLA 阵列图如图 6-22 所示，写出 F_1、F_2、F_3 的函数表达式，列出真值表，指出该电路的逻辑功能。

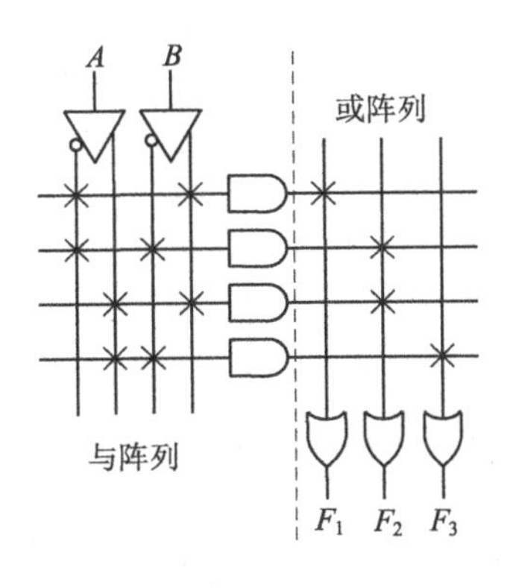

图 6-22　题 6-5 图

6-6 编写一个如图 6-23 所示的 4 选 1 选择器的 VHDL 程序，写出库、程序包、实体、构造体相关语句，采用 case 语句。

6-7 编写一个如图 6-24 所示的 D 触发器的 VHDL 程序，写出库、程序包、实体、构造体相关语句，采用 if 语句。

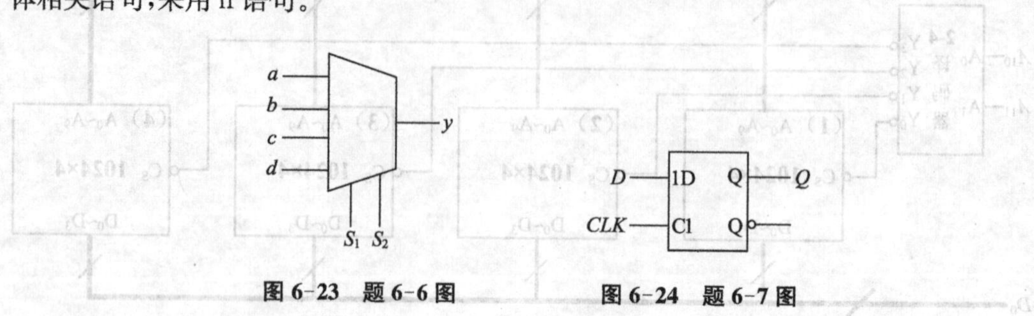

图 6-23　题 6-6 图　　　**图 6-24　题 6-7 图**

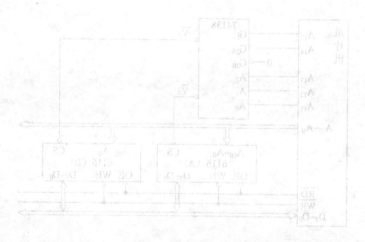

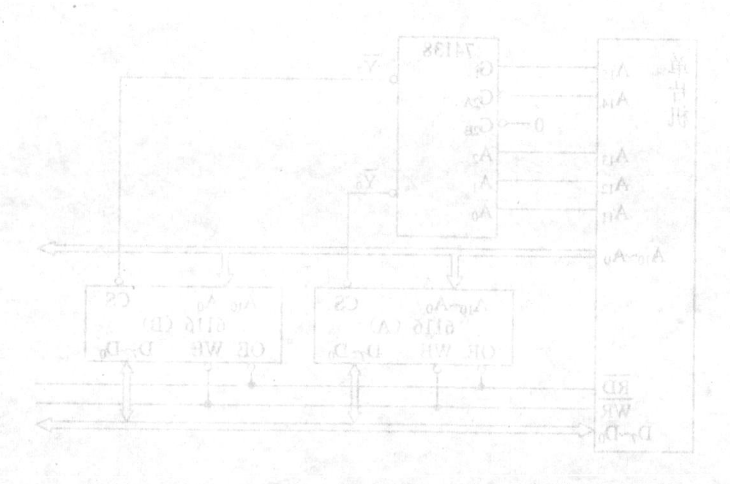

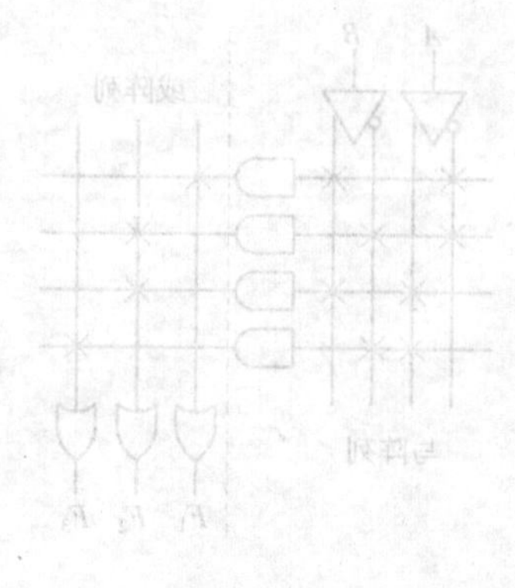

下　篇

数字电路基础实验

第 7 章　数字电路实验基础知识

数字集成电路的普遍应用以及广阔的发展前景，使得数字电子技术的重要性日益凸显。"数字电路基础"作为实施数字电子技术教学的一门重要课程，具有很强的实践性和工程性，数字电路基础实验是数字电路基础课程重要的实践性教学环节。本章介绍数字电路基础实验的分类和要求、数字系统综合实验箱的功能以及常用仪器仪表的使用和调试方法。

7.1 数字电路实验概述

7.1.1 数字电路实验分类

结合数字电子技术课程的特点，筛选优化教学内容，按照先易后难、循序渐进的教学规律设置实验，引导学生逐步完成实验内容，提高学生动手实践能力，实现教学目标。实验主要有以下三类：

1. 基础、验证性实验

基础实验包括实验箱和实验仪器、仪表的使用方法，验证实验包括基本逻辑门、触发器、中规模集成模块芯片的测试和功能验证等。通过基础、验证性实验，引导学生识记器件的功能和使用方法，检查和排除实验过程中出现的故障和问题，提高学生动手实践能力。

2. 设计性实验

针对指定实验器件和内容，提出目的性很强的设计命题，如表决电路、全加器、计数器、移位寄存器等常用逻辑电路，由学生独立完成电路设计方案并实现。通过设计性实验，营造思考、讨论问题的环境，帮助学生摆脱模仿连线的低阶操作，鼓励学生实现分析问题、解决问题、完成实验的高阶操作，提高学生理论与实践结合的分析能力，培养学生的工程意识。

3. 综合性实验

提供一些新颖、有难度的综合性实验，侧重对学生创新能力的开发，如电子抢答电路、流水灯电路等综合性实验。由综合性实验，引导学生小组协作、查找资料、设计电路、仿真验证或实物展现、完成小论文，培养学生的创新精神和团队合作精神。

7.1.2 数字电路实验要求

数字电路基础实验要求学生能正确使用常用电子技术实验仪器、仪表，了解常用数字集成电路的逻辑功能及主要参数，能读懂基本电路图，能选用合适器件设计、搭建数字电路，初步具备分析、查找和排除数字电路中常见故障的能力，能独立写出规范严谨的实验报告。

实际的工程问题往往比较复杂，涉及器件、电路、工艺、环境等许多问题，这使得一些实验现象和结果与理论分析存在差异，分析实验现象和解决实验中的问题不但要具有扎实的理论知识，还需要在实践过程中积累丰富的实践经验和实验能力。

7.1.3 数字电路实验的基本过程

数字电路实验的基本过程一般分为实验准备、实验操作、实验验收和实验报告等4个阶段。

1. 实验准备阶段

实验前，对实验内容和要求进行预习，认真阅读实验指导书，掌握实验的原理，拟定实验方法和测试步骤，设计实验表格或电路，绘制实验电路接线图，填写实验预习报告。了解注意事项，可以先对实验电路进行仿真验证再对比实验结果。

2. 实验操作阶段

实验过程中，按照实验步骤、实验方案搭建数字电路，检查无问题后通电进行实验。认真观察并记录实验数据、波形、实验现象，记录遇到的问题以及解决方法等。实验过程中，严格遵守“先接线后通电，先断电后拆线”的操作程序。

3. 实验验收阶段

实验完成后，请指导教师验收实验数据或设计电路，学生完成实验问答，获得评定成绩。验收合格后，才能拆除线路、整理实验设备，并将实验台清理干净、摆放整齐。

4. 实验报告阶段

实验结束后，认真整理实验数据和波形等，分析实验结果和实验现象，总结实验结论，撰写实验报告。实验报告要书写整洁、层次分明、简明扼要、符合规范。

7.1.4 数字电路的搭建与调试

为提高实验效率，便于元器件插拔和电路调试，在数字系统综合实验箱上搭建、调试数字电路。一般来说，首先在断电状态下，将集成电路芯片插入插座，然后连接好各芯片的电源线和地线，再按实验线路接好连接线，最后检查无误后再接通电源。布局合理的电路，不仅整齐美观，还便于检查和排除电路故障。搭建数字电路时，通常应注意以下几个方面：

(1) 一般根据信号流向，按照从输入到输出的顺序连接电路，注意插孔的位置和距离，将元件分布在合理位置上。若电路有多个模块，可先在各模块内部进行连接，最后实现模块间的连接。

(2) 集成电路芯片要垂直插入和拔出，插入时芯片标记朝左、管脚对准插座孔眼插入，拔出时用螺丝刀、镊子等工具拔取，切勿用手直接插拔，以免容易造成芯片管脚弯曲甚至折断。

(3) 使用专用的连接导线，导线插头可叠插使用，拔出时不要直接拉拽。习惯上红色导线连接正电源，黑线导线连接地线，其他颜色的导线连接信号线。

调试数字电路，就是分析和排除故障，使电路实现预定逻辑功能的过程，这个过程能够大大提高学生分析问题、解决问题的能力。当实验过程中遇到问题时，学生需要认真思考、判断，耐心调试电路，以便尽早排除故障。在电路设计正确的前提下，数字电路的调试主要有以下几个步骤：

(1) 断开电源，对照电路原理图，逐级检查电路连线是否正确，有无错接、漏接、虚接等布线错误，排查实验器件和导线与插孔是否插接良好以及元器件引脚之间有无短路等。

(2) 检查电源的极性、连线是否正确，电源端对地是否存在短路。这一点非常重要，一旦电源线和地线短路，将会烧坏器件乃至电源。

(3) 断开信号源，把电源接入电路，用万用表电压挡检测电源电压，注意观察电路是否存在冒烟、有异常气味、元器件发烫等异常现象。一旦发现异常情况，应立即切断电源，待故障排除后方可重新接通电源。

(4) 若无异常情况，引入信号源，测量电路各输入、输出端的高低电平值及逻辑关系，判断元器件是否能正常工作或已损坏。若电路有多个模块，可先对各模块进行指标和功能调试，再按信号流向进行系统联调。

注意：必须严格遵守实验室的各项规章制度和安全操作规程，保证实验室良好的实验秩序和实验环境，注意人身安全和仪器设备的安全。

7.2 数字系统综合实验箱简介

7-1

7.2.1 实验箱平台

数字系统综合实验箱如图 7-1 所示，该实验箱配置了数字电路实验常用的电源、信号源、输入接口、输出接口、集成电路插座(IC 插座)等，可以用来完成不同层次的数字电路实验。

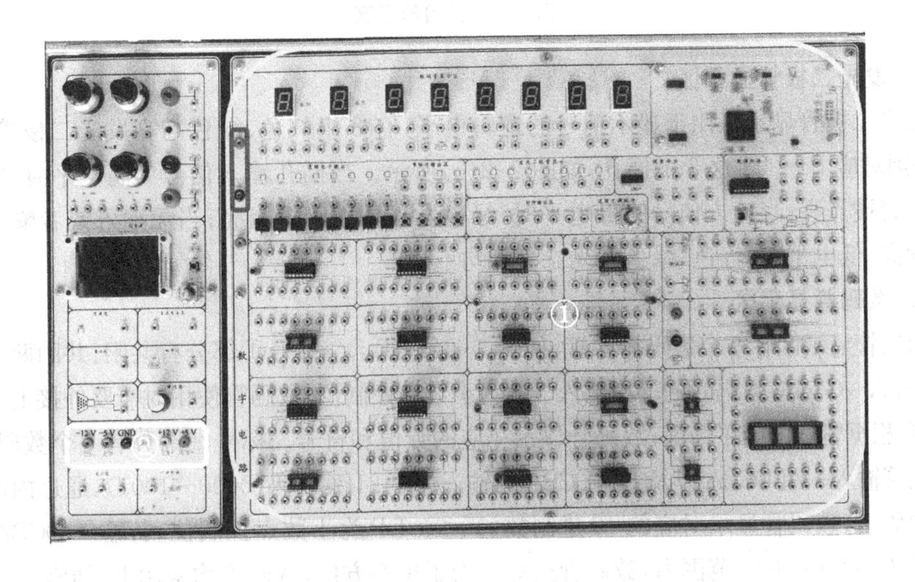

图 7-1　数字系统综合实验箱

图 7-1 中标号①处为数字电路实验操作区，包括实验显示区、信号产生区和集成电路插座区；标号②处为实验箱电源区，左边两路插孔分别提供－12 V 和－5 V 电源，右边两路插孔分别提供＋12 V 和＋5 V 电源，黑色插孔和标有“GND”的测试环为数字地。接通实验箱电源，打开实验箱电源开关，电源区插孔下方的 LED 灯被点亮，电源区插孔有电源输出，通过导线与操作区左侧方框处的电源输入和地分别相连，从而给操作区提供所需电源。

7.2.2 实验显示区

数字电路综合实验箱中的实验显示区，包括发光二极管显示区和数码显示区，如图 7-2(a)、(b)所示，用于显示信号的逻辑电平、数值和符号。

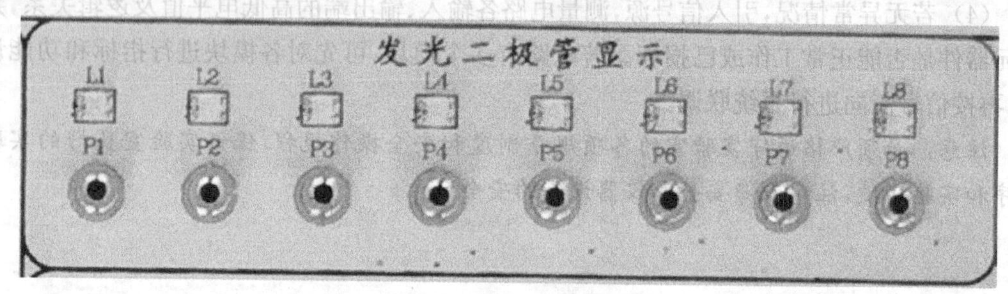

(a) 发光二极管显示区

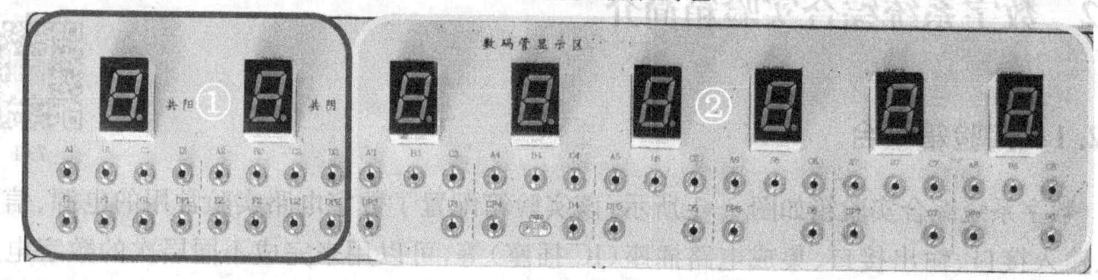

(b) 数码管显示区

图 7-2 实验显示区

1. 发光二极管显示区

发光二极管显示区用于显示信号的逻辑电平，有 8 组红色、绿色高亮发光二极管 L1～L8，分别对应 P1～P8 这 8 个插孔，如图 7-2(a)所示。当插孔输入信号为高电平时，红色发光二极管被点亮；当输入信号为低电平时，绿色发光二极管被点亮；当无输入或者输入不是典型的高、低电平时，红色、绿色发光二极管均不亮。

2. 数码管显示区

数码管显示区有 8 个数码显示管，如图 7-2(b)所示。标号①部分有共阳、共阴两个数码管，输入 A～G 对应数码管的七段输入、DP 为小数点控制位，数码管使用时需要外接七段显示译码器，根据输入的电平情况，数码管显示相应的数值和符号。标号②部分有 6 个数码管，每个数码管输入一组 DCBA 以及 DP，DCBA 为输入的 8421BCD 码(0000～1001)，通过内部译码电路译码后，数码管显示对应的 10 进制数(0～9)，DP 为小数点控制位；若输入 DCBA 不在有效编码 0000～1001 范围内，数码管灭灯。为了更换方便，数码管均采用 IC 插座。

7.2.3　信号产生区

信号产生区用于产生数字电路实验所需的输入信号，具体包括逻辑电平输出区、单脉冲输出区、时钟输出区和连续可调脉冲区，如图 7-3 所示。

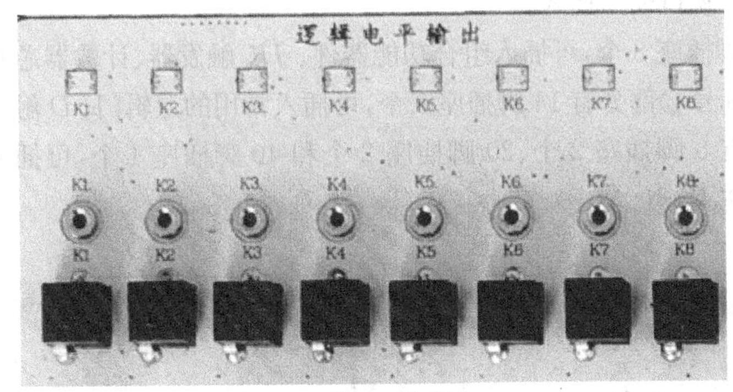

(a) 逻辑电平输出区

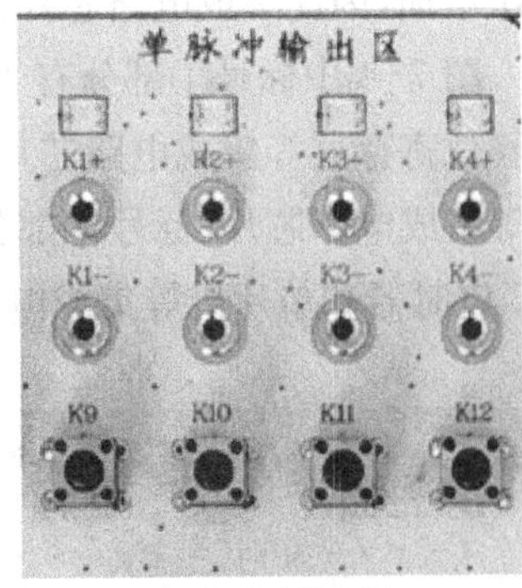

(b) 单脉冲输出区

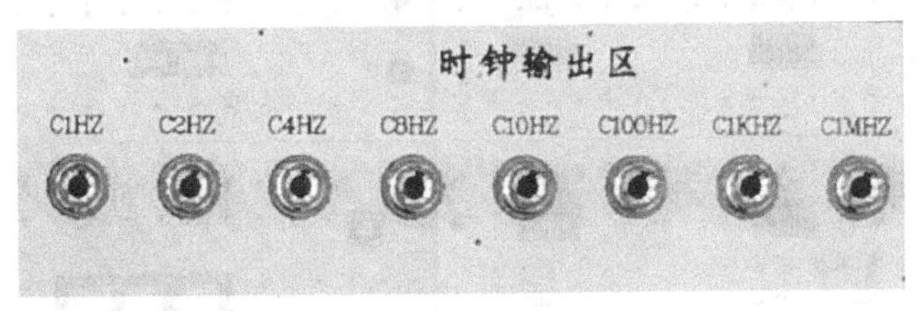

(c) 时钟输出区

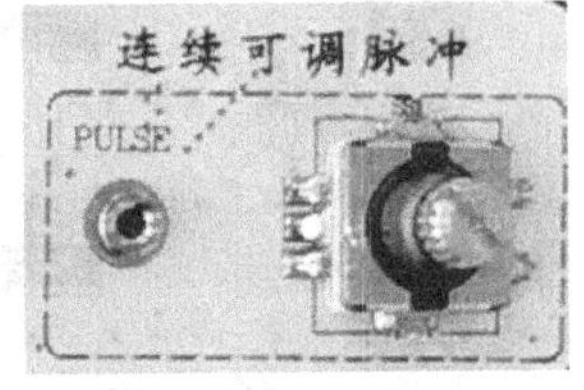

(d) 连续可调脉冲区

图 7-3　信号产生区

1. 逻辑电平输出区

逻辑电平输出区用于产生数字电路所需的逻辑电平信号，如图 7-3(a)所示。插孔 K1～K8产生 8 路高、低逻辑电平输出，轻触按键开关切换逻辑电平，按下输出低电平，不按输出高电平。插孔上方的 8 组红、绿 LED 灯，用于显示输出的逻辑电平，亮红灯表示输出高电平，亮绿灯表示输出低电平。

2. 单脉冲输出区

单脉冲输出区，用于产生脉冲信号，如图 7-3(b)所示。通过 4 个黑色按键产生 4 对正、负单脉冲，K1＋～K4＋输出正脉冲，K1－～K4－输出负脉冲。插孔上方的 LED 灯用于显示 K1～K4 输出的逻辑电平，红灯表示高电平，绿灯表示低电平。

3. 时钟输出区

时钟输出区如图 7-3(c)所示，可输出 8 挡固定频率的脉冲信号作为时钟脉冲。插孔 C1HZ、C2HZ、C4HZ、C8HZ、C10HZ、C100HZ、C1KHZ、C1MHZ 输出的时钟脉频率分别为 1 Hz、2 Hz、4 Hz、8 Hz、10 Hz、100 Hz、1 kHz、1 MHz。

4. 连续可调脉冲区

连续可调脉冲区如图 7-3(d)所示，调节旋钮，插孔 PULSE 输出频率在 10 Hz～10 kHz 之间连续可调的时钟信号。

7.2.4 集成电路插座区

集成电路插座区如图 7-4 所示，采用直插 DIP 芯片插座，可插 14 脚、16 脚、8 脚等集成电路芯片。每个集成电路插座旁标有引脚号，芯片左下方第一个引脚号为 1，引脚号逆时针依次增加，因此集成电路芯片需要缺口朝左插入。

图 7-4 中标号①部分有 16 脚插座 8 个，可插入组合功能器件、*JK* 触发器、计数器芯片和移位寄存器等集成电路芯片；标号②部分有 14 脚插座 8 个，可插入常用的逻辑门、*D* 触发器等集成电路芯片；标号③部分有 8 脚插座 2 个、20 脚插座 2 个和 40 脚插座 1 个，可插入 555 定时器和单片机等集成电路芯片。

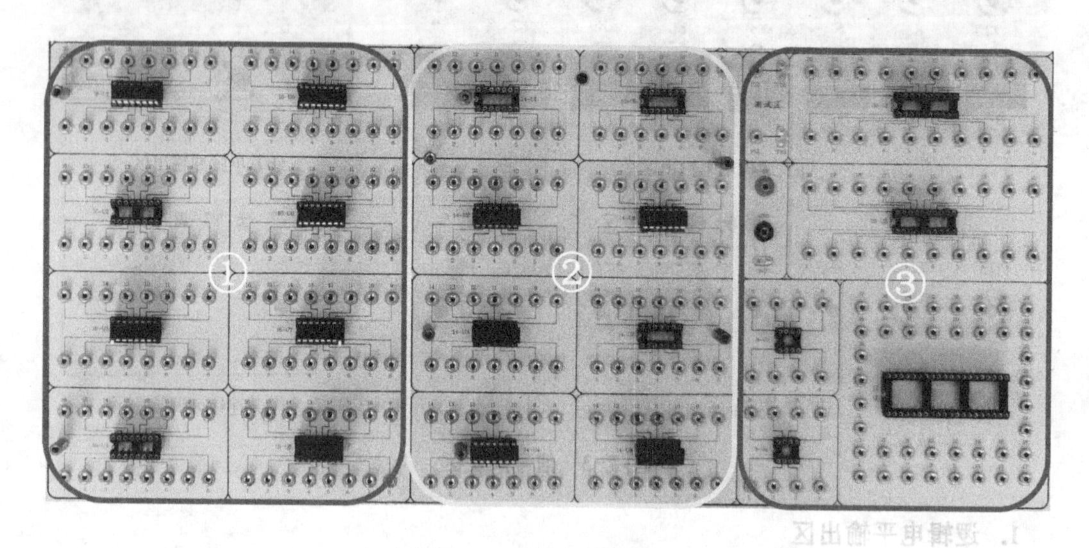

图 7-4 集成电路插座区

7.3 常用仪器仪表简介

在数字电路实验中，需要使用数字示波器、数字信号发生器、数字万用表、直流稳压电源等电子仪器仪表，实现对数字电路的参数和功能的测试。若对这些仪器仪表的功能和使用方法不熟悉，极有可能因使用不正确对电路产生判断失误。

7.3.1 数字示波器

7-2

数字示波器是一种综合性的电信号测量仪器，可以在显示屏上观察电信号波形，同时测量电信号的频率、幅值、相位及形状等。示波器种类繁多，按用途和结构特点可分为普通示波器、通用示波器、多线多踪示波器以及取样示波器等，虽然品种繁多，但其基本组成和功能大同小异。下面以 DS1104Z 型示波器为例，介绍数字示波器的操作面板和使用方法。

1. DS1104Z 型数字示波器

DS1104Z 型数字示波器是具有数字存储式功能的 100 MHz 带宽四通道数字示波器，该示波器支持多级菜单，界面友好，操作方便，数据分析能力较强。DS1104Z型示波器的操作面板如图7-5所示，有显示区、垂直控制区、水平控制区、触发控制区、常用功能区等5个区，以及5个菜单按键和3个输入连接端等。

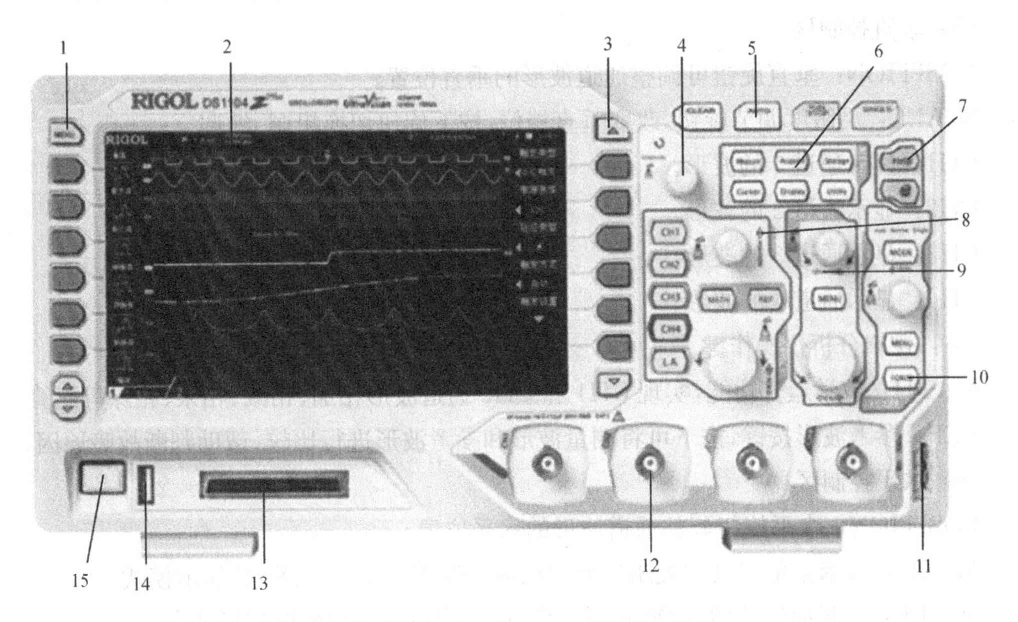

图7-5　DS1104Z型数字示波器操作面板

（1）测量菜单键：设置当前菜单的不同选项。

（2）液晶显示屏：显示输入波形图像以及波形和仪器控制的设定值。

（3）功能菜单键：执行显示界面里的菜单选择操作。

（4）多功能旋钮：旋动按钮进行选择，按下按钮确认。

（5）运行控制区

CLEAR：清除按键，示波器运行状态下测量结果计数值从1开始计数，停止状态下清除屏幕测量波形。

AUTO：执行按键，自动设定仪器各项控制值，产生适宜观察的波形显示。

RUN/STOP：运行/停止按键，运行时黄色背光灯点亮，波形为活动状态；停止时红色背光灯点亮，波形冻结显示。

SINGLE：单次触发按键，按下按键可触发一次。

（6）常用操作键

Measure：自动测量功能按键，可测量22种电压参数和10种时间参数。

Acquire：采样设置按键，有实时采样、等效采样、峰值检测、平均采样等采样方式。

Storage：存储功能按键，可用来存储或调出两个通道的波形和状态设置。

Cursor：光标测量按键，可选择手动、追踪、自动和XY四种光标测量方式。

Display：显示设置按键，设置波形显示方式及调整显示的对比度等。

Utility：系统功能设置按键，设置系统相关功能或参数，可进行自校正及选择显示语言。

(7) 内置帮助/打印键

Help：帮助按键，按下能显示示波器的帮助系统，涵盖示波器的所有功能。

打印键：打印屏幕或将屏幕保存到U盘中。

(8) 垂直控制区

POSITION：垂直旋钮可调整通道波形的垂直位置。

SCALE：灵敏度调节旋钮，改变垂直挡位，按下旋钮切换粗调、细调。

CH1：显示通道1的波形。

CH2：显示通道2的波形。

CH3：显示通道3的波形。

CH4：显示通道4的波形。

LA：逻辑分析仪操作键。

MATH：数学运算功能，实现CH1和CH2通道波形相加、相减、相乘、相除等运算。

REF：参考波形按键，按下可将测量波形和参考波形进行比较，帮助判断故障原因。

(9) 水平控制区

POSITION：水平旋钮调整通道波形的水平位置。

MENU：显示菜单，开启/关闭延迟扫描或切换Y-T、X-T、X-Y显示模式。

SCALE：扫描时间旋钮，改变水平挡位，按下旋钮切换到延迟扫描状态。

(10) 触发控制区

MODE：选择触发模式，有自动、正常、单次三种触发模式。

LEVEL：通过旋钮调整触发电平位置。

MENU：触发器操作菜单，可改变触发的设置。

FORCE：强制产生触发信号。

(11) 探头补偿信号输出：与输入通道连接实现探头补偿调整。

(12) 模拟信号输入：CH1、CH2、CH3、CH4为被测信号的输入通道，4个通道采用标签所示颜色显示波形。

(13) USB接口：连接USB存储设备。

(14) 数字通道输入：具有16个数字通道输入。

(15) 电源开关：打开/关闭示波器。

2. 使用方法

在数字电路基础实验中，可利用示波器观察被测信号波形的形状、幅度和频率，还可以对两个波形进行比较。示波器的基本使用步骤如下：

(1) 按下示波器电源开关，示波器接通电源后执行自检项目，然后进入工作界面。

(2) 用示波器探头将电路中被测信号接入信号输入通道，探头的接地端(接地夹)接电路地线，屏幕显示输入波形。

(3) 按MEASURE键，屏幕显示波形的峰-峰值、平均值、幅值、频率等参数。

(4) 按AUTO键，自动设置显示波形，或者可在垂直和水平控制区手动调整设置。

7-3

（5）通过 RUN/STOP 键控制示波器开始或停止波形采样。

7.3.2　数字信号发生器

数字信号发生器是一种常用的信号源，被广泛应用于数字电路实验领域，用于产生具有特定幅值、频率、相位以及采样频率的信号或激励。下面以 UTG2082B 型数字信号发生器为例，介绍其操作面板和使用方法。

1. UTG2082B 型数字信号发生器

UTG2082B 型数字信号发生器是一台便携式信号发生器，最高频率为 120 MHz，能产生正弦波、方波、锯齿波、噪声、谐波等 7 种标准波形以及 100 多种内置波形，是一款多功能信号发生器。UTG2082B 信号发生器的操作面板如图 7-6 所示，主要包括显示屏、波形键、菜单功能键、数字键盘、多功能旋钮、输出控制和输出连接器等。

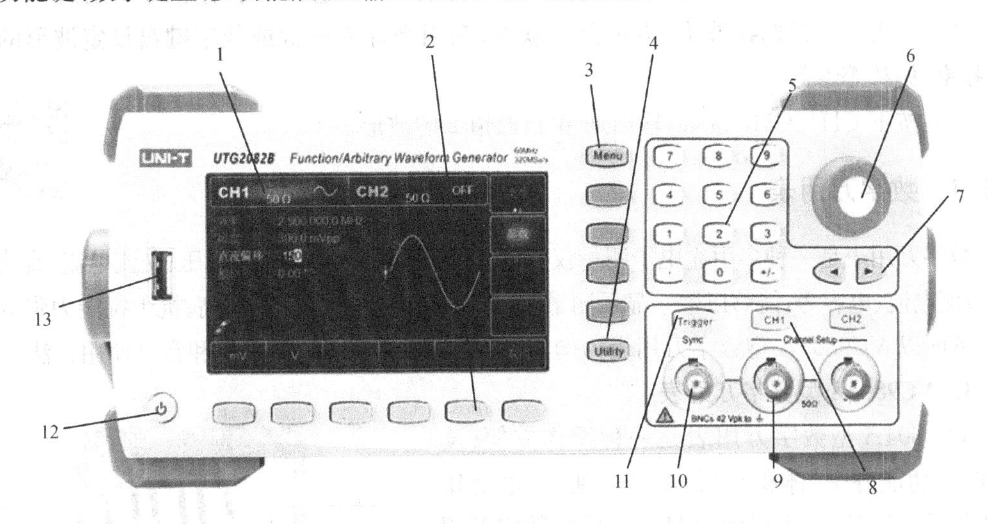

图 7-6　UTG2082B 型数字信号发生器操作面板

（1）显示屏：显示通道输出配置、当前功能、菜单、状态栏、波形、通道状态栏，以及各通道当前波形的频率、幅度、偏移和相位等。

（2）波形键菜单操作键：可选择正弦波、方波、斜波、脉冲波、任意波、噪声等波形，或者设置波形的频率、幅度、直流偏移等参数。

（3）菜单功能键：包括与屏幕菜单对应的 4 个按键以及菜单翻页键。

（4）辅助功能与系统设置按键：可实现频率计、通道设置、系统设置与辅助功能。

（5）数字键盘：用于设置高光处的数值。

（6）多功能旋钮：转动旋钮选择波形参数，顺时针往上选，逆时针往下选；编辑数字时，顺时针数字增大，逆时针数字减小。

（7）光标方向键：左移、右移光标至需要编辑的数字。

（8）输出控制

CH1：输出通道 1 波形，按下按键，背灯变亮。

CH2：输出通道 2 波形，按下按键，背灯变亮。

(9) 输出连接器：可使通道 1 和通道 2 以当前配置输出波形。

(10) 同步输出端：输出一个与通道 1 同频率的脉冲信号。

(11) Trigger：手动触发按键。

(12) 电源开关：打开/关闭信号发生器。

(13) USB 插口：连接 USB 存储器件。

2. 使用方法

在数字电路基础实验中，可利用数字信号发生器产生数字电路所需信号，设置信号的形状、幅度和频率等参数。数字示波器的基本使用步骤如下：

(1) 按下电源开关，信号发生器接通电源执行初始化和自检后，显示工作界面。

(2) 用探头将信号发生器的输出连接器(CH1 和 CH2)连至数字电路或示波器。

(3) 点击波形键选择波形，点击菜单软键，利用光标方向键或数字键盘设定波形的幅值、频率、偏移等参数。

(4) 按下 CH1、CH2 按键，输出通道 1、通道 2 的波形。

7-4

7.3.3 数字万用表

数字万用表是一种多用途电子测量仪器，用于测量直流电阻、交流电压、交流电流、直流电压、直流电流、电容等，能够以数字显示测量值，具有测量速度快、分辨率高、抗干扰能力强等特点。下面以 VC9804A 型数字万用表为例，介绍数字万用表的操作面板和常见使用方法。

1. VC9804A 型数字万用表

VC9804A 型数字万用表是一种操作方便、读数准确、功能齐全、体积小巧、携带方便、用电池作电源的手持袖珍式、大屏液晶显示三位半数字万用表。万用表可用来测量直流电压/电流、交流电压/电流、电阻、二极管正向压降、晶体管 h_{FE} 参数、电容容量、温度及电路通断等。VC9804A 型数字万用表的操作面板如图 7-7 所示。

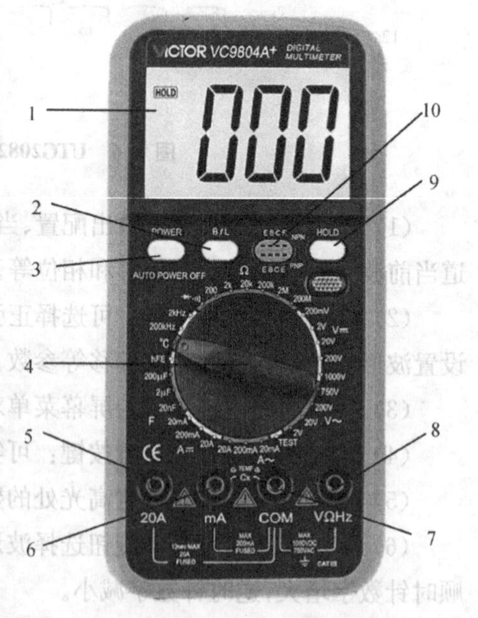

图 7-7 VC9804A 型数字万用表操作面板

(1) 显示屏：显示当前测量值和极性，15 s 自动熄屏。

(2) 数据保持/背光按键：保留、显示测量数据或者点亮背光灯。

(3) 电源开关：打开/关闭万用表。

(4) 功能开关：通过量程旋钮选择电阻、电容、温度、直流电压、交流电压、交流电流、直流电流、电容、通断等多种测量挡位，每个挡位有多挡量程。

(5) 20 A 电流孔：大于 200 mA 电流测量端，插红表笔。

(6) mA 电流孔：小于 200 mA 电流测量端，插红表笔。

(7) COM 孔：公共端口，插黑色表笔。

(8) VΩ 孔：电压/电阻/频率/通断/电容/温度测量端，插红表笔。

(9) 通断灯：功能开关置于通断挡时，若两表笔间短路，通断灯点亮且发出蜂鸣声。

(10) 晶体管插孔：用于测量晶体管电流放大倍数。

2. 使用方法

使用过程中，黑表笔始终置于“COM”插孔，根据被测参数的不同，将红表笔插入相应的孔中。若将红表笔插入“VΩ”插孔中时，可以测量电压或者电阻。

(1) 直流电压测量

① 将功能开关旋转于 V ═══ 量程范围，并将红、黑表笔并接在被测对象两端；

② 完成数字电路实验时，将黑表笔插入 0 V(GND)，红表笔插入需要测试的位置，显示屏显示红表笔的极性和电压值。

(2) 带蜂鸣指示的通断检查

① 将功能开关置于—▷|—·)))挡上，并将红、黑表笔并接在被测电路两端；

② 若被检查点之间是导通的，蜂鸣器便会发出“嘀……”的蜂鸣声，指示灯点亮。

注意：两被测点间断路时，会显示过量程状态“1”；测量前，需确认被测电路已断开电源；如需改变量程，须先将表笔与被测电路分离后，再调整量程，否则易损坏万用表。

7.3.4　直流稳压电源

7-5

直流稳压电源通常被称为线性电源，是一种能提供稳定直流电源的电子装置，可以将 220 V、50 Hz 的正弦交流电转换成直流电，具有恒压、恒流功能。下面以 UTP3305 型直流稳压电源为例，介绍直流稳压电源的面板和使用方法。

1. UTP3305 型直流稳压电源

UTP3305 型直流稳压电源是具有 3 路输出的线性直流稳压电源，通道 1(主路)和通道 2(从路)两路可输出 0～32 V 电压、输出 0～5 A 电流，通道 3 固定输出 5 V 电压，电压电流为 3 位 LED 显示，输出用 ON/OFF 控制。UTP3305 型直流稳压电源的面板如图 7-8 所示。

(1) 显示屏：显示通道 1、通道 2 的电压和电流值。

(2) 电压调节旋钮：调节通道 1、通道 2 的输出电压，调节范围为 0～32 V。

(3) 电压/电流指示灯：处于恒压状态时，输出电压不变，C. V 亮绿灯；处于恒流状态时，输出电流不变，C. C 亮红灯。

(4) 电流调节旋钮：可调节通道 1、通道 2 的输出电流，调节范围为 0～5 A。

(5) 过载指示灯：通道 3 输出端的负载超过额定值时指示灯亮。

(6) 独立/跟踪模式按键：两个按键实现独立、串联跟踪和并联跟踪三种模式。

INDEP：独立模式，通道 1 和通道 2 分别为独立输出电压。

SERIES：串联跟踪模式，通道 1 和通道 2 内部串联，通道 2 跟踪通道 1 的电压，通道 1 正极和通道 2 负极之间以双倍电压输出。

PARALLEL：并联跟踪模式，通道 1 和通道 2 内部并联，通道 2 跟踪通道 1 的电压和电流，通道 1 正负极之间以双倍电流输出。

(7) 通道输出开关：按下 OUTPUT 按键，通道输出直流电源，提示灯亮。

(8) 可变输出端子：通道 1、通道 2 的输出端子，红色端子是正极(+)，黑色端子是负极(−)，绿色端子是接地端(接机壳)。

(9) 固定输出端子：通道 3 输出 5 V 固定电压，最大输出电流为 3 A。

(10) 电源开关：打开/关闭直流稳压电源。

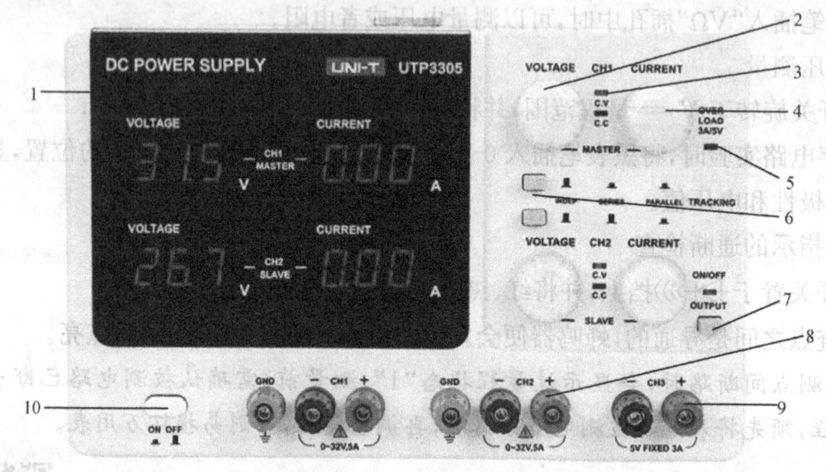

图 7-8 UTP3305 型直流稳压电源操作面板

图 7-8

2. 使用方法

在数字电路基础实验中，常利用直流稳压电源产生稳定的直流电压，基本使用步骤如下：

(1) 将电压连续调节旋钮逆时针转到底，按下电源开关；

(2) 顺时针调节电压旋钮设置输出电压，C.V 指示灯亮；

(3) 用电源输出线将通道 1、通道 2、通道 3 的正、负端子引接到电路板或万用表；

(4) 按 OUTPUT 按键，提示灯亮，输出设置的直流电源电压。

7.3.5 连接线

电源连接线和测试连接线等连接线是常用仪器仪表不可缺少的组成部分，能正确使用各种连接线是完成数字电路实验的根本前提。

1. 电源连接线

数字电路实验中，数字示波器、数字信号发生器、直流稳压电源等仪器设备都要通过电源连接线与实验室 220 V 交流电源相连。电源连接线对仪器设备的使用起着至关重要的作用，如果电源连接线坏掉，仪器设备就无法使用。

数字电路实验中常见仪器设备的电源连接线，一般使用三芯插头，以便插入标准三端口电源插座。标准的三芯电源线如图 7-9(a)所示，插孔额定电流 10 A，额定功率 2 500 W，插头中间孔为接地线，必须可靠接地。

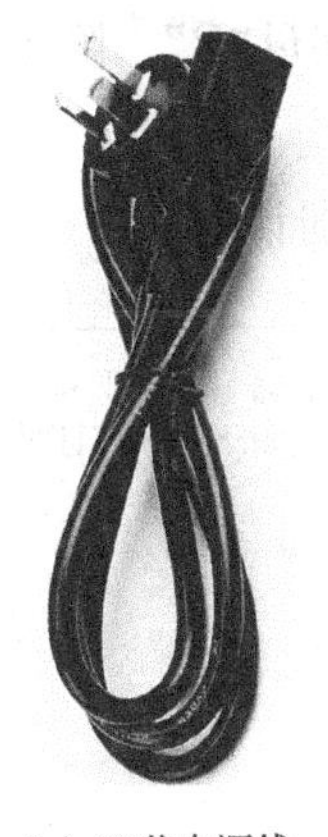

（a）三芯电源线

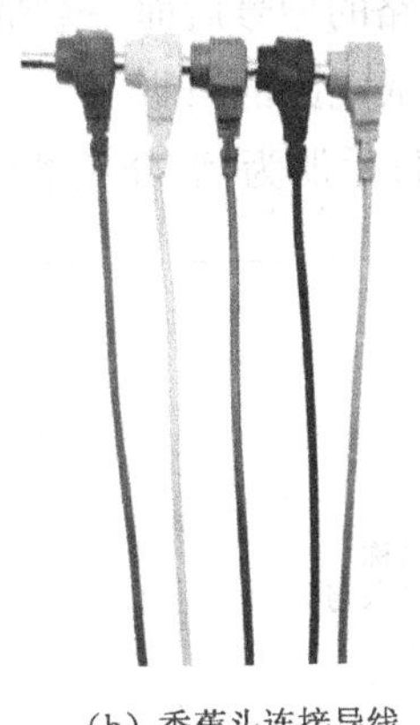

（b）香蕉头连接导线

（c）BNC转双鳄鱼夹

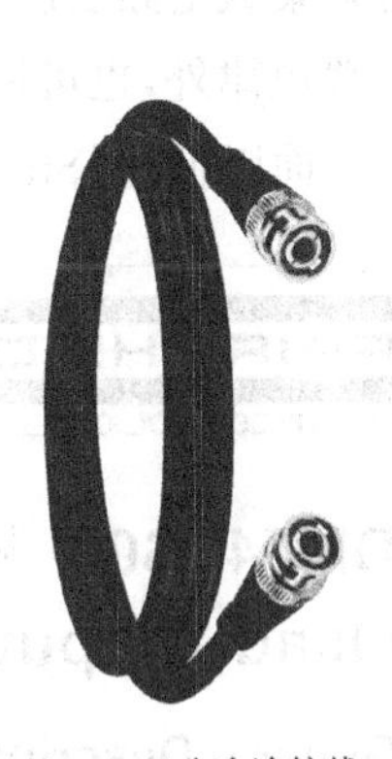

（d）BNC双公头连接线

图 7-9　连接线

2. 测试连接线

数字电路实验中，常用的测试连接线的插头有香蕉头、鳄鱼夹和 BNC 连接器，因此实验中有多种测试连接线。香蕉头的插头凸起，由铜线芯制作，具有良好的导电性，公插对公插，方便电路连接。鳄鱼夹形似鳄鱼嘴，锯齿状的夹口可以牢牢夹住管状物体，用作暂时性电路连接，使用时插头外套绝缘套。BNC 连接器为常见的同轴电缆连接器，由中心探针、外套和连接器卡座组成，使用时将连接器插槽对准仪器的 BNC 接口插入，向右旋转卡座套住连接线。

实验箱连接数字电路时，需要利用 2 mm 的香蕉头连接导线，插入金属插孔实现电路连接，如图 7-9(b)所示。稳压源连接数字电路时，可以用 4 mm 香蕉头转鳄鱼夹连接线。BNC 转双鳄鱼夹，如图 7-9(c)所示，可作为数字示波器和数字信号发生器的连接线。BNC 公对公连接线，如图 7-9(d)所示，可用于数字信号发生器和数字示波器之间的连接。除上述连接线外，数字电路实验中还用到直流稳压源输出线、万用表测试线（表笔）和示波器测试线（探头）等，使用时根据仪器仪表的使用方法连接即可。

7.4　器件手册说明

每种型号的数字集成电路都有数据手册，查阅数据手册可以了解各种数字器件的型号、名称、主要参数、生产厂家、封装形式以及器件的外形尺寸图等。要使用数字集成电路，必须学会阅读集成电路数据手册，理解集成电路各种参数的意义。

数字电路实验中，多采用扁平型封装的双列型集成电路，为了识别管脚，这种集成电路一般在封装表面有色点或者在凹口做标记。如图 7-10 所示，引脚识别的方法是将集成电路水平放置、引脚向下、标记朝左，从标记左下角第一个引脚开始，沿逆时针方向依次为 1、2、3……个

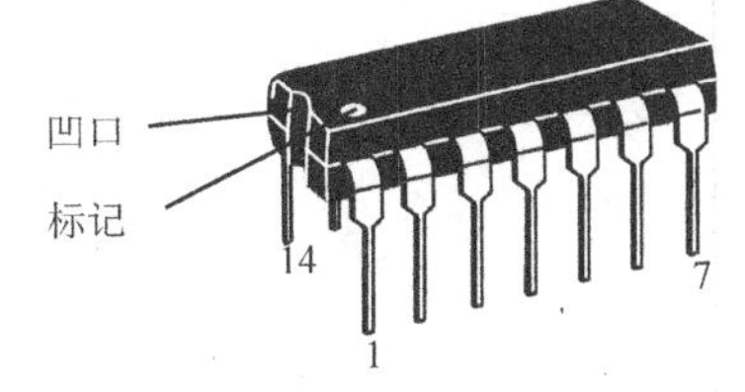

图 7-10　集成电路引脚识别

别进口集成电路引脚排序是反的，这类集成电路的型号后面一般带有字母“R”。除了掌握这些一般规律外，也可通过查阅数据手册识别集成电路的引脚。

下面以仙童公司型号为 DM74LS00 的器件手册为例，介绍器件手册说明。

FAIRCHILD SEMICONDUCTOR™ 生产商

August 1986 编写时间
Revised March 2000修订时间

DM74LS00 Quad 2-Input NAND Gate

DM74LS00 器件型号

Quad 2-Input NAND Gate ★ 器件名称：四 2 输入与非门

General Description 一般描述

This device contains four independent gates each of which performs the logic NAND function. ★ 该器件包含 4 个独立的与非门

Ordering Code:

Order Number	Package Number	Package Description 封装描述
DM74LS00M	M14A	14-Lead Small Outline Integrated Circuit (SOIC), JEDEC MS-120, 0.150 Narrow
DM74LS00SJ	M14D	14-Lead Small Outline Package (SOP), EIAJ TYPE II, 5.3mm Wide
DM74LS00N	N14A	14-Lead Plastic Dual-In-Line Package (PDIP), JEDEC MS-001, 0.300 Wide

Devices also available in Tape and Reel. Specify by appending the suffix letter "X" to the ordering code.

Connection Diagram ★ 引脚图

Function Table ★ 功能表（真值表）

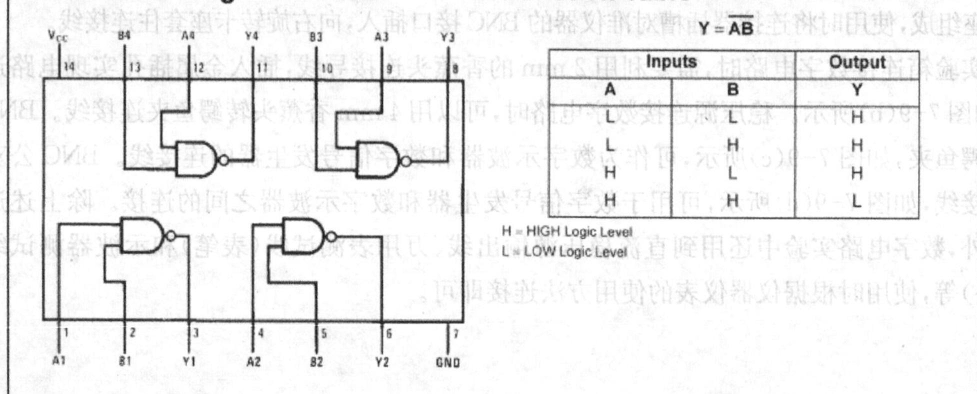

$Y = \overline{AB}$

Inputs		Output
A	B	Y
L	L	H
L	H	H
H	L	H
H	H	L

H = HIGH Logic Level
L = LOW Logic Level

DM74LS00

Absolute Maximum Ratings(Note 1) ★ 极限参数：工作条件超出此范围可能造成器件损坏

Supply Voltage	7V
Input Voltage	7V
Operating Free Air Temperature Range	0°C to +70°C
Storage Temperature Range	−65°C to +150°C

Note 1: The "Absolute Maximum Ratings" are those values beyond which the safety of the device cannot be guaranteed. The device should not be operated at these limits. The parametric values defined in the Electrical Characteristics tables are not guaranteed at the absolute maximum ratings. The "Recommended Operating Conditions" table will define the conditions for actual device operation.

Recommended Operating Conditions ★ 推荐的工作条件

Symbol	Parameter	Min 最小值	Nom 常规值	Max 最大值	Units 计量单位
V_{CC}	Supply Voltage 电源电压	4.75	5	5.25	V
V_{IH}	HIGH Level Input Voltage 输入高电平	2			V
V_{IL}	LOW Level Input Voltage 输入低电平			0.8	V
I_{OH}	HIGH Level Output Current 高电平输出电流			−0.4	mA
I_{OL}	LOW Level Output Current 低电平输出电流			8	mA
T_A	Free Air Operating Temperature	0		70	°C

Electrical Characteristics ★ 电气特性

over recommended operating free air temperature range (unless otherwise noted)

Symbol	Parameter	Conditions 参数测试条件	Min 最小值	Typ (Note 2) 典型值	Max 最大值	Units 计量单位
V_I	Input Clamp Voltage	V_{CC} = Min, I_I = −18 mA			−1.5	V
V_{OH}	输出高电平 HIGH Level Output Voltage	V_{CC} = Min, I_{OH} = Max, V_{IL} = Max	2.7	3.4		V
V_{OL}	输出低电平 LOW Level Output Voltage	V_{CC} = Min, I_{OL} = Max, V_{IH} = Min		0.35	0.5	V
		I_{OL} = 4 mA, V_{CC} = Min		0.25	0.4	
I_I	Input Current @ Max Input Voltage	V_{CC} = Max, V_I = 7V			0.1	mA
I_{IH}	输入高电平时的输入电流 HIGH Level Input Current	V_{CC} = Max, V_I = 2.7V			20	μA
I_{IL}	输入低电平时的输入电流 LOW Level Input Current	V_{CC} = Max, V_I = 0.4V			−0.36	mA
I_{OS}	短路输出电流 Short Circuit Output Current	V_{CC} = Max (Note 3)	−20		−100	mA
I_{CCH}	高电平输出时的电源电流 Supply Current with Outputs HIGH	V_{CC} = Max		0.8	1.6	mA
I_{CCL}	低电平输出时的电源电流 Supply Current with Outputs LOW	V_{CC} = Max		2.4	4.4	mA

Note 2: All typicals are at V_{CC} = 5V, T_A = 25°C.

Note 3: Not more than one output should be shorted at a time, and the duration should not exceed one second.

Switching Characteristics ★ 开关特性

at V_{CC} = 5V and T_A = 25°C

Symbol	Parameter	R_L = 2 kΩ, C_L = 15 pF Min	R_L = 2 kΩ, C_L = 15 pF Max	R_L = 2 kΩ, C_L = 50 pF Min	R_L = 2 kΩ, C_L = 50 pF Max	Units
t_{PLH}	Propagation Delay Time LOW-to-HIGH Level Output	3	10	4	15	ns
t_{PHL}	Propagation Delay Time HIGH-to-LOW Level Output	3	10	4	15	ns

逻辑门的传输时延和电抗元件有关，这里分别在输出端接负载电阻和两种容量的电容条件下测试了上升时延和下降时延。测试结果显示，时延在不同芯片上会有波动，从最小值到最大值。

Physical Dimensions inches (millimeters) unless otherwise noted

物理尺寸　　除特别说明外，标注尺寸单位为英寸（毫米）

DM74LS00

0.335 – 0.344 (8.509 – 8.738)
14 13 12 11 10 9 8
0.228 – 0.244 (5.791 – 6.198)
LEAD NO. 1 IDENT
1 2 3 4 5 6 7
30° TYP
0.010 MAX (0.254)
0.150 – 0.157 (3.810 – 3.988)
0.010 – 0.020 (0.254 – 0.508) ×45°
8° MAX TYP ALL LEADS
0.053 – 0.069 (1.346 – 1.753)
0.004 – 0.010 (0.102 – 0.254)
SEATING PLANE
0.008 – 0.010 (0.203 – 0.254) TYP ALL LEADS
0.004 (0.102) ALL LEAD TIPS
0.016 – 0.050 (0.406 – 1.270) TYP ALL LEADS
0.014 (0.356)
0.050 (1.270) TYP
0.008 (0.203) TYP
0.014 – 0.020 (0.356 – 0.508) TYP
M14A (REV H)

14-Lead Small Outline Integrated Circuit (SOIC), JEDEC MS-120, 0.150 Narrow
Package Number M14A

3　www.fairchildsemi.com

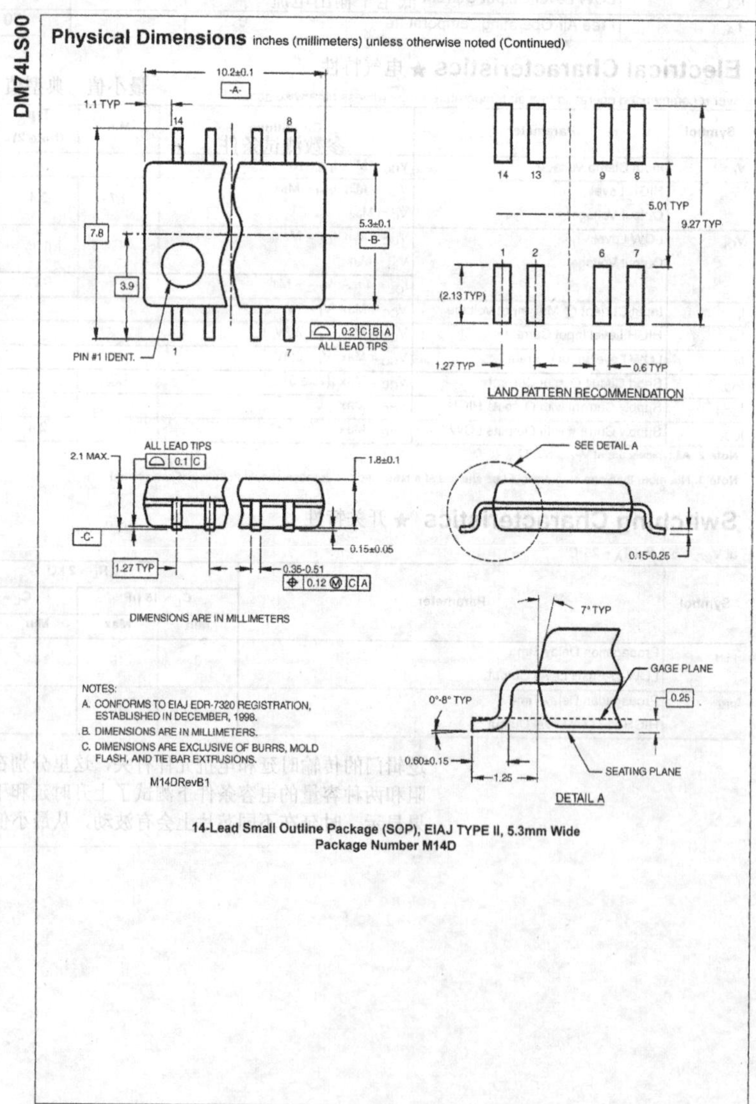

14-Lead Small Outline Package (SOP), EIAJ TYPE II, 5.3mm Wide
Package Number M14D

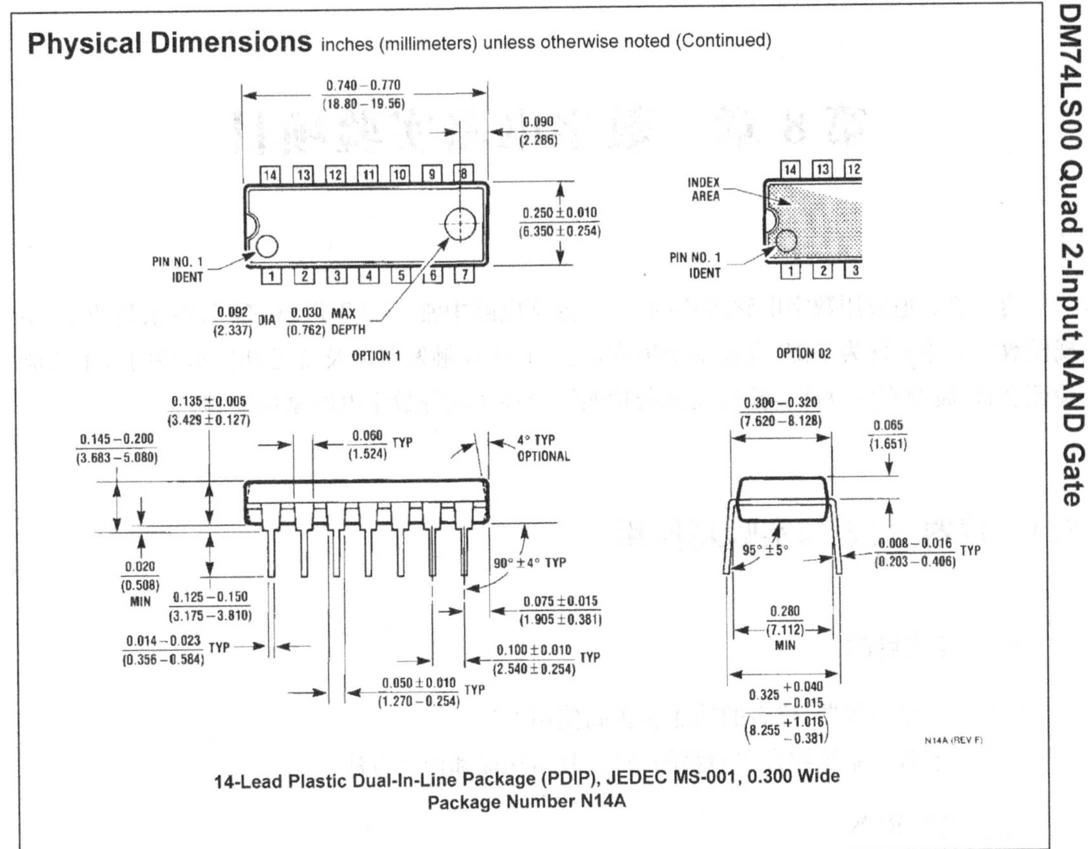

14-Lead Plastic Dual-In-Line Package (PDIP), JEDEC MS-001, 0.300 Wide
Package Number N14A

本章小结

数字电路基础实验是数字电路基础课程重要的实践性教学环节，有利于提高学生的综合素质，培养学生的实践能力和创新能力。通过学习数字电路基础实验，使学生了解数字电路系统的基本概念、功能特点，掌握数字系统实验箱和常用仪器仪表的功能及使用方法，熟悉数字实验中元器件手册查阅的方法和基本应用，具备查找和排除电路故障的能力，树立严谨的科学作风。

第 8 章　数字电路实验项目

为了更好地应用数字电路理论内容，以数字电路中常见的 TTL 和 CMOS 系列的中、小规模数字电路器件为基础，设置基于集成逻辑门、集成触发器以及常见功能电路的基本功能验证实验、典型应用设计实验以及复杂功能综合性实验等数字电路基础实验。

8.1　仪器、仪表与实验箱使用

一、实验目的

(1) 学习常用仪器、仪表的功能和正确使用方法。
(2) 熟悉数字系统综合实验箱的结构、基本功能和使用方法。

二、实验设备

数字示波器，数字信号发生器，数字万用表，直流稳压电源，数字系统综合实验箱。

三、实验原理

数字电路基础实验可在数字系统综合实验箱平台上完成，实验箱中“+5 V”插孔为数字集成电路提供+5 V 的电源电压，“GND”插孔接入数字集成电路的地端；实验箱数字电路实验操作区中有实验显示区、信号产生区和集成电路插座区。实验时，利用香蕉头连接导线实现数字电路的连接。连接导线前，需要先用万用表测量导线的好坏；连接导线时，往往按不同颜色区分电源线、地线和信号线，一般做法为红色连接导线接电源，黑色连接导线接地，其他颜色连接导线接电路信号。

数字电路连接好后，利用数字信号发生器产生所需的输入信号，如不同频率、幅值的方波；用数字示波器显示电路中信号的波形、幅值和频率等；用数字万用表测试数字电路各处电压值、电路通断等实验情况。实验箱电源区提供给数字电路实验操作区的实际输入电压值略低于+5 V，可用直流稳压电源给数字电路实验操作区提供稳定的+5 V 电压。

四、预习要求

1. 熟悉本次实验内容、要求、步骤和操作方法。

2. 熟悉数字示波器、数字信号发生器、数字万用表、直流稳压电源的使用方法。

3. 熟悉数字系统综合实验箱的使用方法。

五、实验内容及步骤

8-1

1. 数字示波器和信号发生器的使用

(1) 数字示波器显示自检方波

用数字示波器显示探头补偿连接器提供的自检方波，将测试结果填入表格 8-1。

表 8-1　数字示波器测试结果

设置			幅度			频率			自动测量	
耦合方式	触发源	探头电压衰减	垂直标度	垂直格数	计算值	水平标度	一周期水平格数	计算值	幅度	频率

操作提示： 打开数字示波器的电源，探头接示波器的 CH1 通道，探头上的开关设定为 1X，探头顶端和接地夹接到探头补偿连接器上，按 CH1 功能键选择通道 1 的操作菜单(直流耦合，探头 1X)，按 AUTO 按键，屏幕显示方波，读取波形参数，填写表格 8-1。

若示波器更换新探头或探头长时间未使用时，波形可能出现过冲现象(上冲或下冲)，需要对探头进行补偿校准，探头上的开关设定为 10X，校准棒对准探头上的补偿电容进行调节，直至出现标准的方波为止。

(2) 数字信号发生器产生正弦波

8-2

用数字信号发生器产生一个幅度为 1.5 V、频率为 2 kHz 的正弦波，用示波器观测信号波形、读取幅度、频率等参数。

操作提示： 打开数字信号发生器的电源，用探头将信号发生器的 CH1 通道连至示波器，信号发生器的红色夹子接示波器的探钩，将示波器和信号发生器的黑色接地夹相连；按波形键选择正弦波，点击菜单软键和数字键盘设定信号幅值为 1.5 V、频率为 2 kHz；点击 CH1 输出通道 1 波形，按数字示波器的 AUTO 键显示产生的正弦波。

2. 数字万用表和直流稳压电源的使用

8-3

(1) 数字万用表测量电压值

用数字万用表测量数字系统综合实验箱中的电源区提供的各电源电压值。

操作提示： 黑表笔插入 COM 插孔，红色表笔插入 VΩ 插孔，功能开关置于直流电压挡 20 V 量程，黑表笔插入实验箱 GND 插孔，红表笔插入实验箱电源区的电源插孔，数字万用表显示红表笔所接电源的极性和电压值。

(2) 直流稳压电源产生直流电压

用直流稳压电源产生+5 V 的直流电压，用数字万用表测量该输出电压值。

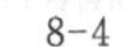

8-4

操作提示： 按下直流稳压电源的电源开关，调节 CH1 通道的电压旋钮，设置输出电压幅值为 5 V,C. V 指示灯亮;数字万用表功能开关置于直流电压挡 20 V 量程,红色连接线接通道 1 正极,黑色连接线接通道 1 负极,按 OUTPUT 按键,提示灯亮,万用表显示直流稳压电源设置的输出电压。

(3) 数字万用表测试导线的通断

用数字万用表的通断挡(蜂鸣挡)测试导线的通断。

操作提示:将黑表笔插入 COM 插孔,红色表笔插入 VΩ 插孔,功能开关置于挡上,并将红、黑表笔并接在被测导线两端。若万用表发出蜂鸣声说明导线是通的,否则说明导线是断的。

3. 实验箱的使用

(1) 数字电路实验操作区接通电源

8-5

用实验箱电源区提供的+5 V 电源作为数字电路实验操作区电源输入。

操作提示:用红、黑导线分别将实验箱电源区+5 V 电源和地连至数字电路实验操作区+5 V电源插孔和 GND 插孔。将数字万用表功能开关置于直流电压挡 20 V 量程,红色表笔接操作区+5 V插孔,黑色表笔接实验箱 GND 插孔,由数字万用表读出操作区电源实际电压值。

(2) 逻辑电平输出和电压值测量

用实验箱产生逻辑高电平和低电平,用数字万用表测量操作区电源和逻辑电平电压值,将测量结果填入表格 8-2。

表 8-2 实验箱电压测试结果

测试端	电压值
电源输入	
低电平	
高电平	

操作提示:操作区上电后,实验箱逻辑电平输出区产生逻辑电平,通过黑色按键切换高、低电平,观察插孔上方 LED 状态,判断逻辑电平值(红灯表示高电平,绿灯表示低电平)。将数字万用表功能开关置于直流电压挡 20 V 量程,红色表笔分别接电源输入端和逻辑电平输出端,黑色表笔接实验箱 GND 插孔,由万用表读出对应的电压值,填写表格 8-2。

(3) 发光二极管显示逻辑电平

用实验箱发光二极管区连接逻辑电平输出,观察信号的逻辑电平。

操作提示:用导线连接逻辑电平输出至发光二极管显示,通过按键产生高、低电平,观察发光二极管显示区的 LED 状态,红灯表示高电平,绿灯表示低电平。

六、实验报告

1. 整理实验数据,填写实验表格。
2. 总结数字示波器、数字信号发生器、数字万用表、直流稳压电源以及数字系统综合实验箱的使用方法。
3. 总结实验收获和体会。

8.2　基本门电路的功能及测试

一、实验目的

(1) 了解 TTL、CMOS 系列集成逻辑门的特点。

(2) 掌握与非门、或非门等基本门电路的逻辑功能。

(3) 熟悉门电路的基本特性和测试方法。

二、实验设备与器件

数字万用表，数字示波器，数字信号发生器，直流稳压电源，数字系统综合实验箱，74LS00、CD4001 集成电路。

三、实验原理

1. 数字集成电路逻辑系列

集成逻辑门按照制作工艺、电气特性可分为 TTL、CMOS 以及 ECL 等逻辑系列。同逻辑系列的芯片有类似的输入、输出和内部电路特征，可以互接实现各种逻辑功能。

TTL 74 系列集成电路是+5 V 电源供电，有 74S、74LS、74AS 和 74ALS 等不同的子系列。常用的 TTL 集成逻辑门有与非门、或非门等，如 74LS00 是四二输入与非门，芯片采用双列直插式封装，外形图如图 8-1(a)所示。74LS00 芯片集成了 4 个二输入与非门，与非门之间互相独立，共用电源和地，引脚图如图 8-1(b)所示。TTL 系列数字集成电路应用最早，技术比较成熟，曾被广泛使用，但其不满足大规模集成电路的结构简单、功耗低的发展要求，逐渐被 CMOS 系列电路所取代。

(a) 外形图

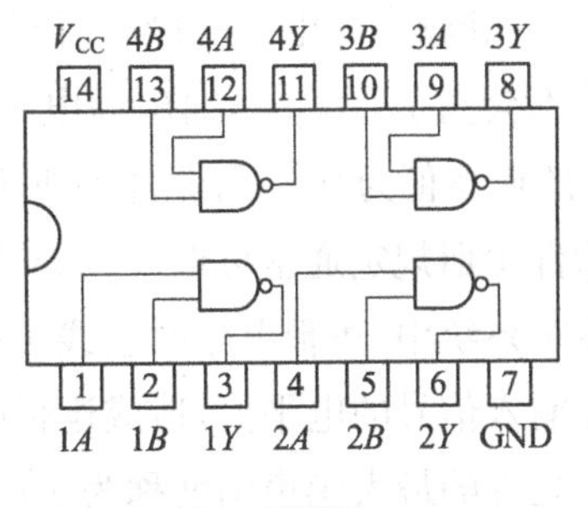

(b) 引脚图

图 8-1　74LS00 芯片的外形和引脚图

因具有制造工艺简单、集成度高、功耗低、抗干扰能力强等优点，CMOS 电路发展很快，是目前使用非常广泛、占主导地位的集成电路。CMOS4000 系列是早期的 CMOS 产品，采用单电源供电(3～18 V)，工作电压范围宽，功耗低，但比 TTL 逻辑门的工作速度慢。集成电路芯片 CD4001 为四二输入或非门构成，其外形和引脚图如图 8-2(a)、(b)所示。随着半导体制造工艺的改进，出现了高性能的 HC/HCT 系列以及低电压、超低电压和低功耗等 CMOS 系列。由于 CMOS 器件采用绝缘栅结构，容易因静电感应造成器件击穿而损坏，因此不使用的输入端不能悬空，否则会造成逻辑混乱甚至器件损坏。

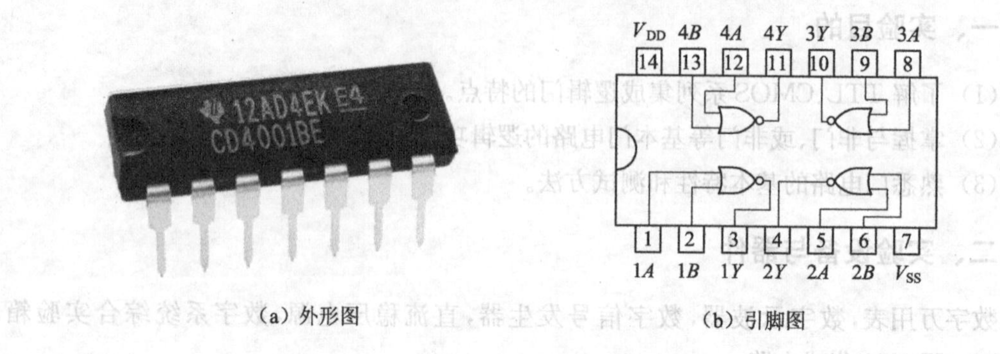

(a) 外形图　　(b) 引脚图

图 8-2　CD4001 芯片的外形和引脚图

为了适应数字系统在超高速方面的要求，高速、高功耗的 ECL 系列门电路被发展起来。ECL 门电路的平均传输延迟时间可低于 1 ns，是目前各类数字集成电路中速度最快的电路，ECL 门电路被广泛用于大型电子计算机和数字通信系统等高速或超高速数字系统中。

2. 数字集成电路主要参数

数字集成电路参数很多，在使用集成逻辑门时，应注意逻辑电平、输出驱动能力和传输延迟时间等主要性能参数。

逻辑电平包括输入高电平 U_{IH}、输入低电平 U_{IL}、输出高电平 U_{OH} 和输出低电平 U_{OL}。输入高、低电平值是一个取值范围，当输入电平在对应范围内变化时，它能被准确识别且输出可靠电平值，输入低电平的最大值为 U_{ILMAX}（又叫关门电平 U_{OFF}），输入高电平的最小值为 U_{IHMIN}（又叫开门电平 U_{ON}）。输出高、低电平值也允许有一个波动范围，有输出低电平的最大值 U_{OLMAX} 和输出高电平的最小值 U_{OHMIN}。正常使用时，器件厂家可以确保逻辑门输出低电平的值不会高于 U_{OLMAX}，输出高电平的值不会低于 U_{OHMIN}。TTL 集成逻辑电路输入低电平 U_{IL} 的典型值为 0.3 V，器件手册规定通常可取 0～0.8 V。输入高电平 U_{IH} 的典型值为 3.6 V，器件手册规定通常可取 2～3.6 V。

在数字系统中，逻辑电路的连线可能会受到各种噪声的干扰，噪声幅度过大时，可能会改变实际输入信号的电平值，造成逻辑电平错误。在前级输出极限值的情况下，逻辑门能正常工作所允许的最大噪声幅度称为噪声容限。噪声容限越大，逻辑门的抗干扰能力越强。

逻辑电路的驱动能力可以用扇出系数 N_O 表示。扇出系数是逻辑器件在正常工作条件下，逻辑门能驱动的同类门的最大数目，能表明逻辑门的带负载能力，为输出端电流与输入端电流比值的整数，分为高电平输出时的扇出系数和低电平输出时的扇出系数，两者中小的值即为逻辑门的扇出系数 N_O。

任何电路对信号的传输与处理都会有时间延迟，把输出电压变化落后于输入电压变化的时间称为传输延迟时间。传输延迟时间是表征门电路开关速度的参数。当非门输入端加入脉冲波形，其相应的输出波形如图 8-3所示，将输出高电平跳变为低电平时的传输延迟时间称为下降时延 t_{pHL}；将输出由低电平跳变为高电平时的传数时间称为上升时延 t_{pLH}。逻辑门平均延迟时间 $t_{pd}=(t_{pHL}+t_{pLH})/2$，此值越小越好。

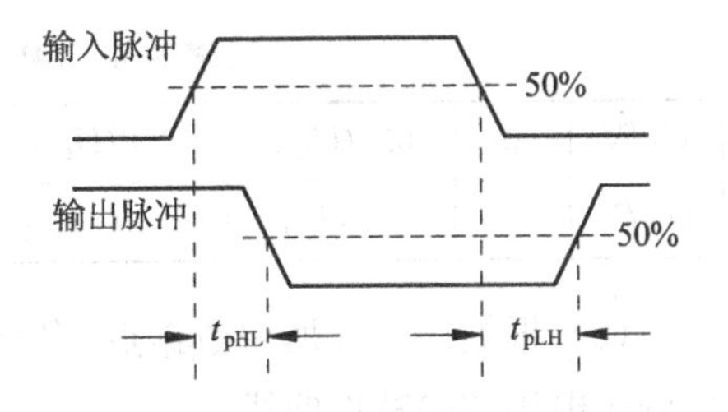

图 8-3　非门的传输时延特性

四、预习要求

1. 熟悉本次实验内容、要求、步骤和操作方法。
2. 完成电路设计，标注电路连接，自行准备演示方案。
3. 阅读 74LS00、CD4001 等集成电路的器件手册，理解器件功能和参数指标含义。

五、实验内容及步骤

8-6

1. 测试与非门的逻辑功能(74LS00)

(1) 按图 8-4(a)连线，在 74LS00 的 2 个输入端 A、B 上分别输入相应的逻辑电平，测试并观察与非门输出端 Y 的状态，将测试结果填入表 8-3 中，理解与非门的逻辑功能。

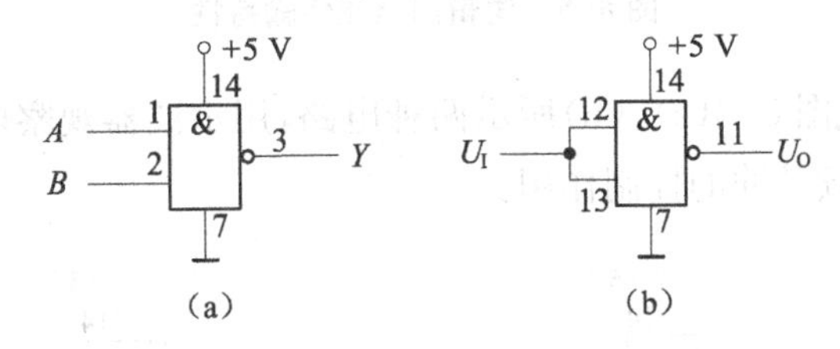

图 8-4　与非门功能测试

操作提示：由按键开关产生输入电平 0、1，用万用表测量输出端 Y 的电压，并用 LED 显示灯观察 Y 的状态。

表 8-3　74LS00 与非门的逻辑功能测试结果

输入端(逻辑状态)		输出端	
A	B	电压/V	Y(逻辑电平)
0	0		
0	1		
1	0		
1	1		

(2) 按图 8-4(b)连线，输入电压 U_I，测量输出电压 U_O，并填入表 8-4 中。

操作提示：通过直流稳压电源或者设置信号发生器产生输入电压 U_I，用示波器的通道 1 和通道 2 分别测量 U_I 和 U_O 的直流电压值。用信号发生器产生输入电压时，选择正弦波形，偏移电压为输入电压，交流电压幅度为 2 mVpp，频率为 1 μHz。

8-7

表 8-4 74LS00 与非门的传输特性测试结果

U_I/V	0	0.3(U_{IL})	0.8(U_{OFF})	1	1.2	1.4	2(U_{ON})	3.6(U_{IH})
U_O/V		(U_{OH})	(U_{OHMIN})				(U_{OLMAX})	(U_{OL})

(3) 根据表 8-4 所列数据点，自行补充测量 U_{IL} 和 U_{IH} 之间其他数值下的 U_O，在图 8-5 中画出电压传输特性曲线。

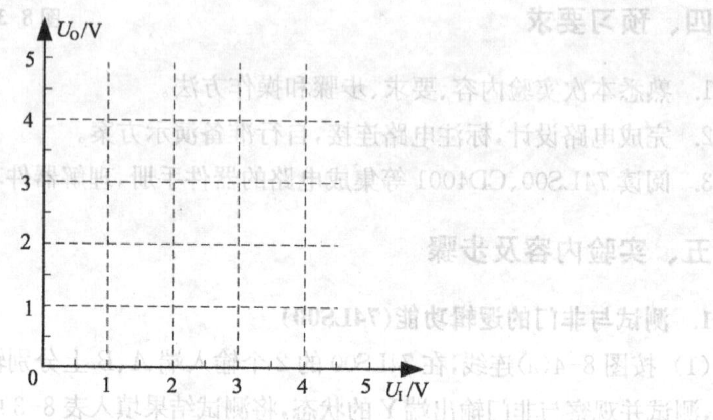

图 8-5 逻辑门电压传输特性

(4) 用与非门完成图 8-6(a)、(b)所示两种电路，用示波器观察电路的输出波形，说明与非门对连续脉冲的控制作用。

8-8

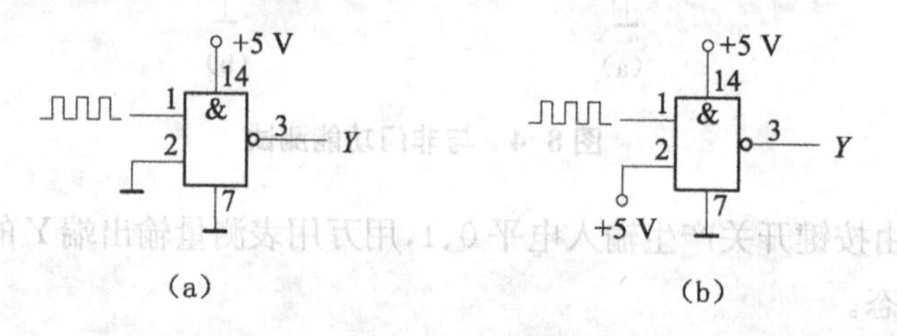

图 8-6 与非门功能测试电路图

操作提示：由信号发生器产生一个频率为 20 kHz、幅值为 4 V 的方波信号，送入与非门的一路输入端；与非门另一路输入端接地或接 5 V 电源，与非门输出端连示波器。

2. 测试或非门的逻辑功能(CD4001)

(1) 按图 8-7(a)连线，在或非门 CD4001 的输入端 A、B 上分别输入相应的逻辑电平，将测试结果填入表 8-5 中，理解或非门的逻辑功能。

8-9

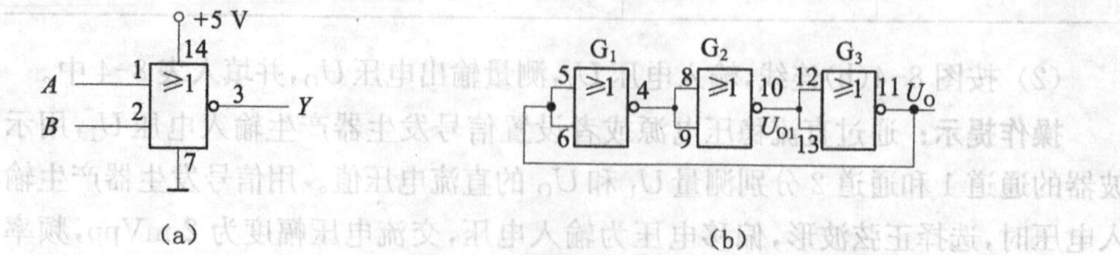

图 8-7 或非门功能测试电路图

操作提示：由实验箱上的逻辑电平输出产生输入电平，用数字万用表测量输出电压，用发光二极管显示输出逻辑电平。

表 8-5　CD4001 或非门的逻辑功能测试结果

输入端(逻辑状态)		输出端	
A	B	电压/V	Y(逻辑电平)
0	0		
0	1		
1	0		
1	1		

(2) 以 CD4001 为例测量逻辑门的传输时延。

8-10

如图 8-7(b)所示是 3 个非门 G_1～G_3 闭环构成的自激多谐振荡器，假设电路接通电源后 G_1 输入为 0，经过 3 级门传输延迟后，G_3 输出为 1(此时 G_1 输入变为 1)。再经 3 级门的传输延迟后，G_3 输出再次变为 0(即 G_1 输入又变为 0)，如此反复，形成振荡输出，U_O 输出方波。振荡频率由逻辑门的传输时延决定，假设每个门的传输时延为 t_{pd}，则每经 $3t_{pd}$，G_3 输出电平翻转一次，从而使输出信号的周期为 $6t_{pd}$，频率为 $1/(6t_{pd})$。

电源电压为+5 V，用示波器观察输出电压 U_O 的波形，测量 U_O 的频率，据此求出逻辑门的传输时延，填入表 8-6。

表 8-6　传输时延测试结果

	时延理论值	时延观察值	U_O 频率测量值	平均时延 t_{pd} 测量值
CD4001 传输时延	110 ns			

六、实验报告

1. 整理实验数据，填写实验表格。
2. 总结 TTL、CMOS 逻辑门电路的基本特性和测试方法。
3. 总结实验收获和体会。

8.3　组合逻辑电路的设计与测试

一、实验目的

(1) 掌握基本门电路的组合逻辑电路的设计方法。
(2) 掌握用门电路芯片实现组合逻辑电路的方法。
(3) 熟悉组合逻辑电路的测试方法。

二、实验设备与器件

数字万用表，数字示波器，数字系统综合实验箱，74LS00、74LS20 集成电路。

三、实验原理

组合电路设计的基本要求是功能正确，电路尽可能简化。组合电路设计的常用步骤为：

(1) 根据功能要求，对实际问题进行逻辑抽象，定义输入、输出信号；

(2) 根据对电路逻辑功能的要求，列写真值表；

(3) 采用适当的化简方法，求出相适应的输出函数的最简表达式；

(4) 根据设计要求，画出与表达式相对应的逻辑电路图。

四、预习要求

(1) 熟悉本次实验内容、要求、步骤和操作方法；

(2) 完成电路设计，标注电路连接，自行准备演示方案；

(3) 阅读 74LS00、74LS20 等集成电路的器件手册，理解器件功能和参数指标含义。

五、实验内容及步骤

1. 用与非门设计举重判决电路

8-11

举重比赛有 3 个裁判，分别为 1 个主裁判和 2 个副裁判，根据举重裁判规则，只有主裁判同意且至少一个副裁判同意时，动作判定为成功。设 3 个输入变量 X、Y、Z 分别表示主裁判和两个副裁判的判决，输出变量 F 表示举重判决结果，当输入变量 X 为高电平“1”且变量 Y、Z 中至少有 1 个是高电平时，输出 F 为“1”。要求：

(1) 填写真值表，见表 8-7，写出输出函数表达式 $F=$(　　　　　　　　　　　　　　　　)。

(2) 用 1 片 74LS00 实现该电路。画出电路图，标出所有引脚编号。

(3) 验证设计电路的功能。

操作提示： 裁判信号 X、Y、Z 用实验箱上的逻辑电平输出产生，裁判结果 F 用发光二极管显示。根据输出表达式，修改 74LS00 输入信号即可实现判决。

(4) 参考电路如图 8-8 所示。

表 8-7　举重判决电路真值表

输入端			输出端
X	Y	Z	F
0	0	0	
0	0	1	
0	1	0	
0	1	1	
1	0	0	
1	0	1	
1	1	0	
1	1	1	

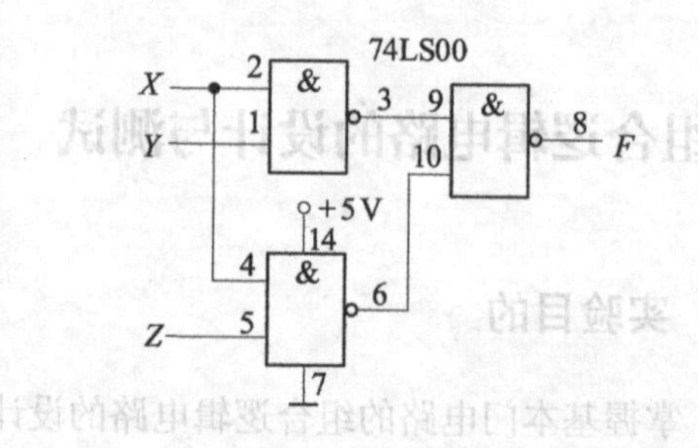

图 8-8　用与非门实现的举重判决电路图

2. 用与非门设计 3 人表决电路

设计 3 人表决电路，当投票的 3 人中有 2 个及以上的人投赞成票时，表决结果通过。设有 3 个输入变量 A、B、C，当输入变量中有 2 个或 3 个为高电平"1"时，输出 Y 为"1"。要求：

(1) 填写表 8-8 所示真值表，写出输出函数表达式 $Y=$(　　　　　　　　　　　　　　　)。

表 8-8　3 人表决电路真值表

输入端			输出端
A	B	C	Y
0	0	0	
0	0	1	
0	1	0	
0	1	1	
1	0	0	
1	0	1	
1	1	0	
1	1	1	

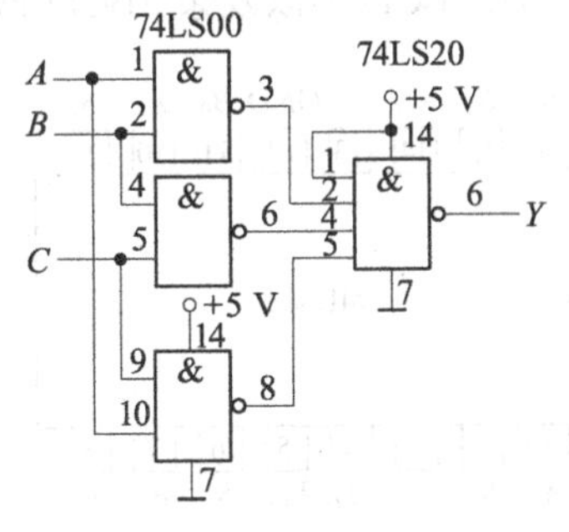

图 8-9　与非门实现的 3 人表决电路图

(2) 用 74LS00 和 74LS20 各 1 片，实现该电路。画出电路图，标出引脚编号。

操作提示： 3 人表决信号用实验箱上的逻辑电平输出产生，表决结果用发光二极管显示。

(3) 参考电路如图 8-9 所示。

六、实验报告

1. 整理实验数据，填写实验表格。
2. 总结由门电路构成的组合逻辑电路的设计方法。
3. 总结实验收获和体会。

8.4　加法器、比较器的功能测试与应用

一、实验目的

(1) 理解加法器、比较器的工作原理。

(2) 掌握加法器 74LS83 和比较器 74LS85 的逻辑功能和使用方法。

(3) 学习中规模组合逻辑电路的分析方法。

二、实验设备与器件

数字万用表，数字示波器，数字系统综合实验箱，74LS83、74LS85 集成电路。

三、实验原理

加法器是用于实现两个二进制数加法运算的电路。74LS83是常用的4位二进制加法器，其引脚图和惯用符号分别如图8-10(a)、(b)所示，它能实现两个4位无符号二进制数$A_3A_2A_1A_0$、$B_3B_2B_1B_0$连同低位进位C_0的加法运算，和为$S_3S_2S_1S_0$，进位输出为C_4。当输入、输出信号之间存在数量上的关系时，便可用加法器方便地实现相互的转换，如8421BCD码、5421BCD码以及余3BCD码等常见BCD码之间的相互转换。

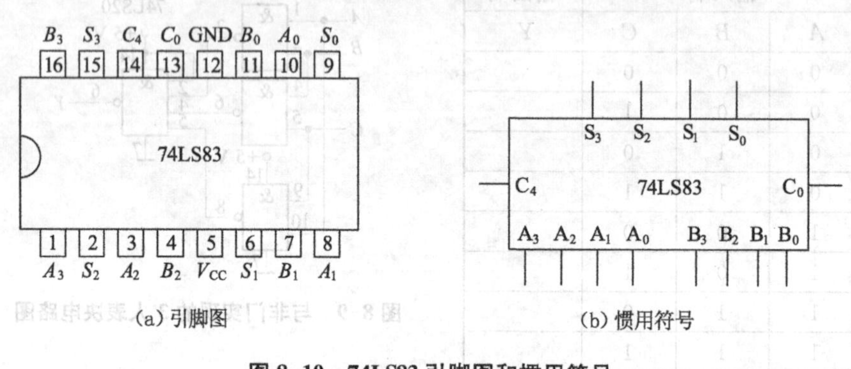

图8-10　74LS83引脚图和惯用符号

比较器用于比较两个数的大小，并给出"大于"、"等于"和"小于"三种比较结果。常用的4位二进制比较器74LS85的引脚图和惯用符号分别如图8-11(a)、(b)所示，其中$A_3A_2A_1A_0$和$B_3B_2B_1B_0$是参与比较的两个4位二进制数，A_3和B_3分别是两数的最高位。$a<b$、$a=b$、$a>b$是级联输入端，当两个4位二进制数完全相等时，输出由级联输入信号决定。级联输入用于芯片级联扩展时，连接低位芯片的比较输出。

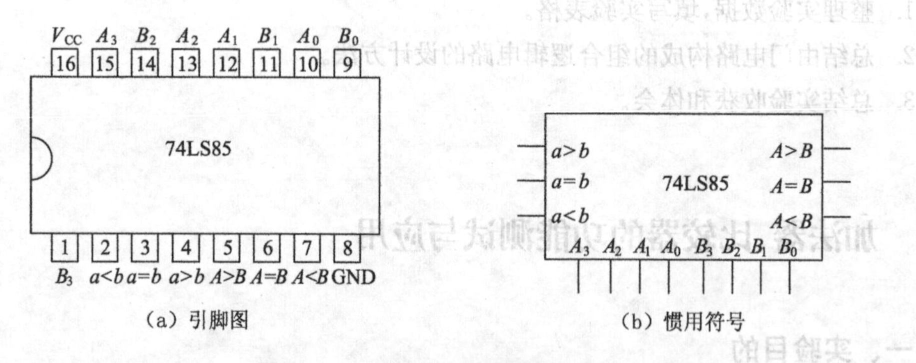

图8-11　74LS85引脚图和惯用符号

由功能模块芯片构成的组合逻辑电路的分析方法与基于SSI的组合电路分析方法类似，也是通过函数表达式和真值表搞清楚输入信号(变量)和输出信号(变量)之间的关系，说明电路的逻辑功能。由于MSI都有确定的逻辑功能，未必能先写出逻辑函数表达式，而是直接列出反映输入变量与输出变量之间关系的真值表。

四、预习要求

(1) 熟悉本次实验内容、要求、步骤和操作方法。

(2) 阅读74LS83、74LS85等集成电路的器件手册,理解器件功能。

(3) 完成电路设计,标注电路连接,自行准备演示方案。

五、实验内容及步骤

8-13

1. 加法器功能测试(74LS83)

在74LS83二进制数输入端 $A_3A_2A_1A_0$ 和 $B_3B_2B_1B_0$ 分别输入相应的逻辑电平,测试并观察74LS83输出端 $C_4S_3S_2S_1S_0$ 的逻辑值,将测试结果填入表8-9中,说明加法器的功能和进位输出端的含义。

操作提示: 用实验箱上的逻辑电平输出为加法器提供8路输入信号,C_0 接地,将加法器输出端接发光二极管,按照表8-9所示输入信号取值,依次填写输出信号逻辑值。

表8-9 74LS83逻辑功能测试结果

输入端								输出端				
A_3	A_2	A_1	A_0	B_3	B_2	B_1	B_0	C_4	S_3	S_2	S_1	S_0
0	0	0	0	0	0	0	0					
0	0	0	1	0	0	0	0					
0	0	1	0	0	0	0	0					
0	0	1	1	0	0	0	0					
0	1	0	0	0	0	0	0					
1	0	0	0	1	1	0	1					
1	0	0	1	1	1	0	1					
1	0	1	0	1	1	0	1					
1	0	1	1	1	1	0	1					
1	1	0	0	1	1	0	1					

2. 比较器功能验证(74LS85)

根据表8-10所示功能表,在74LS85的4位二进制数输入端 $A_3A_2A_1A_0$、$B_3B_2B_1B_0$ 以及级联输入端 $a>b$、$a=b$、$a<b$ 分别输入相应的逻辑电平,测试比较器输出端 $A>B$、$A=B$、$A<B$ 的逻辑值,验证74LS85的逻辑功能。

操作提示: 用实验箱上的逻辑电平输出为比较器提供二进制数输入信号,电源和GND产生级联输入,将比较器输出端接发光二极管。"×"表示可以输入任何逻辑电平。

表 8-10　74LS85 功能表

比较输入				级联输入			输出		
A_3　B_3	A_2　B_2	A_1　B_1	A_0　B_0	$a>b$	$a<b$	$a=b$	$A>B$	$A<B$	$A=B$
$A_3>B_3$	×	×	×	×	×	×	H	L	L
$A_3<B_3$	×	×	×	×	×	×	L	H	L
$A_3=B_3$	$A_2>B_2$	×	×	×	×	×	H	L	L
$A_3=B_3$	$A_2<B_2$	×	×	×	×	×	L	H	L
$A_3=B_3$	$A_2=B_2$	$A_1>B_1$	×	×	×	×	H	L	L
$A_3=B_3$	$A_2=B_2$	$A_1<B_1$	×	×	×	×	L	H	L
$A_3=B_3$	$A_2=B_2$	$A_1=B_1$	$A_0>B_0$	×	×	×	H	L	L
$A_3=B_3$	$A_2=B_2$	$A_1=B_1$	$A_0<B_0$	×	×	×	L	H	L
$A_3=B_3$	$A_2=B_2$	$A_1=B_1$	$A_0=B_0$	H	L	L	H	L	L
$A_3=B_3$	$A_2=B_2$	$A_1=B_1$	$A_0=B_0$	L	H	L	L	H	L
$A_3=B_3$	$A_2=B_2$	$A_1=B_1$	$A_0=B_0$	×	×	H	L	L	H
$A_3=B_3$	$A_2=B_2$	$A_1=B_1$	$A_0=B_0$	H	H	L	L	L	L
$A_3=B_3$	$A_2=B_2$	$A_1=B_1$	$A_0=B_0$	L	L	L	H	H	L

3. 用加法器、比较器实现逻辑函数

(1) 74LS83 构成的电路如图 8-12 所示，A、B、C、D 为输入变量，W、X、Y、Z 为输出变量。要求：

① 若输入 $ABCD$ 为 5421BCD 编码，分析电路，填写表 8-11 所示的真值表。

② 用集成电路 74LS83 实现该电路，验证所填真值表。

③ 观察真值表，说明该电路的功能为(　　　　　　　　　　　　　　　　　　　　)。

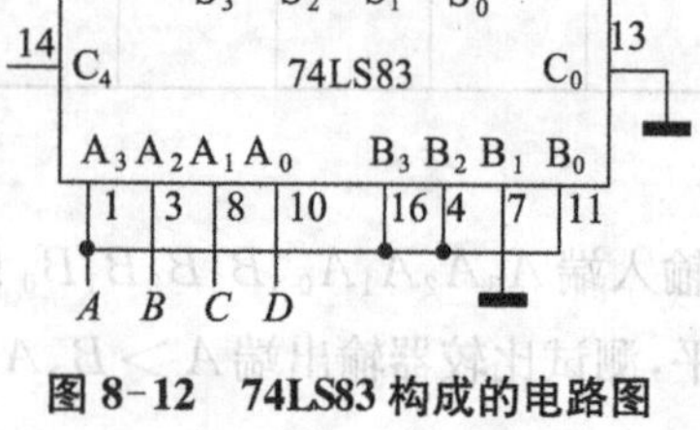

表 8-11　74LS83 构成电路的真值表

输入端				输出端			
A	B	C	D	W	X	Y	Z

图 8-12　74LS83 构成的电路图

操作提示： 输入信号 A、B、C、D 用实验箱上的逻辑电平输出产生，输出信号 W、X、Y、Z 用发光二极管显示。$ABCD$ 依次输入 0～9 对应的 5421BCD 码，加法器实现加法运算后，会输出对应 $WXYZ$ 的值，将其填入表 8-11 中。

(2) 由 74LS83 和 74LS85 组成的 BCD 码转换电路如图 8-13 所示，A、B、C、D 为输入变量，W、X、Y、Z 为输出变量。要求：

① 若输入 $ABCD$ 为 5421BCD 编码，分析电路，填写表 8-12 所示真值表。

② 用 74LS83 和 74LS85 各 1 片实现该电路，验证所填真值表。

③ 观察真值表，说明电路的功能为(　　　　　)到(　　　　)的 BCD 码转换电路。

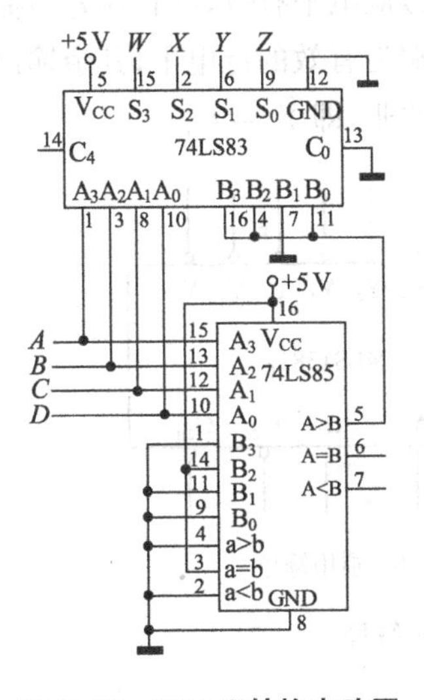

图 8-13　BCD 码转换电路图

表 8-12　BCD 码转换电路的真值表

输入端				输出端			
A	B	C	D	W	X	Y	Z

六、实验报告

1. 整理实验数据，填写实验表格。
2. 比较各种 BCD 码转换电路的实现方法和特点。
3. 总结实验收获和体会。

8.5　译码器的功能测试与应用

一、实验目的

(1) 理解译码器的工作原理。

(2) 掌握译码器 74LS138 的逻辑功能和使用方法。

(3) 学习中规模组合逻辑电路的设计方法。

二、实验设备与器件

数字万用表，数字示波器，数字系统综合实验箱，74LS138、74LS20 集成电路。

三、实验原理

译码器执行与编码器相反的操作，能将具有特定含义的二进制码转换成对应的输出信号。常用的二进制译码器 74LS138 是 3-8 译码器，其引脚图和惯用符号如图 8-14(a)、(b)所示。译码器 74LS138 有 3 个使能输入信号 G_1、$\bar{G}_{2A}$、$\bar{G}_{2B}$（符号中非号表示低电平有效），3 位二进制数输入 $A_2A_1A_0$，8 个译码输出信号 $\bar{Y}_0 \sim \bar{Y}_7$，输出信号低电平有效。当 $G_1\bar{G}_{2A}\bar{G}_{2B} = 100$ 时，74LS138 使能工作，与输入编码 $A_2A_1A_0$ 相应的输出端为有效的低电平，其余输出端为高电平，即每个输出信号都是输入 $A_2A_1A_0$ 的一个最小项的非，即 $\bar{Y}_i = \bar{m}_i$。

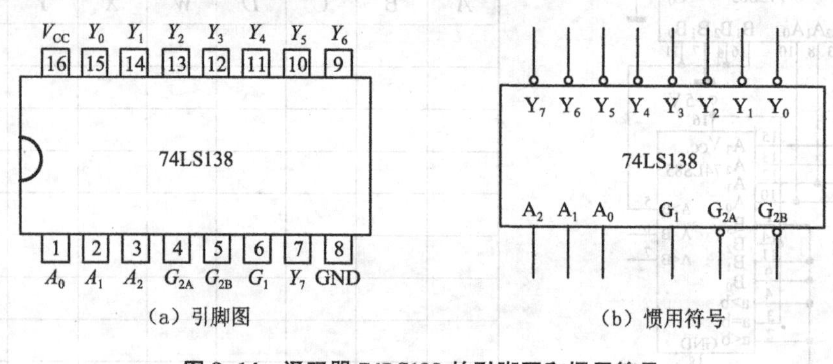

图 8-14　译码器 74LS138 的引脚图和惯用符号

由于 MSI 器件都有确定的逻辑功能，用功能模块设计组合电路时，往往采用逻辑函数比对的方法，先写出要实现的逻辑函数表达式，再将表达式变换成与 MSI 的表达式类似的形式。对于输出低电平有效的二进制译码器，译码器的输出信号是输入变量的全部最小项的非，那么译码器附加与非门即可实现逻辑函数。

四、预习要求

(1) 熟悉本次实验内容、要求、步骤和操作方法。

(2) 阅读 74LS138、74LS20 等集成电路的器件手册，理解器件功能。

(3) 完成电路设计，标注电路连接，自行准备演示方案。

五、实验内容及步骤

8-14

1. 译码器功能测试(74LS138)

在 74LS138 的使能输入端 G_1、$\bar{G}_{2A}$、$\bar{G}_{2B}$ 以及输入端 A_2、A_1、A_0 分别输入相应的逻辑电平，测试并观察 74LS138 输出信号 $\bar{Y}_0 \sim \bar{Y}_7$ 的状态，将测试结果填入表 8-13 中，说明使能端的作用以及译码特性。

操作提示： 用实验箱上的逻辑电平输出为译码器提供输入信号，根据表 8-13 输入不同的编码信号，将译码输出端接发光二极管。“×”表示可以输入任何逻辑电平。

表 8-13　74LS138 逻辑功能测试结果

使能输入			输入端			输出端							
G_1	$\bar{G}_{2A}$	$\bar{G}_{2B}$	A_2	A_1	A_0	$\bar{Y}_0$	$\bar{Y}_1$	$\bar{Y}_2$	$\bar{Y}_3$	$\bar{Y}_4$	$\bar{Y}_5$	$\bar{Y}_6$	$\bar{Y}_7$
0	×	×	×	×	×								
×	1	×	×	×	×								
×	×	1	×	×	×								
1	0	0	0	0	0								
1	0	0	0	0	1								
1	0	0	0	1	0								
1	0	0	0	1	1								
1	0	0	1	0	0								
1	0	0	1	0	1								
1	0	0	1	1	0								
1	0	0	1	1	1								

2. 用译码器实现逻辑函数

8-15

(1) 设计并实现 3 人表决电路，设有 3 个输入变量 A、B、C，当输入变量中有 2 个或 3 个为高电平“1”时，输出 F 为“1”。要求：

① 填写真值表，见表 8-14，写出函数表达式 $F=($　　　　　　　　　　　　$)$。

② 用 74LS138 和 74LS20 各 1 片实现该电路。画出电路图，标出所有管脚编号。

③ 自行准备演示方案，验证设计电路的功能。

操作提示： 输入信号 A、B、C 用实验箱上的逻辑电平输出产生，表决结果 F 用发光二极管显示输出。译码器 74LS138 使能满足时，输入信号 A、B、C 接入译码器 A_2、A_1、A_0 端，译码器 74LS138 相应输出端送入与非门 74LS20。

④ 参考电路如图 8-15 所示。

表 8-14　3 人表决电路真值表

输入端			输出端
A	B	C	F
0	0	0	
0	0	1	
0	1	0	
0	1	1	
1	0	0	
1	0	1	
1	1	0	
1	1	1	

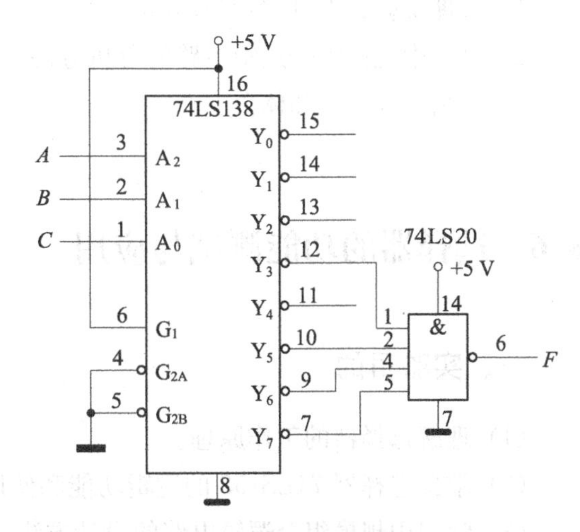

图 8-15　用 74LS138 译码器实现三人表决电路图

（2）设计并实现1位二进制数全加器，设有3个输入变量A、B、C和两个输出变量X、Y，其中A、B为两个相加的1位二进制数、C为低位的进位输入，Y、X为输入变量相加之和，X为和的本位，Y为和的进位。要求：

① 填写真值表，见表8-15，写出函数Y和X的最小项表达式，$Y(A,B,C)=$(　　　　　　　　)、$X(A,B,C)=$(　　　　　　　　)。

表8-15　1位二进制数全加器真值表

输入端			输出端	
A	B	C	Y	X
0	0	0		
0	0	1		
0	1	0		
0	1	1		
1	0	0		
1	0	1		
1	1	0		
1	1	1		

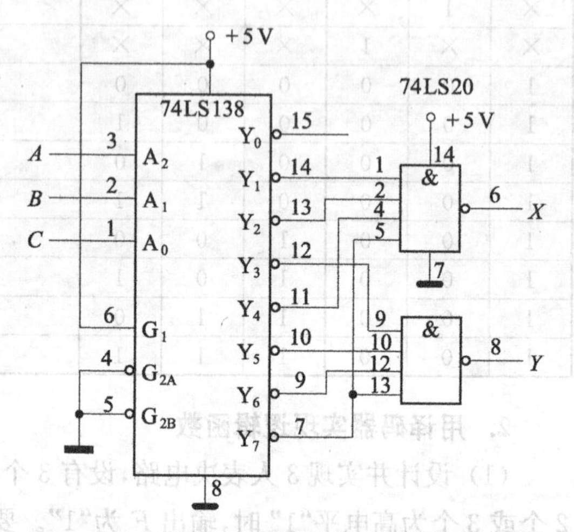

图8-16　用74LS138译码器实现全加器电路图

② 用74LS138和74LS20各1片实现该电路。画出电路图，标出所有管脚编号。

③ 自行准备演示方案，验证设计电路的功能。

④ 参考电路如图8-16所示。

六、实验报告

1. 整理实验数据，填写实验表格。
2. 总结中规模组合逻辑电路的分析方法。
3. 总结实验收获和体会。

8.6　选择器的功能测试与应用

一、实验目的

（1）理解选择器的工作原理。

（2）掌握选择器74LS153的逻辑功能和使用方法。

（3）学习中规模组合逻辑电路的设计方法。

二、实验设备与器件

数字万用表，数字信号发生器，数字示波器，数字系统综合实验箱，74LS153、74LS00 集成电路。

三、实验原理

数据选择器是把多路数据中的某一路数据传送到公共数据线的电路。集成电路 74LS153 是双 4 选 1 数据选择器，其引脚图和符号如图 8-17(a)、(b)所示。74LS153 包含两个完全相同的 4 选 1 数据选择器，两个数据选择器有公共的地址输入端 A_1A_0，各自独立的使能输入端 $\bar{G}_1$、$\bar{G}_2$，各有 4 路数据输入端 D_0、D_1、D_2、D_3，1 路数据输出端 Y_1、Y_2。使能端低电平有效，当使能端输入 1 时，芯片禁止工作，输出端 Y 输出无效低电平；当使能端输入 0 时，芯片工作，根据地址 A_1A_0 的取值，从 4 个数据输入端 $D_0 \sim D_3$ 中选择对应的数据输出至 Y 端，也就是地址值(对应十进制数) 为 i 时，输出 $Y=D_i$。

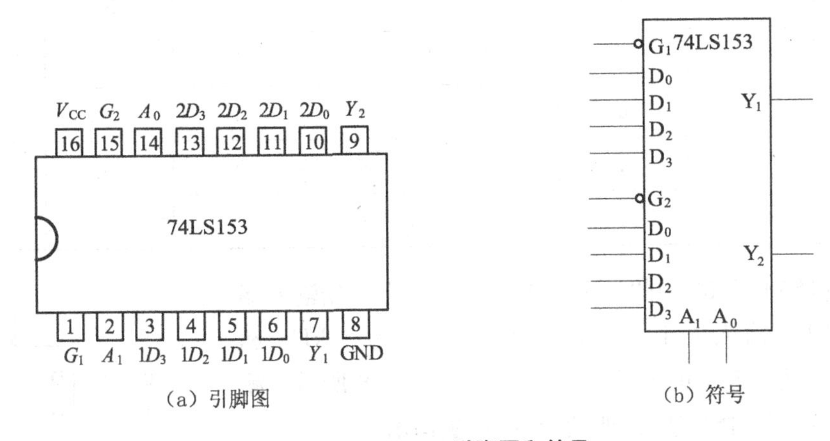

(a) 引脚图　　(b) 符号

图 8-17　74LS153 引脚图和符号

74LS153 正常工作时，$Y=\sum_{i=0}^{3} D_i \cdot m_i = D_0\bar{A}_1\bar{A}_0 + D_1\bar{A}_1A_0 + D_2A_1\bar{A}_0 + D_3A_1A_0$，输出信号是输入数据和地址信号的函数，可以利用这种特性来实现组合逻辑函数。

四、预习要求

(1) 熟悉本次实验内容、要求、步骤和操作方法。

(2) 阅读 74LS153、74LS00 等集成电路的器件手册，理解器件功能。

(3) 完成电路分析与设计，标注电路连接，自行准备演示方案。

五、实验内容及步骤

8-16

1. 选择器功能测试(74LS153)

(1) 选择 74LS153 中的一个 4 选 1 选择器，根据表 8-16 所示输入不同的信号，将选择器输出结果填入表中，说明选择器的功能特性以及使能端的作用。

操作提示： 用实验箱上的逻辑电平输出为选择器提供使能信号 $\bar{G}$、地址信号 A_1A_0 和数据输入信号 $D_0 \sim D_3$，将选择器输出端接发光二极管，观察测试结果并填入表 8-16 中。“×”表示可以输入任何逻辑电平。

表 8-16　74LS153 逻辑功能测试结果

使能输入	地址输入端		数据输入端				输出端
$\bar{G}$	A_1	A_0	D_0	D_1	D_2	D_3	Y
1	×	×	×	×	×	×	
0	0	0	0	×	×	×	
0	0	0	1	×	×	×	
0	0	1	×	0	×	×	
0	0	1	×	1	×	×	
0	1	0	×	×	0	×	
0	1	0	×	×	1	×	
0	1	1	×	×	×	0	
0	1	1	×	×	×	1	

(2) 选择 74LS153 中的一个 4 选 1 选择器，令数据输入端 D_0、D_1 接固定输入 0、1，D_2、D_3 分别接频率为 1 kHz 和 10 kHz、幅度为 3.5 V 的方波，测试电路如图 8-18 所示。测试选择器的数据选择功能，说明使能端 $\bar{G}$ 的作用。

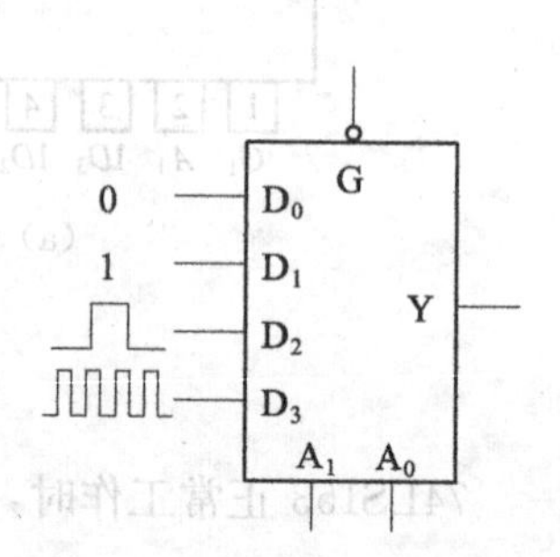

图 8-18　选择器功能测试图

操作提示： 由数字信号发生器的通道 1、2 分别产生 1 kHz、10 kHz 的方波，幅值为 3.5 V，即低电平 0 V、高电平 3.5 V，分别将它们接至 D_2、D_3 端，用示波器观察输出信号 Y。

2. 选择器扩展

用一片 74LS153 扩展成一个 8 选 1 选择器，完成电路设计，验证电路逻辑功能。

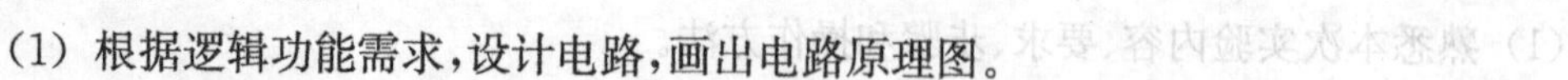

(1) 根据逻辑功能需求，设计电路，画出电路原理图。

(2) 用 74LS153 和 74LS00 各 1 片实现该电路。画出电路图，标出所有管脚编号。

(3) 自行准备演示方案，验证设计电路的功能。

操作提示： 用实验箱上的逻辑电平输出为选择器提供 8 路数据输入 $D_0 \sim D_7$ 和地址信号 $A_2A_1A_0$，8 选 1 选择器的选择输出 Y 用发光二极管显示。电路用 74LS153 和 74LS00 实现，故电路原理图中除 74LS153 以外的非门和或门，需要转换成用与非门 74LS00 表示。

(4) 参考电路原理图和电路连线图分别如图 8-19(a)、(b)所示。

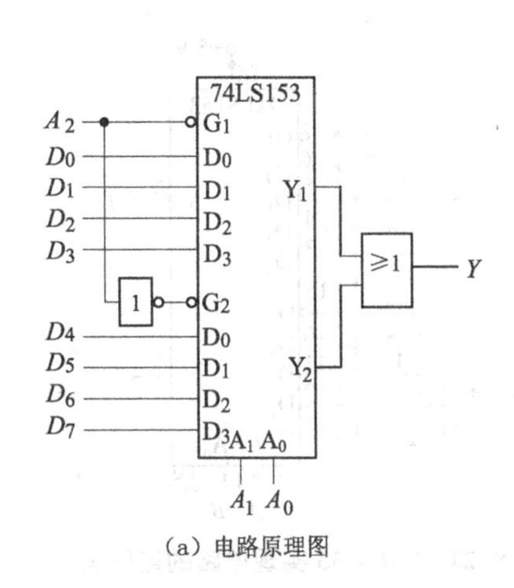

（a）电路原理图

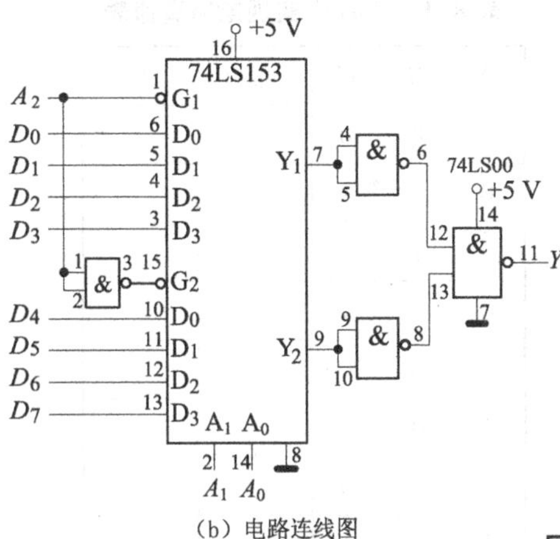

（b）电路连线图

图 8-19　8 选 1 选择器的电路图

8-17

3. 用选择器实现逻辑函数

(1) 设计并实现 3 人表决电路，设有 3 个输入变量 A、B、C，当输入变量中有 2 个或 3 个为高电平“1”时，输出 Y 为“1”。

① 写出最小项表达式 $Y(A、B、C)=($　　　　　　　　　　　　　　　　$)$。

② 用 74LS153 和 74LS00（各 1 片）实现该电路，画出电路图。

③ 自行准备演示方案，验证设计电路的功能。

操作提示： 3 人表决信号 A、B、C 用实验箱上的逻辑电平输出产生，表决结果 Y 用发光二极管显示。采用图 8-19(b)所示的 8 选 1 选择器实现时，只需将输入表决信号送入 $A_2A_1A_0$，即 $ABC=A_2A_1A_0$，选择器的数据端设置为 $D_3=D_5=D_6=D_7=1$、$D_0=D_1=D_2=D_4=0$。

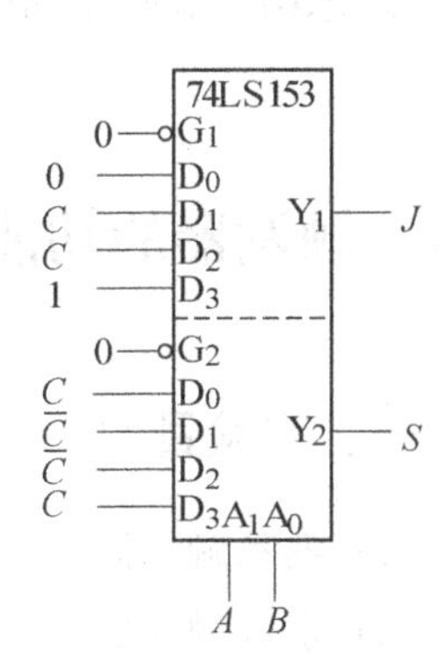

图 8-20　74LS153 实现电路图

(2) 分析图 8-20 所示电路逻辑功能，用一片双 4 选 1 选择器 74LS153 和 2 输入与非门 74LS00 实现电路。

① 电路中输入信号为 A、B、C，输出信号为 J、S，4 选 1 选择器的地址变量 $A_1A_0=AB$，写出输出 J 和 S 的最小项表达式，$J(A,B,C)=($　　　　　　　　　　　　　　　　$)$，$S(A,B,C)=($　　　　　　　　　　　　$)$。

② 填写表 8-17 所示真值表，分析电路的功能。

③ 用 74LS153 和 74LS00 实现该电路，自行准备演示方案，验证电路功能。

操作提示： A、B、C 用实验箱上的逻辑电平输出产生，用与非门实现反变量输入 $\overline{C}$，常量 0 和 1 用地和电源实现，J、S 用发光二极管显示。变换输入 A、B、C，观察 LED 灯，验证真值表。可见，该电路的功能为 1 位二进制数全加器，输入 A 和 B 是两个相加的数、C 是进位输入，输出 J 是进位和、S 是本位和。

④ 参考电路如图 8-21 所示。

表 8-17 74153 实现电路真值表

A	B	C	J	S
0	0	0		
0	0	1		
0	1	0		
0	1	1		
1	0	0		
1	0	1		
1	1	0		
1	1	1		

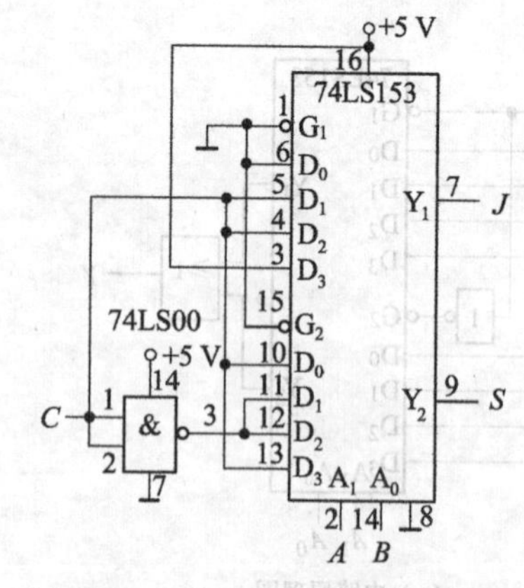

图 8-21 74LS153 实现电路的连线图

六、实验报告

1. 整理实验数据，填写实验表格。
2. 总结中规模组合逻辑电路的设计方法。
3. 总结实验收获和体会。

8.7 触发器的功能测试与应用

一、实验目的

(1) 熟悉触发器的工作原理和触发方式。
(2) 掌握触发器 74LS112、74LS74 的逻辑功能和使用方法。
(3) 学习用触发器构成计数器、移位寄存器的方法。

二、实验设备与器件

数字万用表，数字示波器，数字信号发生器，数字系统综合实验箱，74LS112、74LS74、74LS00 集成电路。

三、实验原理

触发器是时序电路中最常用的存储器件，它有 0 状态和 1 状态两个稳定状态，在触发信号作用下，触发器的状态根据激励信号发生变化。触发器的状态由状态输出端 Q 的取值来表示。常见触发器有 D 触发器和 JK 触发器等，可用来构成计数器、寄存器、移位寄存器等时序电路。

74LS74 是上升沿触发的双 D 触发器，具有保持、置 0 和置 1 功能，其引脚图如图 8-22

(a)所示。触发器的 CLK 是脉冲输入端，D 端接激励信号，$\overline{PR}$ 是异步置位端，$\overline{CLR}$ 是异步复位端，Q 和 $\overline{Q}$ 是互补状态输出端。异步置位与复位信号优先级最高，均为低电平有效，但不允许同时有效。当异步置位或复位信号有效时，触发器的状态就立即被确定，此时，时钟 CLK 和激励信号都不起作用。只有当异步信号无效时，触发器才能在时钟和激励信号控制下动作，触发器的新状态总与时钟脉冲上升沿到来时 D 的输入值相同。

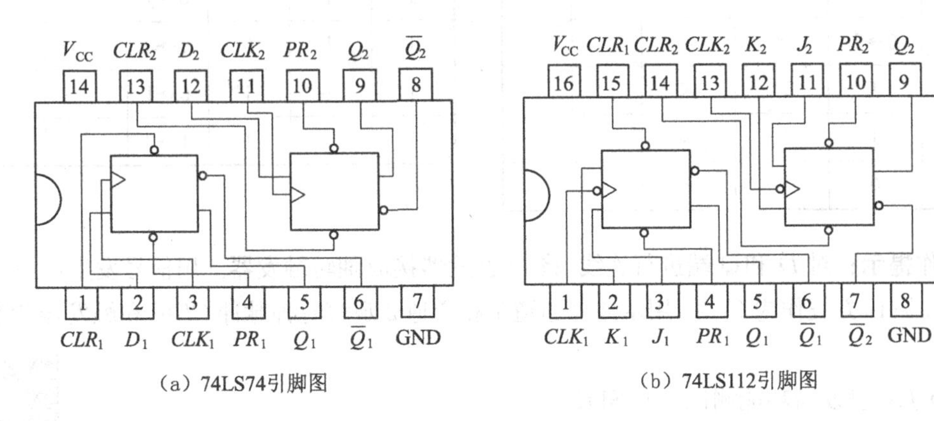

(a) 74LS74引脚图　　(b) 74LS112引脚图

图 8-22　常见触发器引脚图

74LS112 是下降沿触发的双 JK 触发器，带有预置端和复位端。74LS112 功能丰富，可以实现保持、置 0、置 1、翻转功能，其引脚图如图 8-22(b)所示。$\overline{PR}$ 是异步置位端，$\overline{CLR}$ 是异步复位端，CLK 是时钟脉冲输入信号，J、K 是激励信号，Q 和 $\overline{Q}$ 是互补状态输出端。

四、预习要求

(1) 熟悉本次实验内容、要求、步骤和操作方法。

(2) 完成电路设计，标注电路连接，自行准备演示方案。

(3) 阅读 74LS74、74LS112 等集成电路的器件手册，理解器件功能。

五、实验内容及步骤

8-18

1. 触发器功能测试

(1) D 触发器功能测试(74LS74)

① 按表 8-18 要求，观察记录 Q 和 $\overline{Q}$ 的状态，说明 D 触发器异步端的用法、时钟触发的含义以及 D 触发器的功能。

操作提示： 用实验箱上的逻辑电平输出为触发器提供异步置位信号 $\overline{PR}$、异步复位信号 $\overline{CLR}$ 和数据输入信号 D，为了防止因开关机械抖动造成的误操作，采用单脉冲输出作为触发器的脉冲输入，将触发器输出端 Q 和 $\overline{Q}$ 接发光二极管。“×”表示可以输入任何逻辑电平。

② 将 D 触发器接成翻转触发器，时钟脉冲 CLK 为 1 kHz 方波，用示波器观察时钟脉冲 CLK 和触发器状态 Q 的波形，理解上升沿触发和翻转触发器的概念。

表 8-18　74LS74 逻辑功能测试结果

(a) 异步置位端功能测试

输入				输出	
$\overline{PR}$	$\overline{CLR}$	CLK	D	Q	$\overline{Q}$
1	1→0	×	×		
1	0→1	×	×		
1→0	1	×	×		
0→1	1	×	×		
0	0	×	×		

(b) 激励端 D 功能测试

输入				输出 Q^{n+1}	
$\overline{PR}$	$\overline{CLR}$	D	CLK	$Q^n=0$	$Q^n=1$
1	1	0	0→1		
1	1	0	1→0		
1	1	1	0→1		
1	1	1	1→0		

操作提示： 对 D 和 $\overline{Q}$ 端进行连线，将 D 触发器接成翻转触发器。用信号发生器或实验箱产生 1 kHz 方波作为 CLK，用示波器通道 1 和通道 2 观察时钟脉冲 CLK 和触发器状态 Q 的波形。

(2) JK 触发器功能测试(74LS112)

8-19

① 按表 8-19 要求，观察记录 Q 和 $\overline{Q}$ 的状态，说明 JK 触发器异步端的用法、时钟触发的含义以及 JK 触发器的功能。

操作提示： 用实验箱上的逻辑电平输出为触发器提供异步置位信号 $\overline{PR}$、异步复位信号 $\overline{CLR}$ 和数据输入信号 J、K，单脉冲输出为触发器产生单次脉冲信号，将触发器输出端 Q 和 $\overline{Q}$ 接发光二极管。用脉冲开关实现电路的初始复位或置位。“×”表示可以输入任何逻辑电平。

表 8-19　74LS112 逻辑功能测试结果

(a) 异步端功能测试

输入					输出	
$\overline{PR}$	$\overline{CLR}$	CLK	J	K	Q	$\overline{Q}$
1	1→0	×	×	×		
1	0→1	×	×	×		
1→0	1	×	×	×		
0→1	1	×	×	×		
0	0	×	×	×		

(b) 激励端 J、K 功能测试

输入					输出 Q^{n+1}	
$\overline{PR}$	$\overline{CLR}$	J	K	CLK	$Q^n=0$	$Q^n=1$
1	1	0	0	0→1		
1	1	0	0	1→0		
1	1	0	1	0→1		
1	1	0	1	1→0		
1	1	1	0	0→1		
1	1	1	0	1→0		
1	1	1	1	0→1		
1	1	1	1	1→0		

② 将 JK 触发器接成翻转触发器，时钟 CLK 为 1 kHz 方波，用示波器观察时钟 CLK 和 JK 触发器状态 Q 的波形，理解下降沿触发和 2 分频器的概念。

8-20

操作提示： 连线令 $J=K=1$，将 JK 触发器接成翻转触发器。用信号发生器

或实验箱产生 1 kHz 方波作为 CLK，用示波器通道 1 和通道 2 观察时钟脉冲 CLK 和触发器状态 Q 的波形。

2. 触发器的应用

数字系统中经常用到对脉冲信号进行计数的计数器和在脉冲作用下移位的移位寄存器等。计数器和移位寄存器的类型较多，都是由具有记忆功能的触发器作为基本单元组成。

(1) JK 触发器构成三进制加法计数器

8-21

① 用 1 片下降沿触发的双 JK 触发器 74LS112 构成四进制加法计数器电路，观察电路计数的规律，理解计数器电路的工作原理。参考电路如图 8-23 所示。

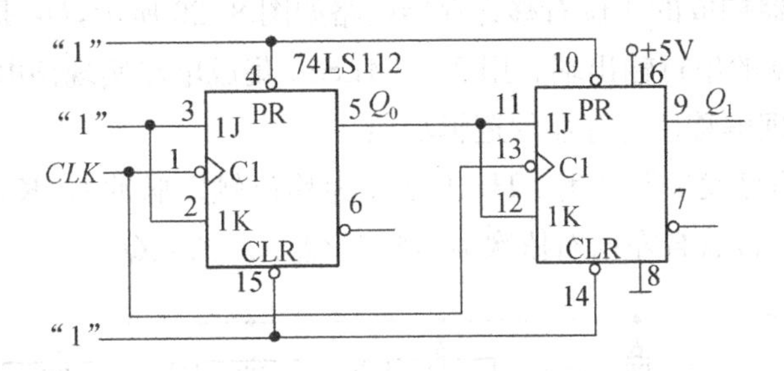

图 8-23　用 74LS112 实现四进制加法计数器电路图

操作提示：用信号发生器或实验箱时钟输出 1 Hz 方波作为时钟 CLK，用逻辑电平产生高电平作为输入信号“1”，用发光二极管显示状态 Q_1Q_0，演示计数器的计数过程。

8-22

② 用 74LS00 产生 74LS112 的异步复位信号 $\overline{CLR}$，实现三进制加法计数器。填写表 8-20 所示状态表，在图 8-24 中画出状态转换箭头，观察计数规律，理解异步复位的作用。

操作提示：74LS112 的异步复位信号 $\overline{CLR}$ 接与非门 74LS00 的输出端，74LS00 的输入信号为电路状态 Q_1 和 Q_0。当 Q_1Q_0 为 11 时，与非门输出低电平，触发器异步复位，状态 Q_1Q_0 立刻回到 00；Q_1Q_0 为 00 时，与非门输出高电平，触发器继续加法计数。

表 8-20　三进制计数器状态表

$Q_1^nQ_0^n$	$Q_1^{n+1}Q_0^{n+1}$

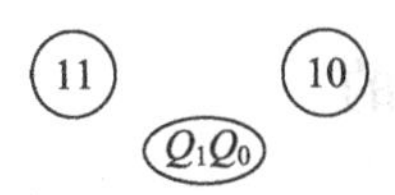

图 8-24　三进制计数器状态图

③ 参考电路如图 8-25 所示。

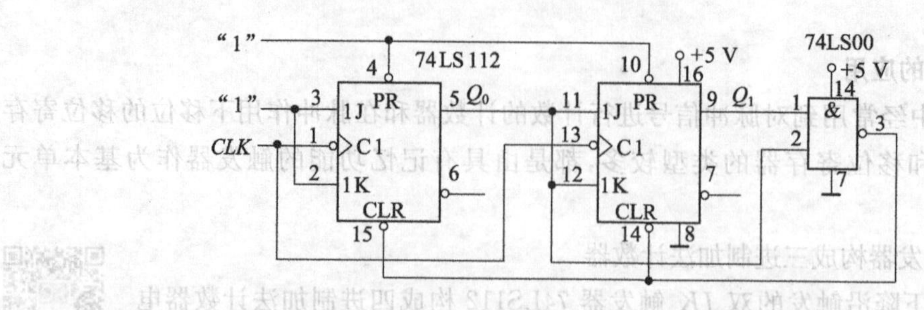

图 8-25　用 74LS112 实现三进制加法计数器电路图

8-23

(2) D 触发器构成 4 位右移寄存器

由 4 个 D 触发器构成的 4 位右移寄存器电路如图 8-26 所示，D_R 是右移数据的串行输入端，Q_3 是右移数据的串行输出端。用 2 片 74LS74 集成电路实现该电路，观察状态值 Q_0、Q_1、Q_2、Q_3 的规律，理解移位寄存器的逻辑功能。

操作提示：用信号发生器产生 1 Hz 方波作为移位触发脉冲 CLK，逻辑电平输出产生串入信号 D_R，发光二极管自左向右依次显示状态 Q_0、Q_1、Q_2、Q_3。

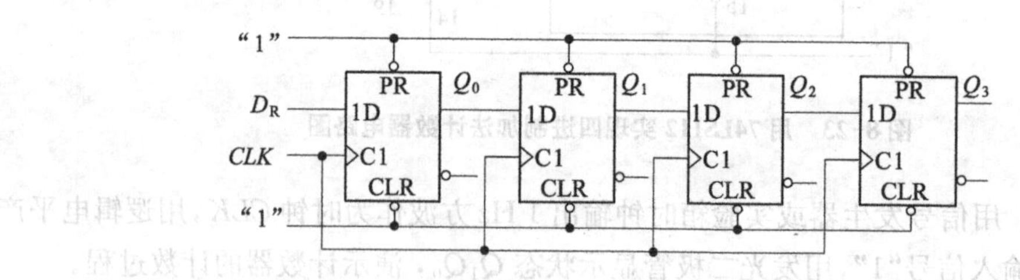

图 8-26　由 D 触发器构成的 4 位右移寄存器电路图

六、实验报告

1. 整理实验数据，填写实验表格。
2. 总结 D 触发器、JK 触发器的逻辑功能和使用方法。
3. 总结实验收获和体会。

8.8　计数器的功能测试与应用

一、实验目的

(1) 了解计数器的功能和特点。
(2) 掌握计数器 74LS163、74LS161 的逻辑功能和使用方法。
(3) 学习用集成计数器构成任意进制的计数器。

二、实验设备与器件

数字万用表，数字示波器，数字信号发生器，数字系统综合实验箱，74LS163、74LS161、74LS00 集成电路。

三、实验原理

计数器的基本功能是对输入时钟脉冲进行计数，可以用于分频、定时、产生节拍脉冲和脉冲序列等。二进制计数器集成电路有很多种，常见的有 74161 和 74163 等集成电路芯片。

74LS163 是 4 位二进制同步加法计数器，具有同步复位、同步置数、加法计数和状态保持等功能，是一种功能比较全面的集成计数器。74LS163 的引脚图和惯用符号分别如图 8-27(a)、(b)所示，$\overline{CLR}$ 是同步复位端，低电平有效，优先级最高；$\overline{LD}$ 是同步置数信号，低电平有效，优先级第二；$DCBA$ 是需要置入的并行数据输入端；P、T 为计数控制信号，只有当 P、T 同时为 1 时，计数器才能同步加法计数。计数器需要时钟脉冲 CLK 的上升沿触发才能实现同步置数、同步加法计数功能，当控制端 T 和计数器所有 Q 端都为高电平时，进位输出端 CO 输出高电平。74LS161 也是上升沿触发的 4 位二进制同步加法计数器，具有异步复位、同步置数、保持和加法计数功能，其引脚图和符号与 74LS163 一致。

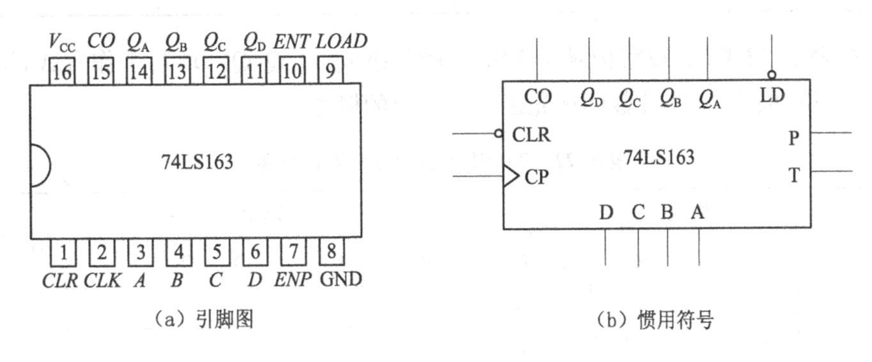

(a) 引脚图　　(b) 惯用符号

图 8-27　74LS163 引脚图和惯用符号

利用集成计数器的复位端和置数端可以构成任意进制 (M) 的加法计数器。利用复位功能来变模，适用于起始状态为 0 的计数循环，也就是状态循环为 $0 \sim M-1$；若同步复位，则是在计数器状态为 $M-1$ 时产生复位信号，使得计数器同步复位回到 0 状态；若异步复位，计数器状态为 M 时产生复位信号，使得计数器异步复位回到 0 状态，状态 M 为无效的暂态。利用置数功能来变模，实现任一初始状态到末状态的循环，只需在并行数据输入端输入起始状态，末状态时产生置数信号，使得计数器同步置数回到初始状态。

四、预习要求

(1) 熟悉本次实验内容、要求、步骤和操作方法。

(2) 完成电路设计，标注电路连接，自行准备演示方案。

(3) 阅读 74LS163、74LS161 等集成电路的器件手册，理解器件功能。

五、实验内容及步骤

8-24

1. 计数器功能测试

(1) 按表 8-21 要求，观察记录 74LS163 的状态 $Q_DQ_CQ_BQ_A$，填写工作方式，说明同步复位、同步置位、保持、加法计数的优先级以及计数的概念。

操作提示： 用电平开关控制同步复位端、同步置位端、并行置数端，用脉冲开关产生时钟 CLK，将状态输出端 Q_D、Q_C、Q_B、Q_A 分别接到 4 个 LED 上，演示计数器的工作过程。“×”表示可以输入任何逻辑电平。

表 8-21 74LS163 逻辑功能测试结果

输入									输出				工作方式
CLR	LD	P	T	CP	D	C	B	A	Q_D	Q_C	Q_B	Q_A	
0	×	×	×	↑	×	×	×	×					
1	0	×	×	↑	d	c	b	a					
1	1	×	0		×	×	×	×					
1	1	0	×		×	×	×	×					
1	1	1	1	↑	×	×	×	×					

(2) 按表 8-22 要求，观察记录 74LS161 的状态 $Q_DQ_CQ_BQ_A$，填写工作方式，说明异步复位、同步置位、保持、加法计数的优先级以及计数的概念。

表 8-22 74LS161 逻辑功能测试结果

输入									输出				工作方式
$\overline{CLR}$	$\overline{LD}$	P	T	CP	D	C	B	A	Q_D	Q_C	Q_B	Q_A	
0	×	×	×	×	×	×	×	×					
1	0	×	×	↑	d	c	b	a					
1	1	×	0	×	×	×	×	×					
1	1	0	×	×	×	×	×	×					
1	1	1	1	↑	×	×	×	×					

2. BCD 码加法计数器

BCD 码加法计数器就是对时钟脉冲进行十进制加法计数的时序逻辑电路，其状态编码可采用 8421 码、余 3 码等常用的 BCD 编码。

8-25

(1) 8421 码加法计数器

① 用 74LS163/74LS161 和 74LS00 各 1 片实现该电路，画出电路图，标出管脚编号。

② 自行准备演示方案，验证设计电路的功能。

操作提示： 信号发生器或实验箱产生 1 Hz 方波作为计数器的时钟信号，将状态输出端 $Q_DQ_CQ_BQ_A$ 接到七段显示数码管上。若采用复位法变模，与非门输出信号送计数器复位端，其余控制端(同步置位端、P、T)置 1。注意异步复位和同步复位的区别。

③ 参考电路如图 8-28(a)、(b)所示。

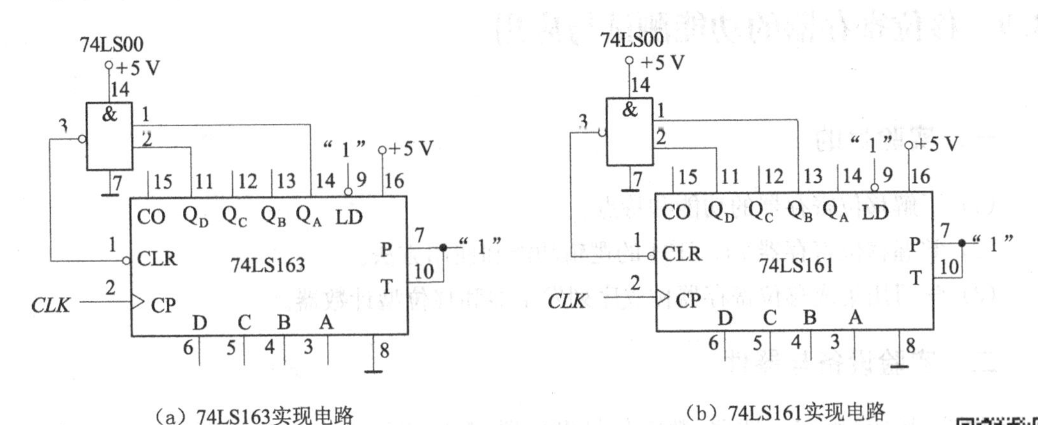

(a) 74LS163实现电路　　(b) 74LS161实现电路

图 8-28　8421 码加法计数器电路图

8-26

(2) 余 3 码加法计数器

① 用 74LS163/74LS161 和 74LS00 实现该电路。画出电路图,标出所有管脚编号。

② 自行准备演示方案,验证设计电路的功能。

③ 说明 Q_D 波形的特点,指出 Q_D 和时钟信号 CLK 的关系。

操作提示: 信号发生器或实验箱产生 1 kHz 方波作为时钟信号,状态输出端 $Q_DQ_CQ_BQ_A$ 接示波器 1～4 通道,观察状态波形。采用同步预置法变模,与非门输出信号送计数器同步置位端,其余控制端(复位端、P、T)置 1。

④ 参考电路如图 8-29 所示。

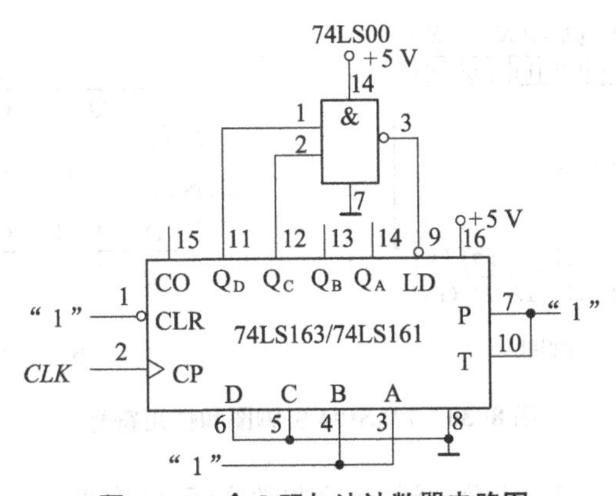

图 8-29　余 3 码加法计数器电路图

六、实验报告

1. 整理实验数据,填写实验表格。
2. 比较集成计数器构成任意进制计数器的不同方法和特点。
3. 总结实验收获和体会。

8.9 移位寄存器的功能测试与应用

一、实验目的

(1) 了解移位寄存器的功能和特点。

(2) 掌握移位寄存器 74LS194 的逻辑功能和使用方法。

(3) 学习用集成移位寄存器构成序列发生器和移位型计数器。

二、实验设备与器件

数字万用表,数字示波器,数字信号发生器,数字系统综合实验箱,74LS194、74LS00、74LS86、74LS02、74LS20 集成电路。

三、实验原理

集成移位寄存器芯片 74LS194 是 4 位移位寄存器,具有异步复位、数据保持、同步右移、同步左移和同步并入等功能,是一种功能全面、规模适中的 MSI 移位寄存器。74LS194 的引脚图和惯用符号如图 8-30(a)、(b)所示,$\overline{CLR}$ 是异步复位端,低电平有效,优先级最高;S_1、S_0 为工作方式控制端,4 种取值分别控制保持、右移、左移和并入 4 种同步工作模式;D_R 为右移数据串行输入端,Q_D 为右移数据串行输出端;D_L 为左移数据串行输入端,Q_A 为左移数据串行输出端;A、B、C、D 为并行数据输入端,Q_A、Q_B、Q_C、Q_D 都是并行数据输出端。

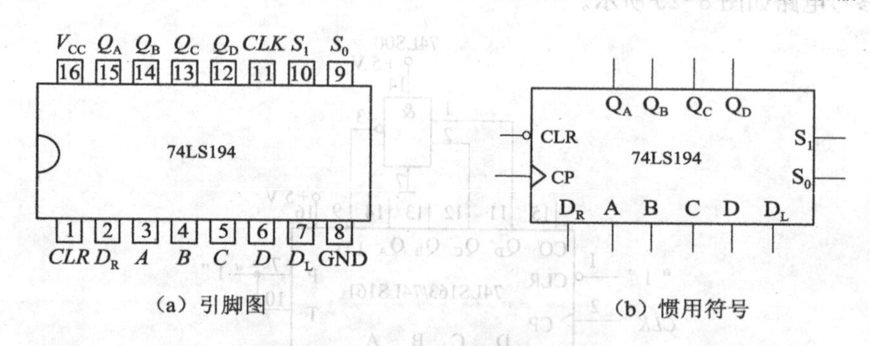

图 8-30 74LS194 引脚图和惯用符号

移位寄存器功能丰富,使用十分灵活,用途非常广泛,可构成序列发生器、移位型计数器等时序逻辑电路。序列发生器是一种能够在时钟脉冲作用下输出周期性序列的数字电路,电路中移位寄存器用于构成状态循环,然后由状态产生对应输出函数,即可在脉冲作用下,在输出端产生周期性序列。移位型计数器利用移位寄存器的移位功能实现状态的循环,实现对脉冲的计数功能。常见的移位型计数器有环形计数器、扭环形计数器和变形扭环形计数器。移位寄存器构成这些典型时序电路时,可能存在无效循环,故往往需要采取措施实现自启动。

四、预习要求

(1) 熟悉本次实验内容、要求、步骤和操作方法。

(2) 完成电路设计，标注电路连接，自行准备演示方案。

(3) 阅读 74LS194 集成电路的器件手册，理解器件功能。

五、实验内容及步骤

8-27

1. 移位寄存器功能测试(74LS194)

按表 8-23 要求，观察记录 74LS194 的状态 $Q_DQ_CQ_BQ_A$，填写工作方式，说明异步复位的优先级以及保持、同步右移、同步左移、同步并入的概念。

表 8-23 74LS194 逻辑功能测试结果

输入						输出	工作方式
$\overline{CLR}$	S_1S_0	CP	D_R	D_L	$A\ \ B\ \ C\ \ D$	$Q_A\ \ Q_B\ \ Q_C\ \ Q_D$	
0	××	×	×	×	× × × ×		
1	0 0	↑	×	×	× × × ×		
1	0 1	↑	x	×	× × × ×		
1	1 0	↑	×	y	× × × ×		
1	1 1	↑	×	×	× × × ×		

操作提示： 用逻辑电平输出控制异步复位端、数据串入端和并行置数端，用单脉冲输出产生时钟 CLK，将输出状态 Q_A、Q_B、Q_C、Q_D 从左向右依次接到 4 个发光二极管上，通过按键演示移位寄存器 74LS194 的各种工作方式。

8-28

2. 序列发生器

利用移位寄存器 74LS194 的移位功能，构成序列发生器。

(1) 分析第五章图 5-36 所示电路，画出电路输出状态 $Q_AQ_BQ_C$ 的全状态图，指出电路 Z 端产生的周期序列为(　　　　　　　　　　　　　　)，修改电路使其能自启动。

(2) 用 74LS194、74LS86、74LS02 实现该序列发生器，画出电路图，标出管脚编号。

(3) 自行准备演示方案，验证电路的功能。

操作提示： 信号发生器产生 1 Hz 方波作为移位寄存器的时钟信号，将状态输出端 Q_C 接到 LED 灯，将时钟脉冲 CLK、状态 Q_C 接到示波器，观察输出信号 Z 与时钟信号 CLK 的时序关系以及输出序列值。注意 74LS86 和 74LS02 的输入、输出引脚编号。

(4) 参考电路如图 8-31 所示。

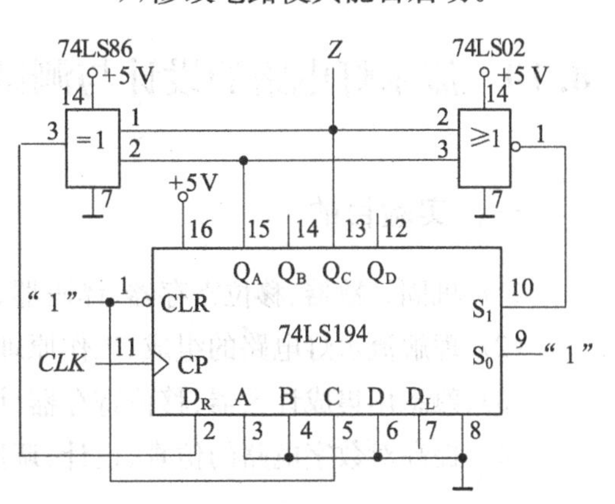

图 8-31 由 74LS194 构成的序列发生器电路图

3. 移位型计数器

利用移位寄存器 74LS194 的移位功能，构成移位型计数器。

(1) 分析第五章图 5-35 所示电路，画出电路输出状态 $Q_AQ_BQ_C$ 的全状态图，指出电路缺点并修改电路。

(2) 用 74LS194、74LS00、74LS20 各 1 片实现该移位型计数器。

(3) 自行准备演示方案，验证电路的功能。

操作提示： 信号发生器产生 1 Hz 方波作为计数器的时钟信号，将状态输出端 $Q_AQ_BQ_C$ 接到 LED 灯，观察移位寄存器的输出状态，实现对时钟信号的循环计数。

(4) 参考电路如图 8-32 所示。

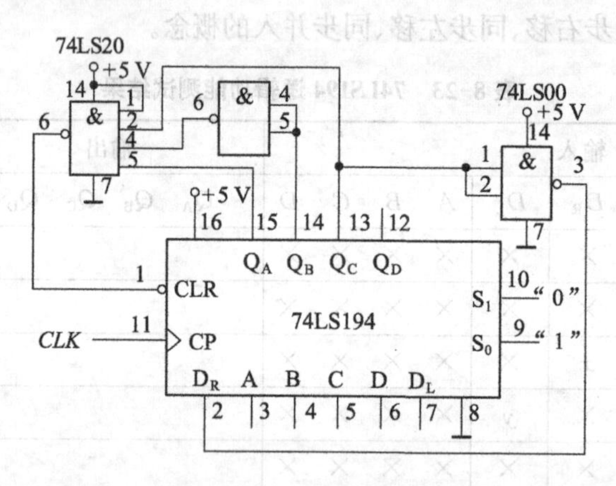

图 8-32 用 74LS194 构成的移位型计数器电路图

六、实验报告

1. 整理实验数据，填写实验表格。
2. 总结移位寄存器的典型应用。
3. 总结实验收获和体会。

8.10 流水灯电路的设计与测试

一、实验目的

(1) 巩固计数器、移位寄存器、译码器、发光二极管的理论知识和使用方法。

(2) 理解流水灯电路的组成、工作原理和方案思路。

(3) 熟悉用集成计数器、移位寄存器、译码器构成流水灯电路的方法。

(4) 提高对数字电路的仿真、设计、调试能力，进一步提高理论与实践相结合的能力。

二、实验设备与器件

数字万用表，数字示波器，数字信号发生器，数字系统综合实验箱，74LS163、74LS161、74LS194、74LS138、74LS10、74LS04 集成电路。

三、实验原理

流水灯，又称为跑马灯，就是若干不同颜色和位置的 LED 灯按照设定的顺序依次点亮和熄灭。流水灯可以显示不同的图形和文字，形成一定的视觉效果，常用于夜间灯光景观。流水灯电路中最重要的部分是控制器对灯的位置和顺序的控制，需要综合运用数字电路基础所学的门电路、组合逻辑电路、时序逻辑电路等知识，本实验是数字电路基础实验中复杂的综合性实验。

四、预习要求

(1) 熟悉本次实验内容、要求、步骤和操作方法。

(2) 确定设计思路和总体方案，细化并实现各模块电路，进行 Multisim 仿真验证。

(3) 完成电路设计，标注电路连接，自行准备演示方案。

五、实验内容及步骤

8-30

1. 3 灯轮闪电路

设计 3 灯轮闪电路，3 个不同颜色的 LED 灯在时钟脉冲的作用下，从左到右依次单独点亮，然后全亮，再从右到左依次单独点亮，全灭，如此循环。

(1) 分析电路功能，3 灯轮闪电路其实就是一个有 3 个输出的序列产生器，轮闪电路输出共有 8 种情况，故电路需要 3 位状态 $Q_CQ_BQ_A$，序列输出 F_1、F_2 和 F_3。根据电路功能需求，填写状态真值表，见表 8-24。

(2) 用 74LS163/74LS161 和 74LS138 设计该电路，画出电路图，标出管脚编号。

操作提示：信号发生器产生 1 Hz 方波作为计数器的时钟信号，流水灯共有 8 个状态，计数器 74LS163/74LS161 只需在计数模式下取输出端 $Q_CQ_BQ_A$ 作为输出，即可构成八进制加法计数器。用译码器 74LS138 和与非门 74LS10 产生 3 个流水灯信号，将 $Q_CQ_BQ_A$ 作为 74LS138 的编码输入，74LS138 输出接 74LS10，产生的 F_1、

表 8-24　3 灯轮闪电路状态真值表

电路状态	电路输出
Q_C　Q_B　Q_A	F_1　F_2　F_3
0　0　0	
0　0　1	
0　1　0	
0　1　1	
1　0　0	
1　0　1	
1　1　0	
1　1　1	

F_2 和 F_3 接发光二极管显示。

（3）在 Multisim 仿真环境中搭建电路，验证电路的逻辑功能。

（4）自行准备演示方案，调试电路，实现电路功能。

（5）参考电路如图 8-33 所示。

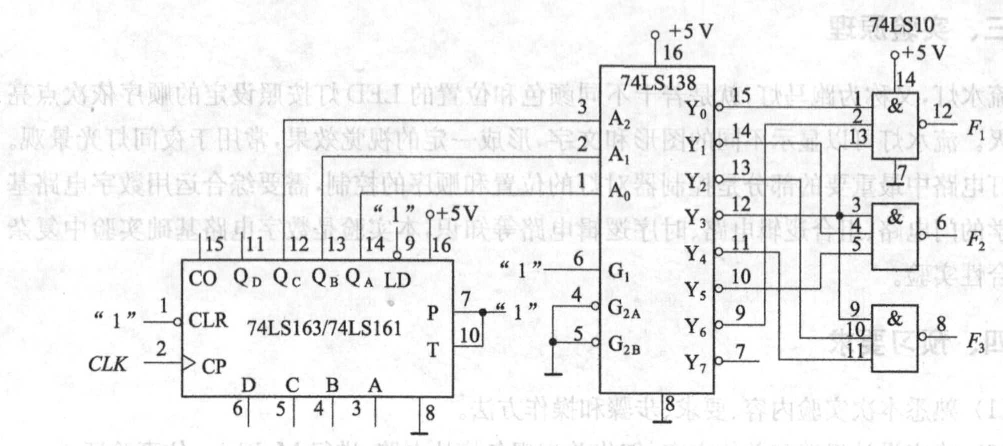

图 8-33　3 灯轮闪电路图

2. 8 位心形流水灯

设计 8 位心形流水灯，将 8 个 LED⓪、①、②、③、④、⑤、⑥、⑦排列成心形图案，在时钟信号的作用下，8 个 LED 逆时针依次点亮显示心形图案，然后顺时针依次灭掉。

（1）分析电路功能，8 位移位寄存器的 $Q_0Q_1Q_2Q_3Q_4Q_5Q_6Q_7$ 端顺序连接到排列成心形图案的 LED 上，从而实现 8 位心形流水灯电路。用两片 74LS194 级联构成 8 位移位寄存器，根据电路功能需求，在表 8-25 所示电路功能表中填写 74LS194 的工作方式 S_1S_0、右移串入数据 D_R、左移串入数据 D_L。

表 8-25　8 位心形流水灯电路功能表

移位寄存器状态								工作方式	左移串入数据	右移串入数据
Q_0	Q_1	Q_2	Q_3	Q_4	Q_5	Q_6	Q_7	S_1　S_0	D_L	D_R
1	0	0	0	0	0	0	0			
1	1	0	0	0	0	0	0			
1	1	1	0	0	0	0	0			
1	1	1	1	0	0	0	0			
1	1	1	1	1	0	0	0			
1	1	1	1	1	1	0	0			
1	1	1	1	1	1	1	0			

（续表）

移位寄存器状态								工作方式		左移串入数据	右移串入数据
Q_0	Q_1	Q_2	Q_3	Q_4	Q_5	Q_6	Q_7	S_1	S_0	D_L	D_R
1	1	1	1	1	1	1	1				
1	1	1	1	1	1	1	0				
1	1	1	1	1	1	0	0				
1	1	1	1	1	0	0	0				
1	1	1	1	0	0	0	0				
1	1	1	0	0	0	0	0				
1	1	0	0	0	0	0	0				
1	0	0	0	0	0	0	0				
0	0	0	0	0	0	0	0				

（2）由电路功能表设计电路，产生串入数据 D_L、D_R 和控制信号 S_1、S_0。

8-32

操作提示： 由功能表可见，心形流水灯共有 16 种闪灯情况，串入数据 $D_L=0$、$D_R=1$，S_1、S_0 逻辑值始终相反。前 8 种情况下 $S_1S_0=01$，后 8 种情况下 $S_1S_0=10$，可以采用 74LS161/74LS163 的最高位产生 S_1S_0，以达到 8 个 LED 的逆时针和顺时针变化的目的。

（3）在 Multisim 仿真环境中搭建电路，验证电路的逻辑功能。

8-33

（4）自行准备演示方案，调试电路，实现电路功能。

（5）参考电路如图 8-34 所示。

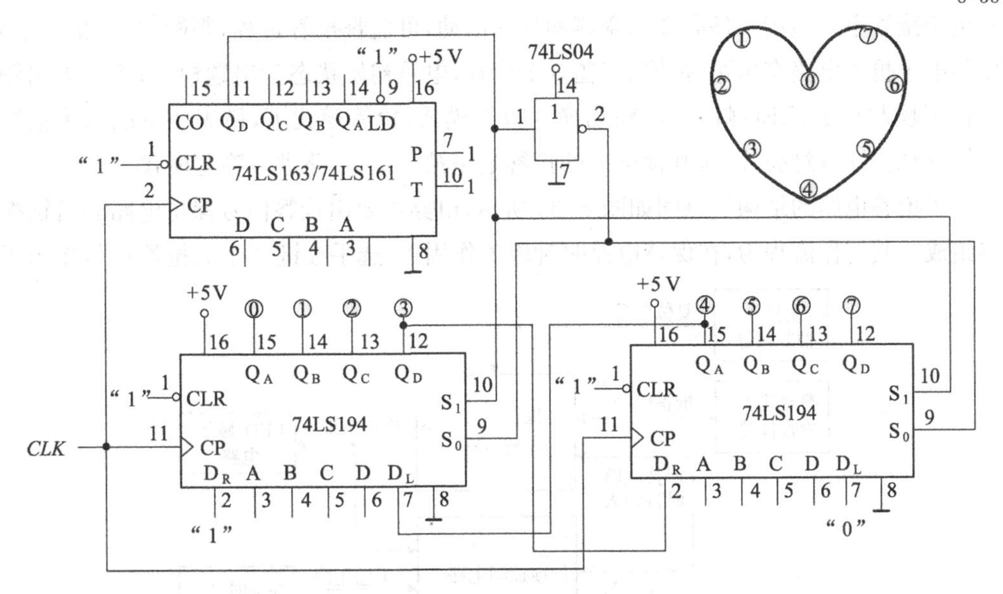

图 8-34　8 路心形流水灯电路图

六、实验报告

1. 总结流水灯电路的设计思路和各功能集成电路的作用。
2. 总结流水灯电路的调试过程和方法、步骤。
3. 总结实验收获和体会。

8.11 电子抢答电路的设计与测试

一、实验目的

(1) 巩固触发器、集成计数器和基本门电路的理论知识并熟悉其使用方法。
(2) 理解电子抢答电路的组成结构、工作原理和方案思路。
(3) 熟悉用集成触发器和集成计数器构成电子抢答电路的方法。
(4) 提高对数字电路的仿真、设计、调试能力,进一步提高理论与实践相结合的能力。

二、实验设备与器件

数字万用表,数字示波器,数字信号发生器,数字系统综合实验箱,74LS175、74LS161、74LS08、74LS32、74LS02、74LS00集成电路。

三、实验原理

电子抢答电路适用于各类知识竞赛和文娱活动,可监督抢答过程,判断、显示抢答结果。简单的电子抢答电路有出题、抢答、答题3个模式,电路初始状态为出题模式;主持人出题完毕后按下控制按键,LED灯灭,电路切换为抢答模式;抢答模式下,最先按键的选手抢答成功,其对应的LED灯亮,同时其他选手的抢答电路被封锁,电路进入答题模式。

电子抢答电路的结构示意图如图8-35所示,电路主要由抢答信号保持电路和封锁控制电路组成。其工作流程为,在保持电路时钟输入作用下,选手按键产生的抢答信号作用于抢

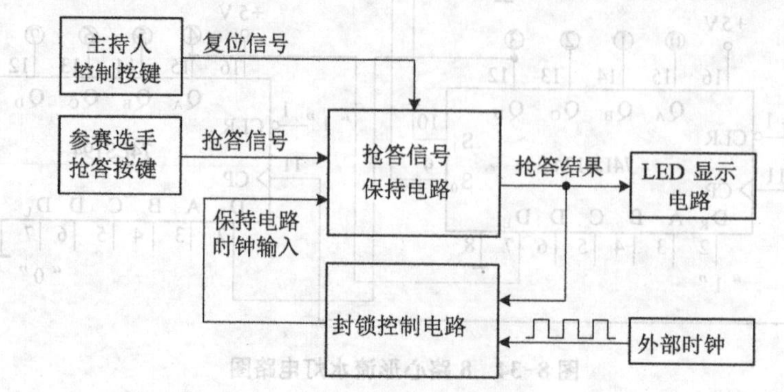

图8-35 电子抢答电路结构示意图

答保持电路，电路产生抢答结果并点亮对应 LED 灯；抢答结果作用于封锁控制电路来封锁外部时钟输入，使得其他选手的抢答信号无法作用于抢答信号保持电路。答题结束后，主持人按键发出复位信号将抢答结果清除并熄灭 LED 灯。可见，电子抢答电路需要综合运用组合逻辑电路和时序逻辑电路的知识，难度比较大，综合性较高。

四、预习要求

(1) 熟悉本次实验内容、要求、步骤和操作方法。

(2) 确定设计思路和总体方案，细化并实现各模块电路，进行 Multisim 仿真验证。

(3) 完成电路设计，标注电路连接，自行准备演示方案。

8-34

五、实验内容及步骤

1. 四路电子抢答电路

(1) 某四路电子抢答电路如图 8-36 所示，其中集成电路 74LS175 含有 4 个 D 触发器且共用异步复位端$\overline{CLR}$。比赛开始后，闭合开机键 S，启动抢答电路。答题开始前，主持人启动复位信号，触发器各状态输出为 0，抢答 LED 灯熄灭，此时或非门输出 1，外部时钟 CLK 通过与门加到 74LS175 的时钟端；若无参赛选手抢答，LED 始终全灭；一旦有参赛选手按下抢答按键，对应 LED 点亮，或非门输出 0，与门输出 0，时钟 CLK 无法加到 74LS175 的时钟端，74LS175 无法触发、不再响应抢答按键。

(2) 用 74LS175、74LS08、74LS32 和 74LS02、按键和 LED 灯实现该电路。画出电路图，标出所有管脚编号。

操作提示： 信号发生器产生 1 kHz 方波作为外部时钟信号 CLK，将 74LS175 各状态输出分别接 4 个 LED，四输入或非门由二输入或门 74LS32 和二输入或非门 74LS02 实现，主持人复位信号和参赛选手抢答信号分别由实验箱中单脉冲输出区产生。

8-35

(3) 在 Multisim 仿真环境中搭建电路，验证电路的逻辑功能。

(4) 自行准备演示方案，调试电路，实现电路功能。

(5) 参考电路如图 8-36 所示。

8-36

2. 计时抢答电路

在电子抢答电路中增加回答问题计时模块，当抢答电路进入答题模式后，开始 10 s(0～9)计时，抢答者有 10 s 时间回答问题；一旦 10 s 过后，答题模式结束，将重新进入抢答模式。

(1) 用计数器 74LS161、与非门 74LS00 和与门 74LS08 实现计时模块电路。

① 增加计时功能。利用 74LS161 的异步复位功能，即 Q_D、Q_B 与非产生变模信号，使得 74LS161 构成十进制加法计数器。74LS161 的时钟脉冲频率为 1Hz(周期为 1 s)时，该计数器为 10 s 计时器。

② 修改复位信号。主持人按下复位信号或者 10 s 计数完毕(计数器状态为 9)时，抢答电路都要重新进入抢答模式，因此修改复位电路，将 74LS161 的变模信号和主持人复位信号

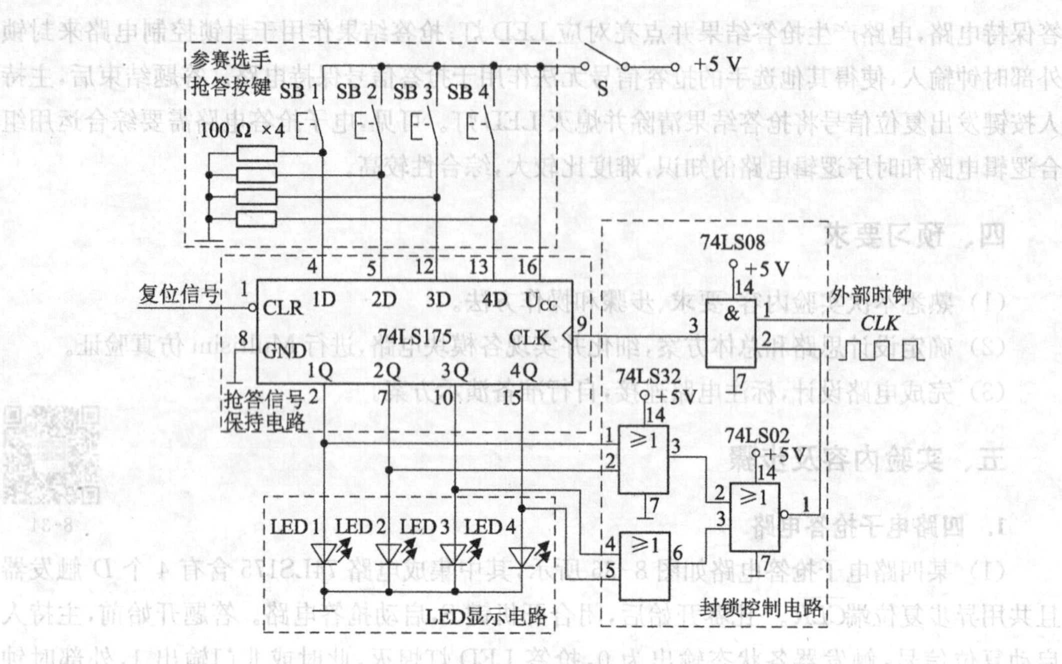

图 8-36　四路电子抢答电路图

相与形成抢答信号,保持电路的复位信号(抢答电路复位信号)。

③ 增加计时复位信号。进入抢答模式后,如无参赛选手抢答,74LS161 不计数(计时),故抢答器的 4 路状态输出相或,然后与抢答电路复位信号相与形成计时复位信号。

(2) 在 Multisim 仿真环境中搭建电路,验证电路的逻辑功能。

(3) 自行准备演示方案,调试电路,实现电路功能。

(4) 参考电路如图 8-37 所示。

8-37

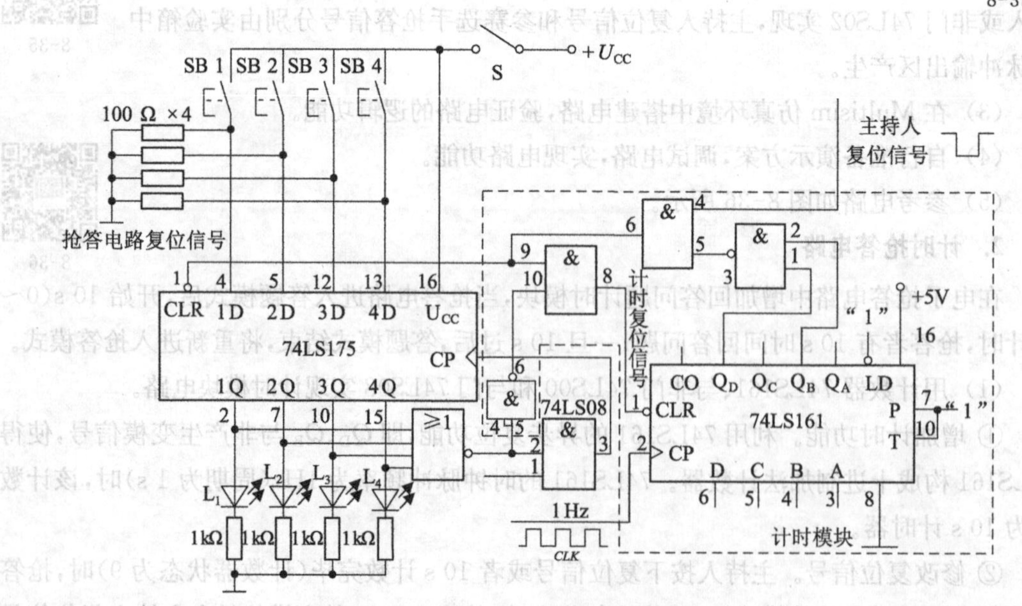

图 8-37　带计时的四路抢答电路图

六、实验报告

1. 总结电子抢答电路的设计思路、结构和功能实现方法。
2. 总结电子抢答电路的调试过程和方法、步骤。
3. 总结实验收获和体会。

本章小结

数字电路基础实验设置了功能验证性、设计性和综合性三类实验。验证性实验用于验证数字电路中常见的集成逻辑门、触发器、功能模块等器件的逻辑功能，加深学生对集成电路原理和功能的理解，提高其数字电路测试水平。设计性实验用于实现3人表决、全加器、计数器等常见的应用电路，给学生营造独立思考、讨论问题的环境，鼓励学生独立分析、解决问题，提高其理论与实践相结合的能力。综合性实验是设计流水灯电路和电子抢答电路，侧重学生创新能力的开发，引导学生小组协作，提高学生对数字电路的仿真、设计、调试能力，培养学生团队合作精神。

第 9 章　数字电路仿真实例

在数字电路基础的学习中，利用 EDA 软件平台丰富的器件库、强大的分析和设计功能、及时有效的测量手段，可以快速完成数字电子电路的设计与仿真，大大提高学生的自主学习能力和学习效率。本章主要介绍数字电路基础中典型电路的 Multisim 仿真实例。

9.1 EDA 简介

9.1.1 EDA 软件介绍

EDA 是电子设计自动化(Electronics Design Automation)的缩写。EDA 常用于电路设计与仿真，可以进行原理电路、印制电路板(PCB)、专用集成电路(ASIC)、可编程逻辑器件(PLD)和单片机(MCU)的设计。与传统的电子电路设计和实验方法相比，EDA 具有元器件及仪器仪表齐全、修改调试方便、实验成本低、效率高、结果准确等特点，已经成为设计过程中必不可少的环节。随着 EDA 技术的不断发展，很多功能先进、性能强劲的仿真软件出现了，如 Multisim、TINA、SPICE 以及 ModelSim 等，这些软件各有所长，其主要功能和特点如下所示。

Multisim 是美国 NI 公司推出的电路图输入的电子线路仿真软件，具有庞大的元件数据库、原理图输入接口、数模 SPICE 仿真功能、VHDL/Verilog 设计接口与仿真功能、FPGA/CPLD 综合能力、RF 射频设计能力和后处理能力，可以实现从原理图到 PCB 布线工具包的无缝数据传输。Multisim 软件简单易用，在高校辅助教学中应用最为广泛。

TINA 是匈牙利 DesignSoft 公司设计的一款 EDA 软件，用于模拟及数字电路的仿真分析。TINA 软件界面简单直观，除具有直流分析、瞬态分析、正弦稳态分析、温度扫描、参数扫描等分析功能之外，还能对输出电量进行指标设计和对电路元件参数进行优化计算。

SPICE 是由美国加州大学推出的电路分析仿真软件，采用文本输入 SPICE 语句，具有强大的模拟和数字电路混合仿真功能，是 20 世纪 80 年代应用最广的电路设计软件。SPICE 软件采用节点分析法来建立电路方程组，可以建立元器件及元器件库，进行各种各样的电路仿真和激励建立，可提供直流分析、时域分析、频域分析、温度与噪声分析等。

ModelSim 是美国 Mentor 公司推出的 HDL 硬件描述语言的仿真软件，支持 VHDL 和 Verilog HDL 两种语言程序的混合仿真，支持 IEEE 常见的各种硬件描述语言标准。

ModelSim 软件编译仿真速度快，具有个性化的图形界面和用户接口，是门级电路仿真的首选仿真软件。

9.1.2　Multisim 仿真软件简介

1. Multisim 软件概述

Multisim 软件中有数千种电路元器件，可以新建或扩展元器件库；有万用表、函数信号发生器、双踪示波器等通用虚拟仪器，以及波特图仪、逻辑分析仪、安捷伦多用表、安捷伦示波器、泰克示波器等虚拟仪器。除此之外，Multisim 软件有直流工作点分析、交流分析、瞬态分析、灵敏度分析、参数扫描分析、温度扫描分析等各种电路分析功能以及强大的帮助(Help)功能。所以，Multisim 软件常用于设计、测试和演示各种电工电路、模拟电路、数字电路、射频电路及部分微机接口电路等电子电路。

2. Multisim 软件主界面

Multisim 软件的主界面如图 9-1 所示，具有菜单栏、工具栏、电路工作区和仪器工具栏等。Multisim 的 TTL、CMOS 和 MiscDigital 元件库中提供大量与实际元件型号一致的数字元件，仿真过程中调用这些数字元件进行测试，可得到仿真结果。本章中的数字电路仿真均是基于 Multisim 14.2 实现的。

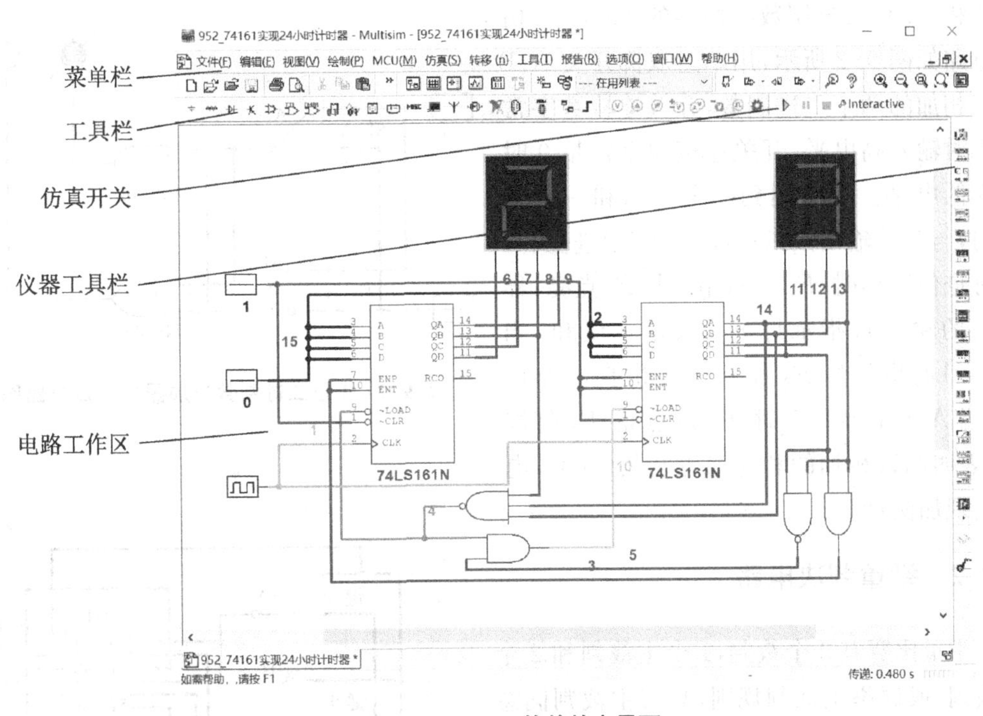

图 9-1　Multisim 软件的主界面

3. Multisim 仿真实验步骤

利用 Multisim 软件完成数字电路仿真实验，主要有以下步骤：

(1) 选取仿真实验需要的元器件，修改名称并设置参数；

(2) 选取电路需要的直流电源、地、时钟脉冲、常量等输入信号，将它们放置在合适的位置，设置参数；

(3) 为了便于观察数字电路的仿真结果，可放置指示灯、数码管等指示元件以及万用表、示波器、逻辑分析仪等虚拟仪器仪表来显示电路的逻辑值、电压值或者波形等；

(4) 利用鼠标左键连接器件引脚，完成电路连接；

(5) 点击仿真开关，开始仿真，观察实验现象，验证电路逻辑功能。

9.2 门电路仿真实例

门电路是数字电路中的基本元件，常见的由门电路构成的电路有1位二进制数半加器、举重判决电路、3人表决电路和四舍五入电路等。利用 Multisim 仿真验证电路功能，帮助理解数字电路的基本概念和电路功能。

9.2.1 1位二进制数半加器

1位二进制数半加器是将两个1位二进制数相加的组合电路，电路的输出为进位和以及本位和。1位二进制数半加器的 Multisim 仿真电路如图 9-2 所示，用单刀双掷开关 A、B 实现相加的两个二进制数，开关连接数字常量1时输入高电平，开关连接数字常量0时输入低电平。电路用到一个与门和一个异或门，与门的输出接指示灯 F_1，表示进位和，当有进位输出时，$F_1=1$，指示灯 F_1 点亮；异或门的输出接指示灯 F_2，表示本位和，当 $F_2=1$ 时指示灯 F_2 亮。运行仿真电路可见，当 A＝1、B＝1 时，F_1 灯点亮、F_2 灯熄灭，表明两数相加的和为二进制数 $(10)_2$，电路实现加法计算。

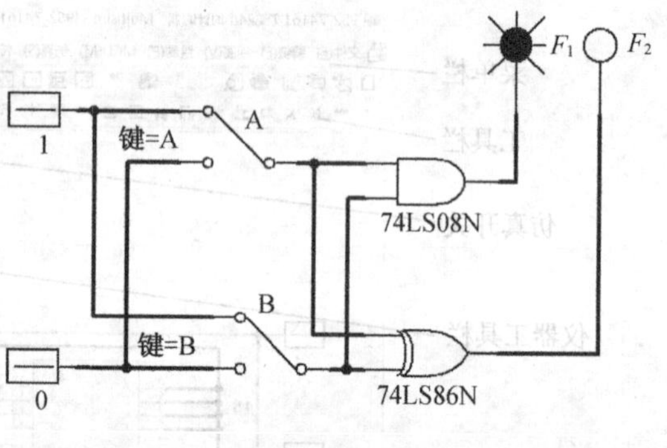

图 9-2 1位二进制数半加器的仿真电路图

9.2.2 举重判决电路

举重比赛有3个裁判，1个主裁判和2个副裁判，根据举重裁判规则，只有主裁判同意且至少1个副裁判同意时，动作判定为成功。举重判决电路的 Multisim 仿真电路如图 9-3 所示，开关 A、B、C 实现3路输入，数字常量1、0实现高、低电平输入，设置快捷键 A、B、C 实现

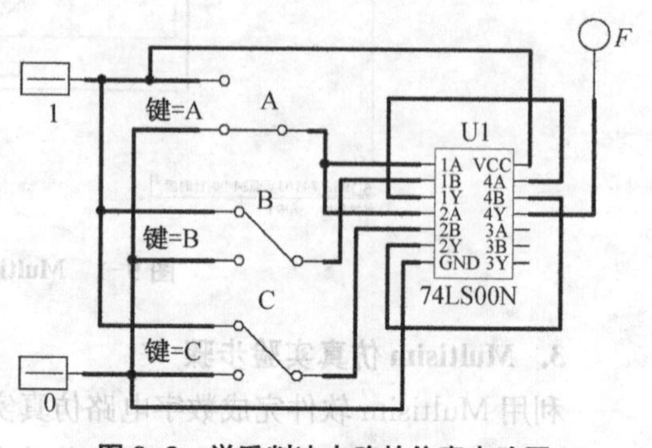

图 9-3 举重判决电路的仿真电路图

输入电平的切换；指示灯 F 接电路输出端，举重成功指示灯点亮，电路采用1片集成电路74LS00实现3个2输入与非门的连接。运行仿真电路可见，ABC=011时，主裁判不同意、两个副裁判同意，指示灯熄灭，表示举重不成功。

9.2.3 3人表决电路

3人表决电路中，有3人参与表决，当有2个或3个人同意时，表决结果为通过。3人表决电路的Multisim仿真电路如图9-4所示，用开关A、B、C实现3路输入，电源(V_{CC})、地(GND)实现高、低电平输入，设置快捷键A、B、C实现输入电平的切换；指示灯 F 接电路输出端，表决通过指示灯点亮。电路用到2个二输入与非门和1个三输入与非门，可选用单个与非门搭建仿真电路，如图9-4(a)所示；也可以选用集成电路74LS00和74LS20搭建仿真电路，如图9-4(b)所示。运行仿真电路可见，ABC=010时，指示灯 F 熄灭，表决结果不通过；ABC=011时，指示灯 F 点亮，表决结果通过。

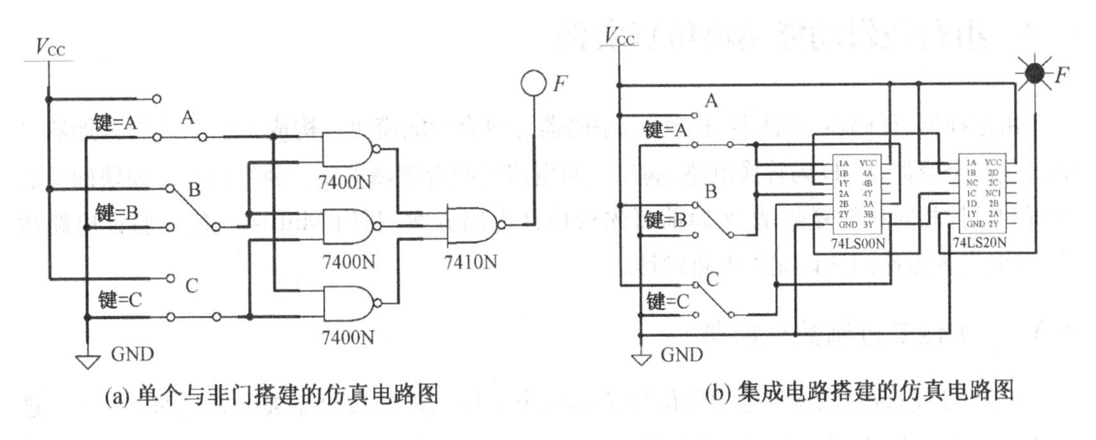

(a) 单个与非门搭建的仿真电路图　　(b) 集成电路搭建的仿真电路图

图9-4 3人表决电路仿真电路图

9.2.4 四舍五入电路

四舍五入电路的功能是：当输入的8421码表示的十进制数大于等于5时，电路输出1，实现计入；当表示的十进制数小于等于4时，电路输出0，表示舍去。由与非门构成的四舍五入Multisim仿真电路如图9-5所示，开关A、B、C、D实现8421码输入，电源 V_{CC}、地(GND)实现高、低电平输入，指示灯 F_1 指示四舍五入电路的输出。设计过程中使用了无关项(输入为1010～1111)，因此电路增加指示灯 F_2，用于表示输入编码是否为8421码；若输入不是8421码，指示灯 F_2 点亮。运行仿真电路可见，ABCD=0101时，F_1 灯点亮，F_2 灯熄灭，输入编码为8421码且输出为计入，如图9-5(a)所示；ABCD=1101时，F_1、F_2 同时点亮，表示输入不是8421码，F_1 的值无效，如图9-5(b)所示。

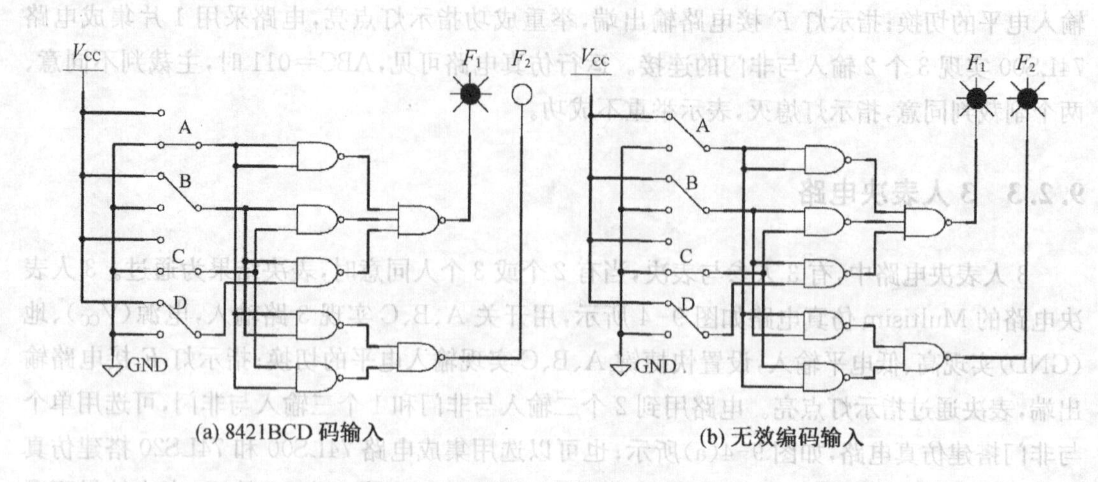

图 9-5　四舍五入电路的仿真电路图

9.3　组合逻辑功能模块仿真实例

由选择器、译码器、加法器、比较器、编码器等组合功能模块可构成 1 位二进制全加器、1 位二进制全减器、BCD 码转换电路、病房呼叫电路等组合逻辑电路。因组合功能模块的功能分析和设计相对比较复杂，故实验前可先行设计电路方案，利用 Multisim 仿真验证电路功能，及时发现电路问题以完善电路设计。

9.3.1　1 位二进制数全加器

1 位二进制数全加器是考虑低位进位的两个 1 位二进制数的加法运算电路。1 位二进制数全加器的 Multisim 仿真电路如图 9-6 所示，用数字常量 1、0 实现高、低电平输入，开关

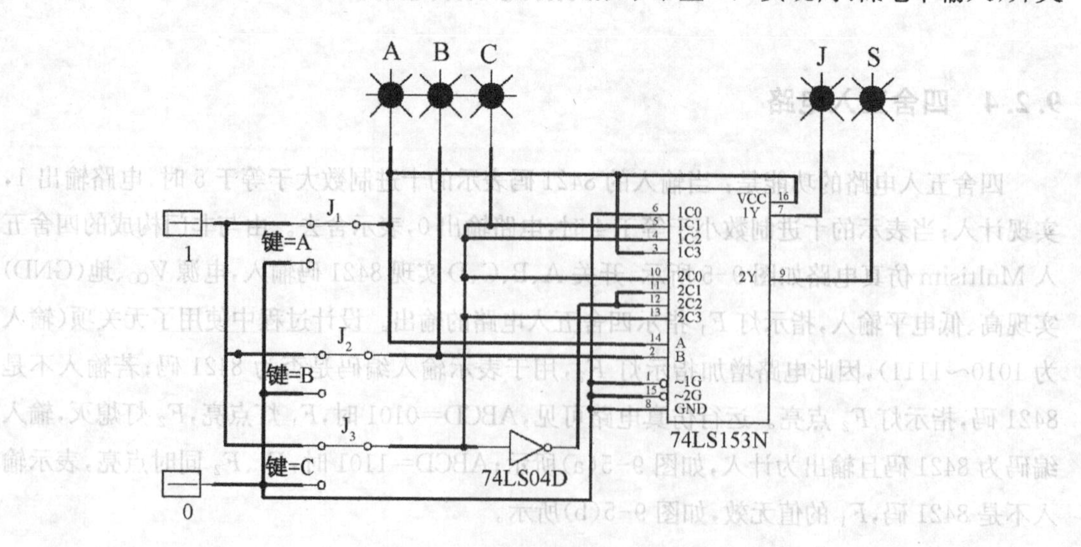

图 9-6　1 位二进制数全加器仿真电路图

J_1、J_2、J_3 用来产生 3 个 1 位二进制数，分别由指示灯 A、B、C 显示，其中 A 表示被加数、B 表示加数、C 表示低位的进位，设置快捷键 A、B、C 切换开关高、低电平输入；指示灯 J、S 显示加法结果，J 表示相加后的进位和、S 表示相加后的本位和，电路用到选择器 74LS153 和非门 74LS04。运行电路仿真可见，当相加的两数都为 1，且进位为 1 时，输出为 11，实现了带进位的加法功能。

9.3.2　1 位二进制数全减器

1 位二进制数全减器是考虑低位借位的两个 1 位二进制数的减法运算电路。全减器 Multisim 仿真电路如图 9-7 所示，用数字常量 1、0 实现高、低电平输入，开关 J_1、J_2、J_3 产生 3 个 1 位二进制数，分别由指示灯 A、B、C 显示，其中 A 表示被减数、B 表示减数、C 表示低位的借位，设置快捷键 A、B、C 切换开关高、低电平输入；指示灯 F_1、F_0 显示减法结果，F_0 显示相减后的本位差输出、F_1 显示相减后的借位输出，电路用到译码器 74LS138 和与非门 74LS20。运行仿真电路可见，被减数为 0、减数为 1 且低位已经借位，全减器借位输出为 1、本位差输出为 0，说明需要向高位借位（借 1 当 2 减去减数 1 和低位借位）、差为 0，实现了带借位的减法功能。

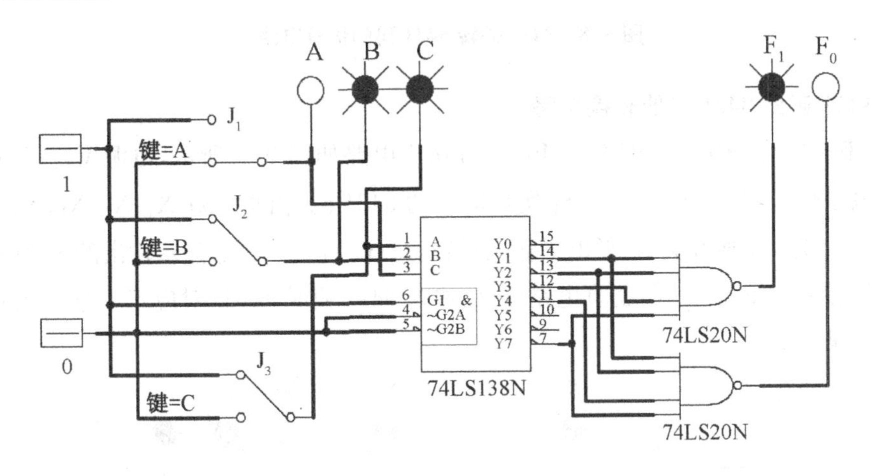

图 9-7　1 位二进制数全减器仿真电路图

9.3.3　BCD 码转换电路

BCD 码是将 1 个十进制数看作十进制符号的组合，对每个 0～9 字符用 4 位二进制代码进行编码表示。常见的 BCD 码有 8421 码、5421 码和余 3 码等，用逻辑门实现这些 BCD 码的相互转换，过程烦琐，电路较复杂，而用 7483 实现，则可以大大简化电路的设计过程。

1. 8421 码到 5421 码的转换电路

8421 码到 5421 码转换电路的 Multisim 仿真电路如图 9-8 所示，电源 V_{CC}、地 GND 实现高、低电平输入，开关 S_1、S_2、S_3、S_4 产生输入的 8421 码，由指示灯 X_3、X_2、X_1、X_0 显示，设置快捷键 A、B、C 切换开关高、低电平输入；指示灯 Y_3、Y_2、Y_1、Y_0 显示输出的 5421 码，电路

用到集成电路 74LS83 和 74LS85。运行仿真电路可见，指示灯可直观显示输入的 8421 码和对应的 5421 码，输入 8421 码是 0101(对应于十进制数 5)时，输出 5421 码是 1000。

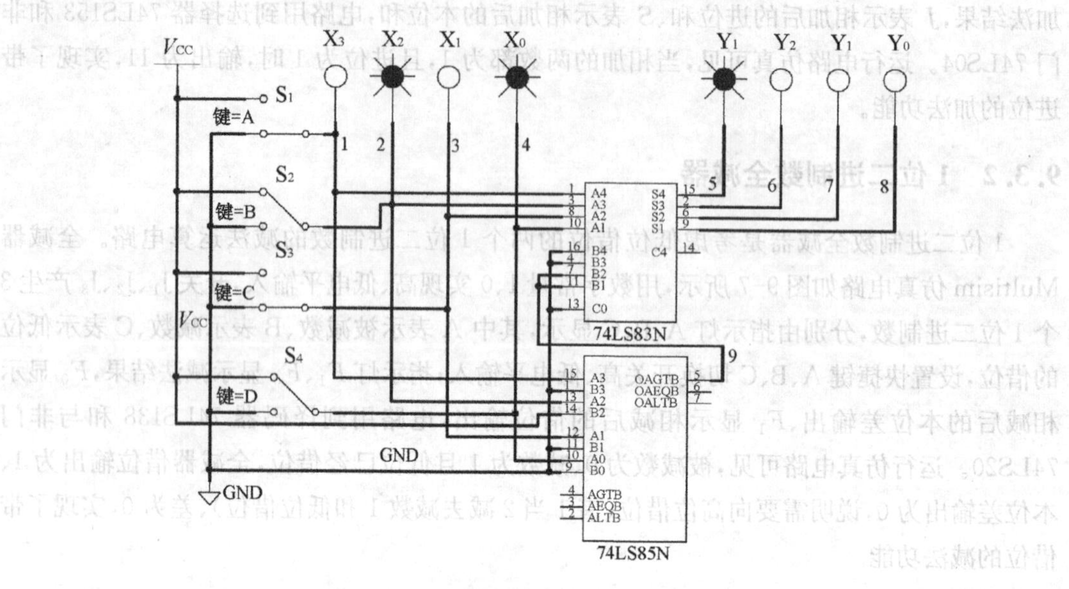

图 9-8　8421 码转 5421 码的仿真电路图

2. 5421 码到 8421 码的转换电路

5421 码到 8421 码转换电路的 Multisim 仿真电路如图 9-9 所示，电源 V_{CC}、地 GND 实现高、低电平输入，开关 S_1、S_2、S_3、S_4 实现输入的 5421 码，由指示灯 X_3、X_2、X_1、X_0 显示，设置快捷键 A、B、C 切换开关高、低电平输入；指示灯 Y_3、Y_2、Y_1、Y_0 显示输出的 8421 码，电路用到集成电路 74LS83。运行仿真电路可见，输入 5421 码是 1001(对应于十进制数 6)时，输出 8421 码是 0110。

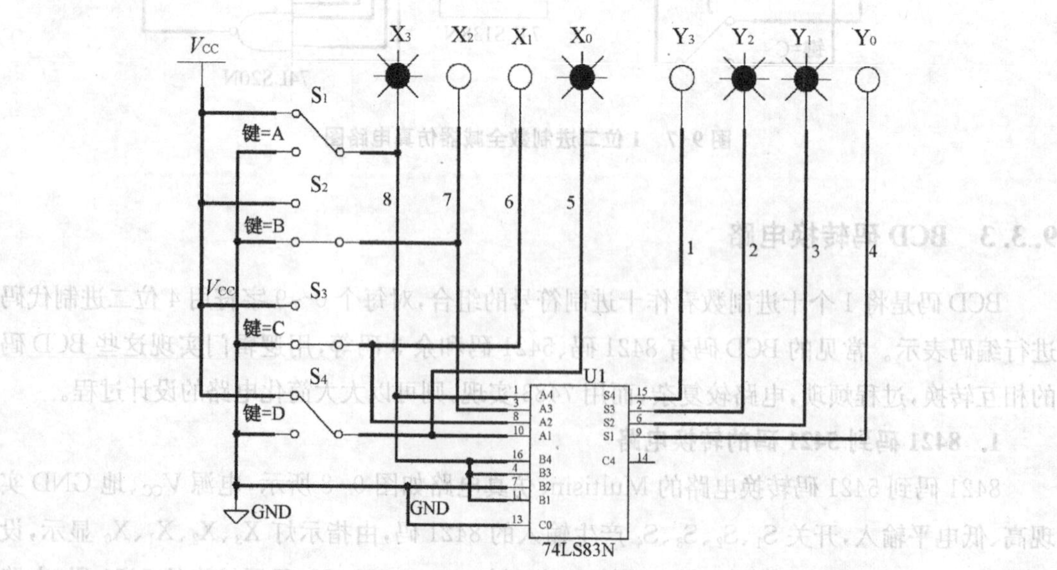

图 9-9　5421 码转 8421 码仿真电路图

9.3.4　病房呼叫电路

医院病房有 4 个病人，按照伤病程度从高到低分为 1、2、3、4 号，其中 1 号病人最严重、服务优先级最高，其余病人服务优先级逐渐降低，4 号病人服务优先级最低。病房呼叫电路根据病人的伤病程度和呼叫情况，在护士站中显示呼叫结果。病房呼叫电路的 Multisim 仿真电路如图 9-10 所示，电源 V_{CC}、地 GND 实现高、低电平输入，开关 $J_1 \sim J_4$ 为 1～4 号病人的开关按键，病人求助时按下按键，对应的病房指示灯 $X_1 \sim X_4$ 亮，按回按键开关则病房指示灯熄灭；病房呼叫电路采用集成电路 74LS148、非门和与门，根据服务优先级判断后的呼叫结果由护士站指示灯 $Y_1 \sim Y_5$ 显示，$Y_1 \sim Y_4$ 显示对应的病人呼叫，若无病人呼叫，Y_5 点亮。运行仿真电路可见，当 4 个病人同时按键呼叫时，病房指示灯全部点亮，护士站呼叫灯 Y_1 点亮，通知护士服务 1 号病人。

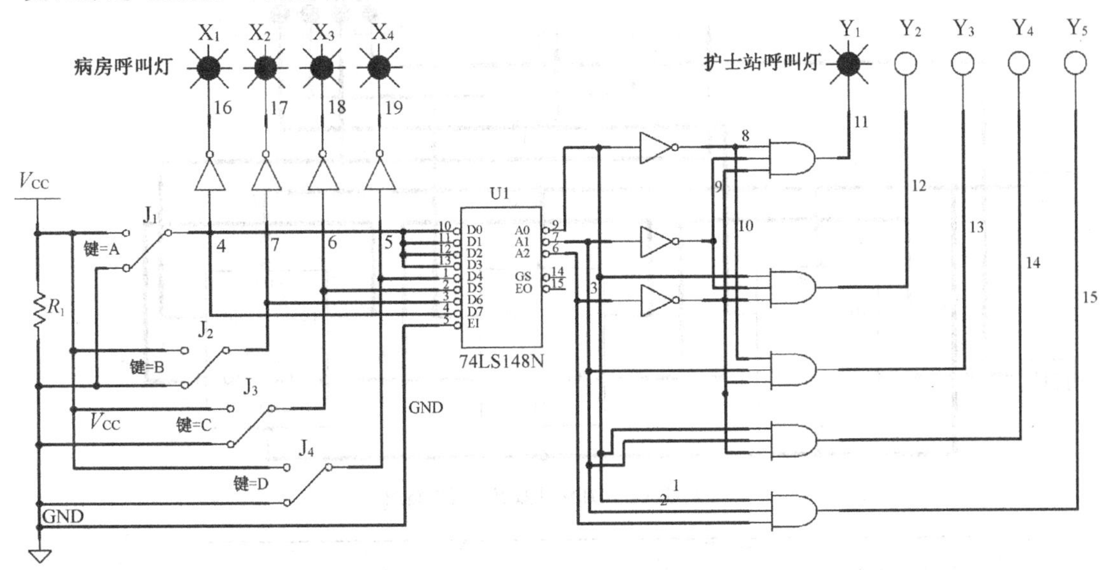

图 9-10　病房呼叫电路仿真电路图

9.4　触发器仿真实例

D 触发器、*JK* 触发器等常见集成触发器可以构成计数器、移位寄存器、彩灯控制电路、序列检测器等时序逻辑电路。利用 Multisim 仿真，不但可以设计电路、验证电路功能，还可以观察触发器时钟的触发、状态的转换、电路波形的变化以及异步变模的特点，破解理论学习过程中的重难点。

9.4.1　计数器

1.　八进制计数器

由 *D* 触发器和 *JK* 触发器构成八进制计数器，其 Multisim 仿真电路图和波形图如图

9-11所示。图 9-11(a)为 D 触发器构成异步加法计数器的仿真电路图,图 9-10(c)为 JK 触发器构成同步减法计数器的仿真电路图,数字时钟作为时钟脉冲输入,数字常量 1 作为高电平输入,指示灯 Q_2、Q_1、Q_0 分别显示计数器各位状态值(Q_2 是高位),示波器显示时钟与计数器各状态的输出波形。图 9-11(b)为八进制加法计数器的波形图,图 9-11(d)为八进制减法计数器的波形图,波形图自上而下分别为时钟脉冲、Q_2、Q_1、Q_0 的波形。运行仿真电路可见,指示灯显示加法计数器的计数范围为 000~111、减法计数器的计数范围为 111~000;波形图显示在时钟触发下两个电路各状态的输出波形,红色和蓝色指针间为一个计数周期的波形,都有 8 个时钟周期,说明两个电路均为八进制计数器,但电路状态值的转换方向相反。

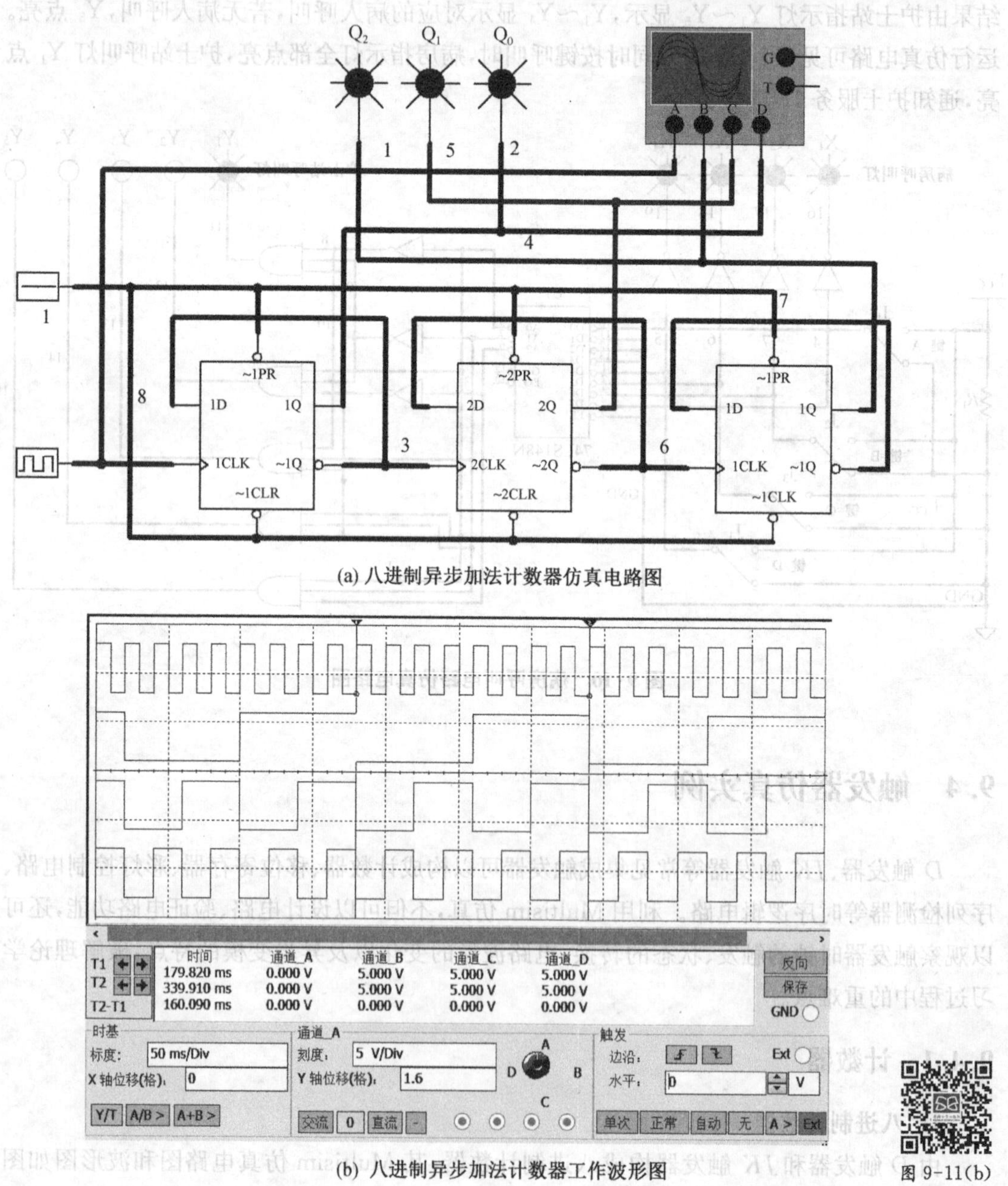

(a) 八进制异步加法计数器仿真电路图

(b) 八进制异步加法计数器工作波形图

图 9-11(b)

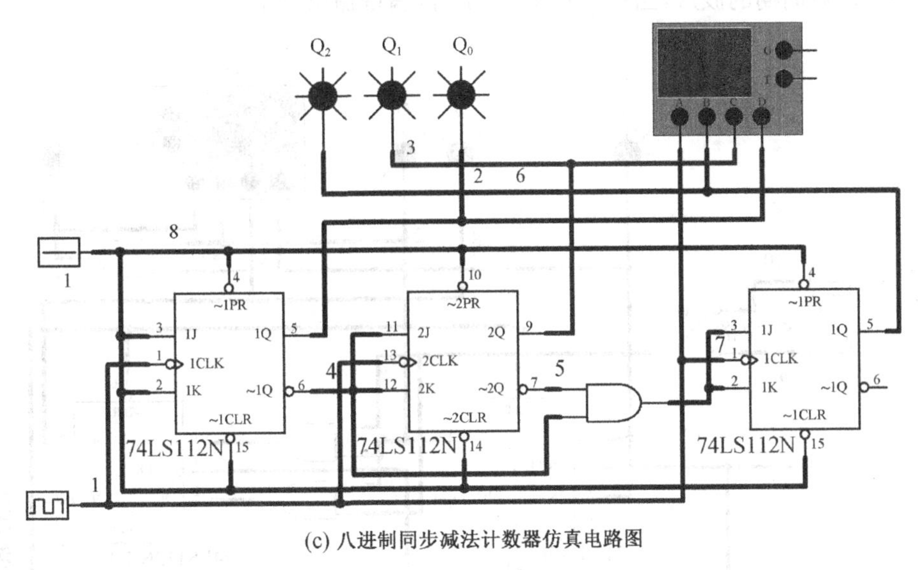

(c) 八进制同步减法计数器仿真电路图

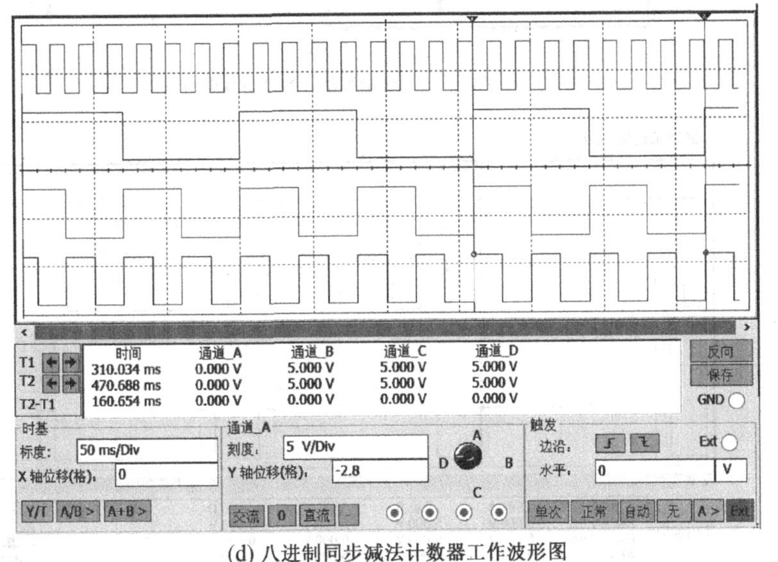

(d) 八进制同步减法计数器工作波形图

图 9-11(d)

图 9-11　八进制计数器仿真电路图和工作波形图

2. 可控四进制加法计数器

计数器电路中加入控制信号构成可控计数器，当控制信号为 1 时实现加法计数，当控制信号为 0 时电路状态保持不变。用两个 JK 触发器(74LS112)和与门构成可控四进制加法计数器，其 Multisim 仿真电路图和波形图如图 9-12 所示。图 9-12(a)为仿真电路图，数字时钟作为时钟输入，数字常量 1、0 作为高、低电平输入，开关 S_1 实现控制信号输入、设置空格键为快捷键进行不同电平的切换；指示灯 X 显示控制信号、Q_1 和 Q_0 显示计数器状态(Q_1 是高位)、Z_1 显示满量输出；图 9-12(b)为示波器仿真界面，自上而下显示 X、Q_1、Q_0、Z_1 的波形。运行仿真电路可见，$X=0$ 时计数器状态保持不变；$X=1$ 时加法计数，红色和蓝色指针间为一个计数周期的波形，当计数状态为 11 时，满量输出为 1。

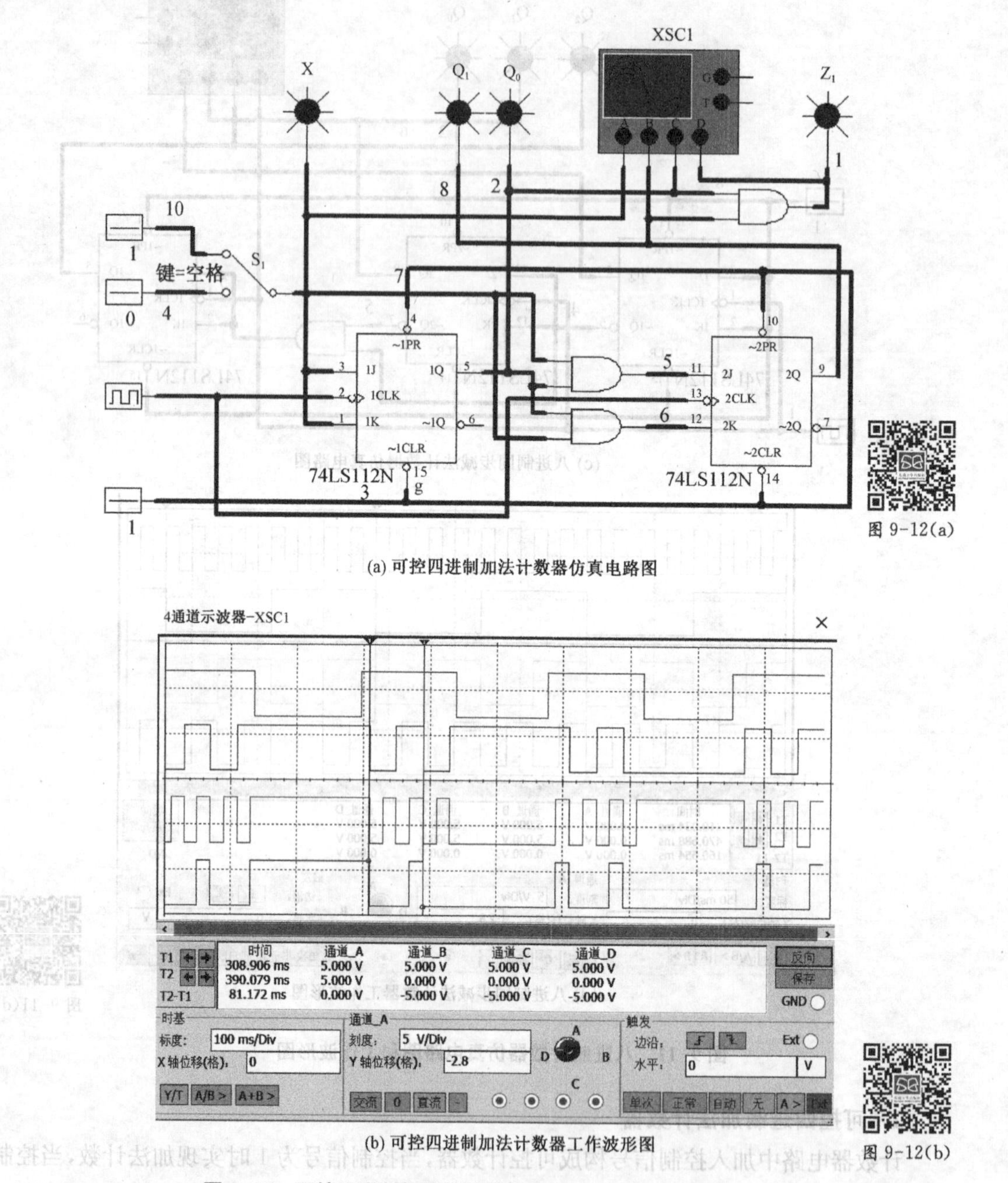

图 9-12　可控四进制加法计数器仿真电路图和工作波形图

3. 十进制加法计数器

触发器构成 M(非 2^n) 进制计数器时，需要利用触发器的异步置位端或复位端实现异步变模。用 JK 触发器和与非门构成十进制加法计数器，其 Multisim 仿真电路图如图 9-13(a)所示，数字时钟作为时钟脉冲输入，数字常量 1 作为高电平输入，指示灯 Q_3、Q_2、Q_1、Q_0 显示计数器各位状态值(Q_3 是高位)；电路工作波形图如图 9-13(b)所示，自上而下显示

$Q_3 \sim Q_0$ 的波形。运行仿真电路可见，指示灯显示电路计数范围为 0000 ～ 1001，波形图中显示状态 1001 后 Q_1 波形会出现毛刺(计数器的暂态 1011)，这是异步变模的缺点。

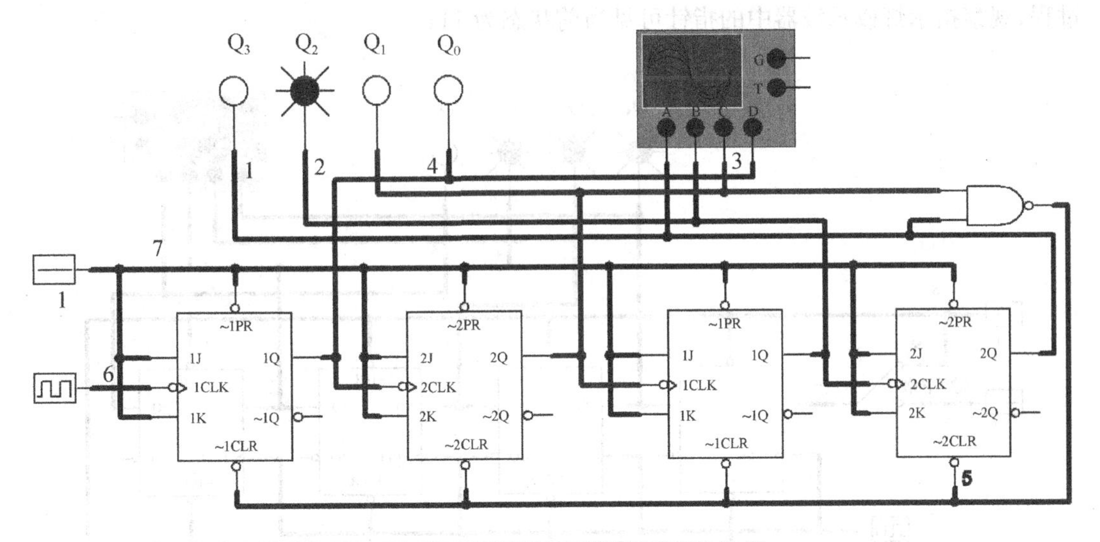

(a) 十进制加法计算器仿真电路图

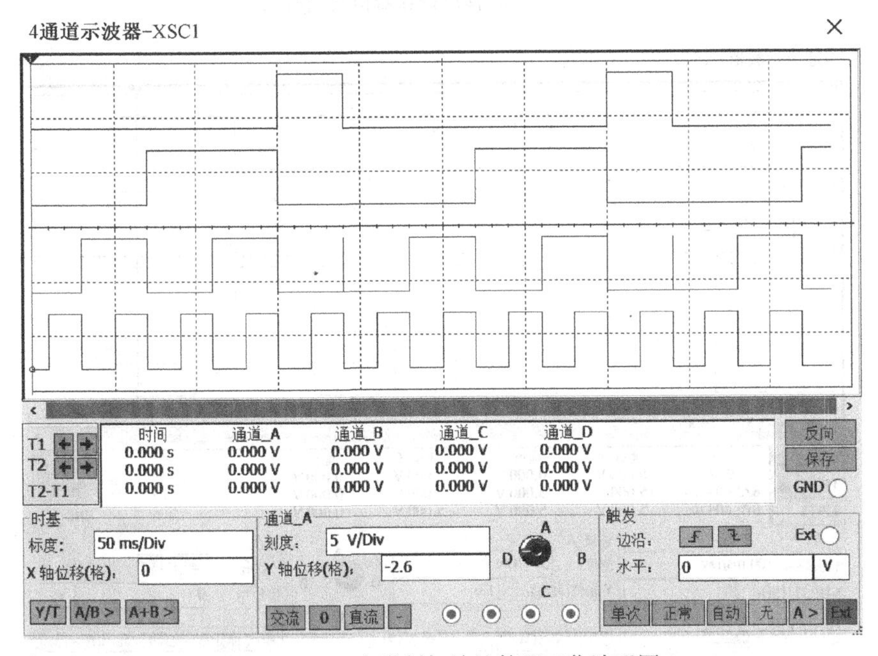

(b) 十进制加法计算器工作波形图

图 9-13　十进制加法计数器仿真电路图和工作波形图

9.4.2　移位寄存器

由 D 触发器构成 4 位右移寄存器，其 Multisim 仿真电路如图 9-14(a)所示，数字时钟作为时钟输入，数字常量 1、0 实现高、低电平输入，开关 S_1 产生右移串入数据，指示灯 Q_3、

Q_2、Q_1、Q_0 显示移位寄存器各位的状态。图 9-14(b)是示波器显示界面，自上而下分别为 Q_3、Q_2、Q_1、Q_0 的波形。运行仿真电路可见，指示灯和工作波形能直观显示串入数据右移的过程，观察指示灯或示波器中的指针可见当前状态为1110。

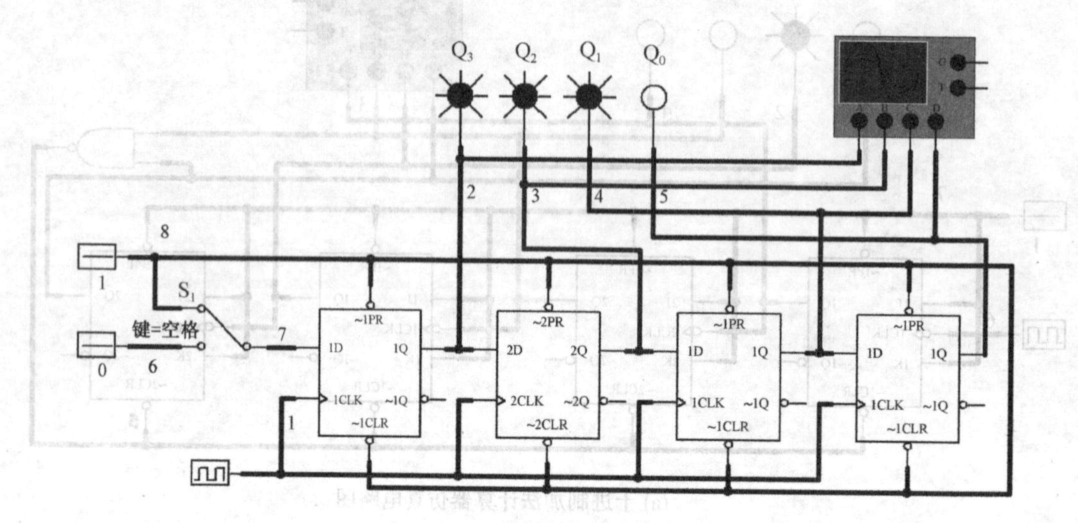

(a) 移位寄存器仿真电路图

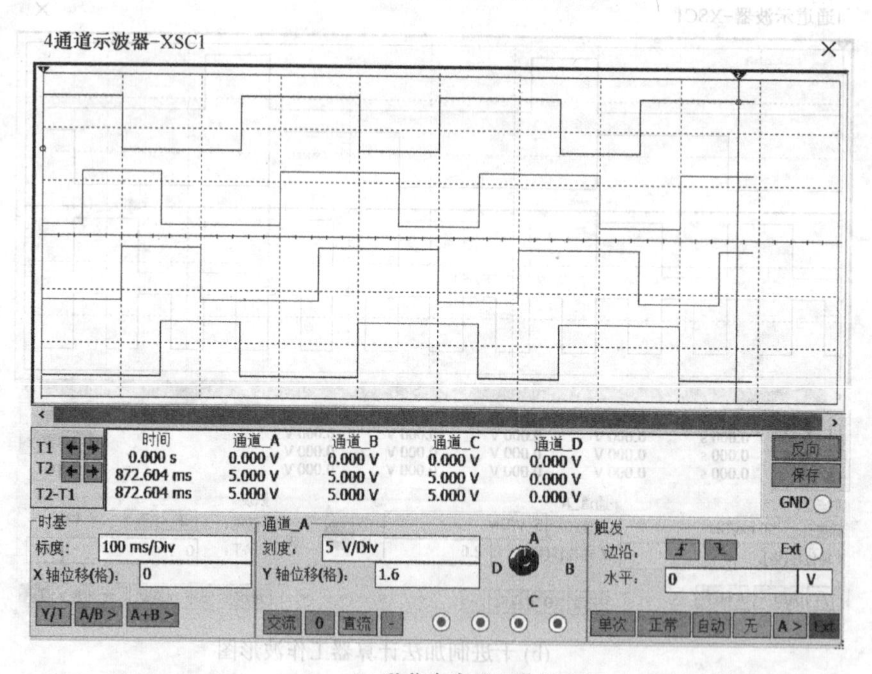

(b) 移位寄存器工作波形图

图 9-14　4 位右移移位寄存器仿真电路图和波形图

9.4.3　彩灯控制电路

由 JK 触发器构成彩灯控制电路，其 Multisim 仿真电路图如图 9-15 所示，数字时钟作为时钟输入，数字常量 1 实现高电平输入，彩色指示灯从左往右分别是红灯 Q_0、绿灯 Q_1、黄灯 Q_2。 运行仿真电路可见，在脉冲作用下，3 种颜色的彩灯自左向右依次单独点亮、全部点亮、自右向左依次单独熄灭、全部熄灭，一直循环，指示灯呈现循环流水灯的效果。

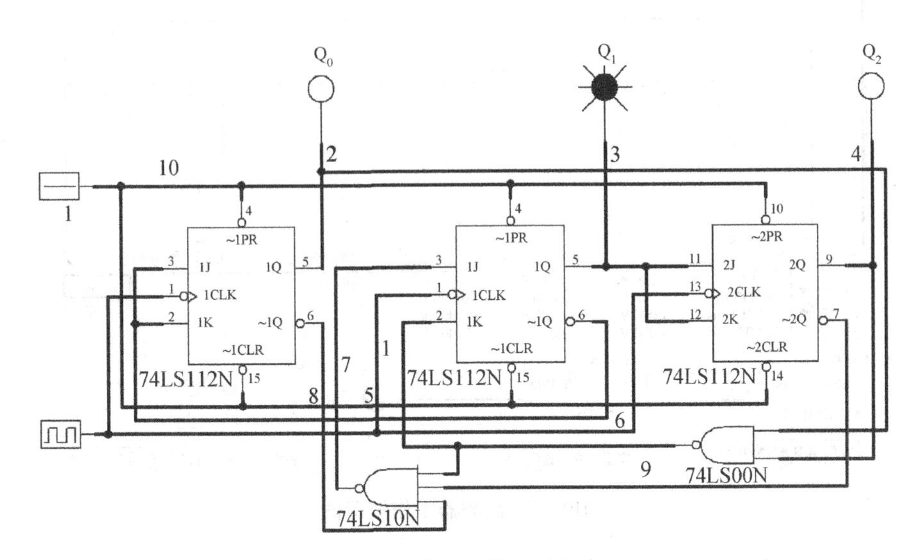

图 9-15 彩灯控制电路仿真电路图

9.4.4 序列检测器

由 D 触发器构成序列检测器，其 Multisim 仿真电路图如图 9-16(a)所示，数字时钟作为时钟输入，数字常量 1 实现高电平输入，开关 S_1 产生串行输入，指示灯 Q_1、Q_0 显示序列检测器各位的状态，指示灯 Z 显示检测结果。图 9-16(b)是示波器显示界面，自上到下显示时钟输入、输入序列、检测结果。运行仿真电路，由波形图可见，在脉冲作用下，连续输入 4 个"1"时电路输出 1，电路输出与输入直接相关，电路是米里型电路。

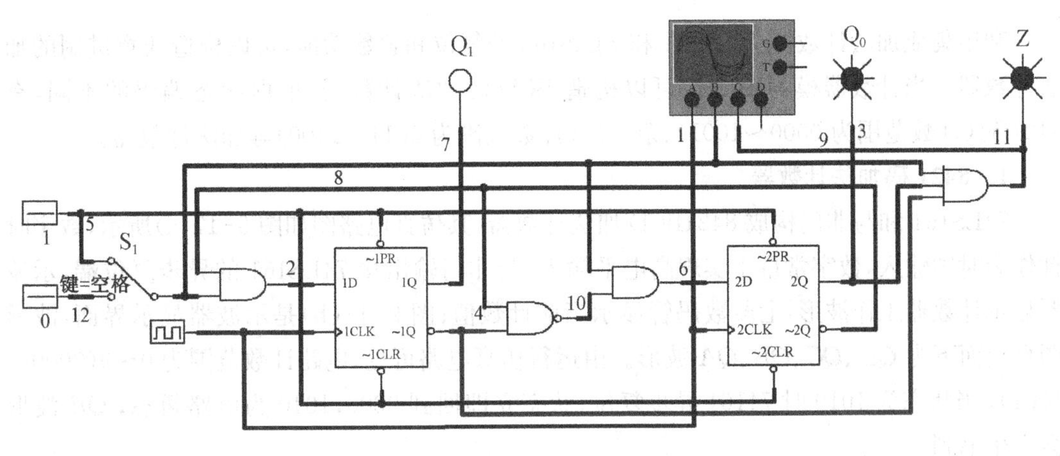

(a) 序列检测器仿真电路图

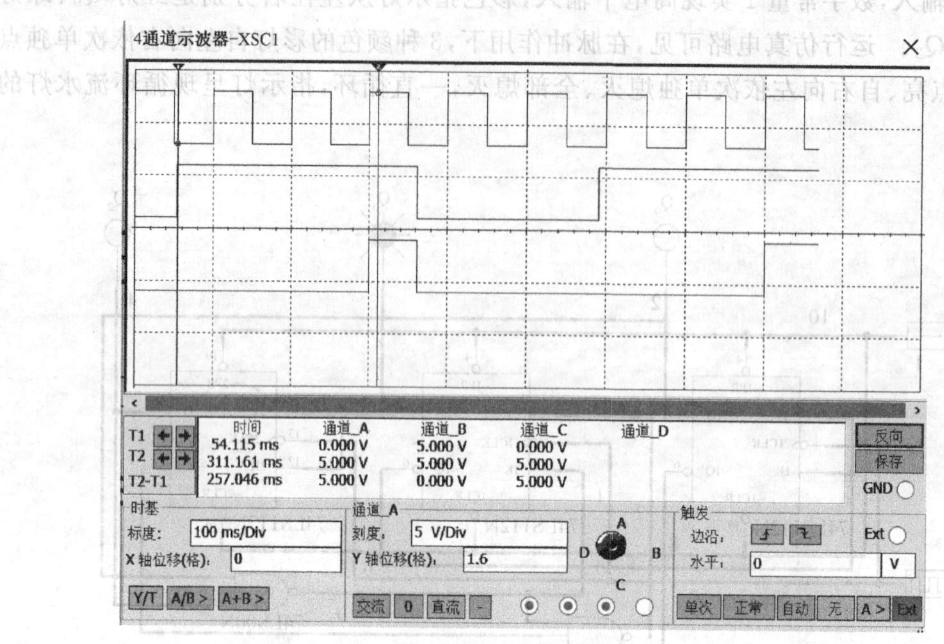

(b) 序列检测器工作波形图

图 9-16 序列检测器仿真电路图和工作波形图

9.5 时序逻辑电路仿真实例

集成计数器和移位寄存器可以构成各种功能的时序逻辑电路，如 BCD 码加法计数器、24 小时计时器、扭环形计数器以及序列发生器等。利用 Multisim 仿真，识记时序功能模块的符号、功能和使用方法，提高设计时序逻辑电路的能力。

9.5.1 BCD 码加法计数器

利用集成加法计数器 74LS161 和 74LS163 的复位和置数功能，可以构造任意进制的加法计数器。当计数器模为 10 时，可以构造 BCD 码加法计数器，根据状态编码的不同，有 8421 码(计数范围为 0000～1001)、余 3 码(计数范围为 0011～1100)等加法计数器。

1. 8421 码加法计数器

74LS161 和与非门构成 8421BCD 加法计数器，其仿真电路图如图 9-17(a)所示，数字时钟作为时钟输入，数字常量 1 实现高电平输入，与非门输出接 74LS161 的异步复位端，示波器显示计数器工作波形，七段数码管显示当前计数值；图 9-17(b)是示波器显示界面，波形图自上而下为 QD、QC、QB、QA 波形。由运行仿真电路可见，电路计数范围为 0～9(0000～1001)，当状态为 1010 时 74161 异步复位，状态立即回到 0000，1010 为电路暂态，QB 波形会产生毛刺。

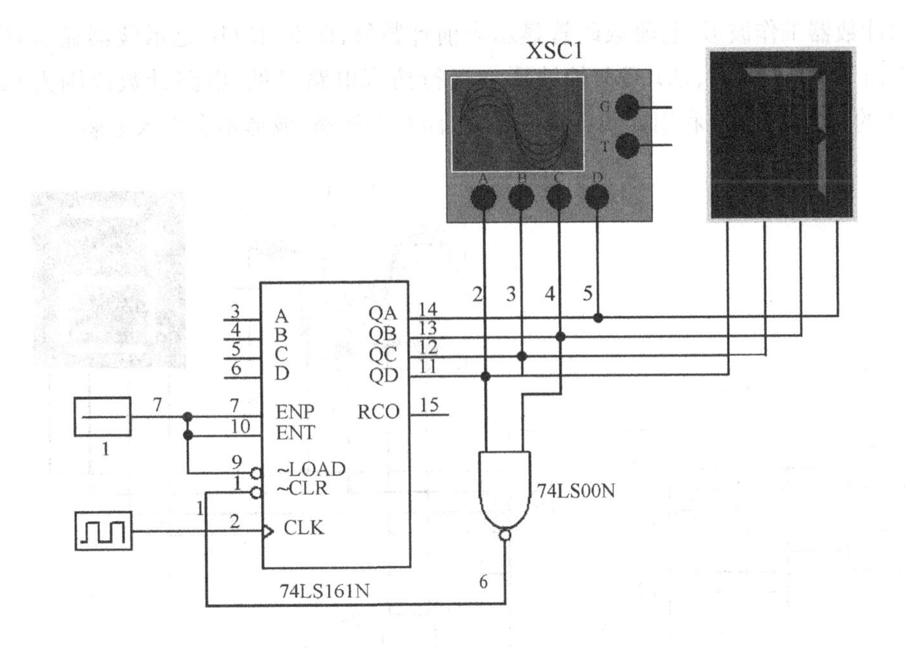

(a) 8421码加法计数器仿真电路图

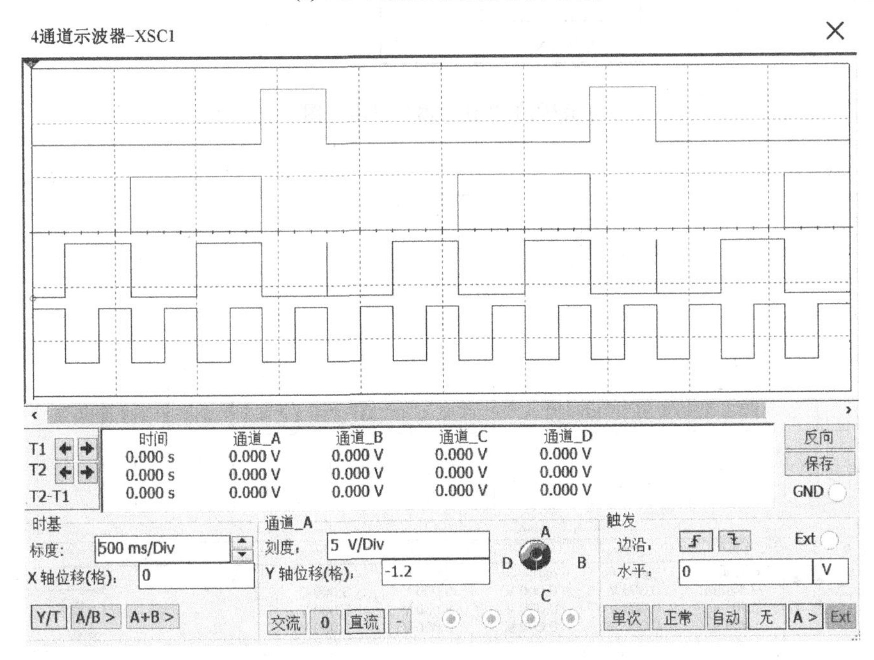

(b) 8421码加法计数器工作波形图

图 9-17　8421 码加法计数器仿真电路图和工作波形图

2. 余 3 码加法计数器

74LS163 和与非门构成余 3 码加法计数器，其仿真电路图如图 9-18(a)所示，数字时钟作为时钟输入，数字常量 1、0 实现高、低电平输入，与非门输出接 74LS163 的同步置数端，示波器显示计数器工作波形，七段数码管显示当前计数值；图 9-18(b)是示波器显示界面，波形图自上而下为 *QD*、*QC*、*QB*、*QA* 的波形。运行仿真电路可见，电路计数范围为 0011 ～ 1100，*QD* 的波形为方波，利用同步置数变模，电路没有暂态，波形不会引入毛刺。

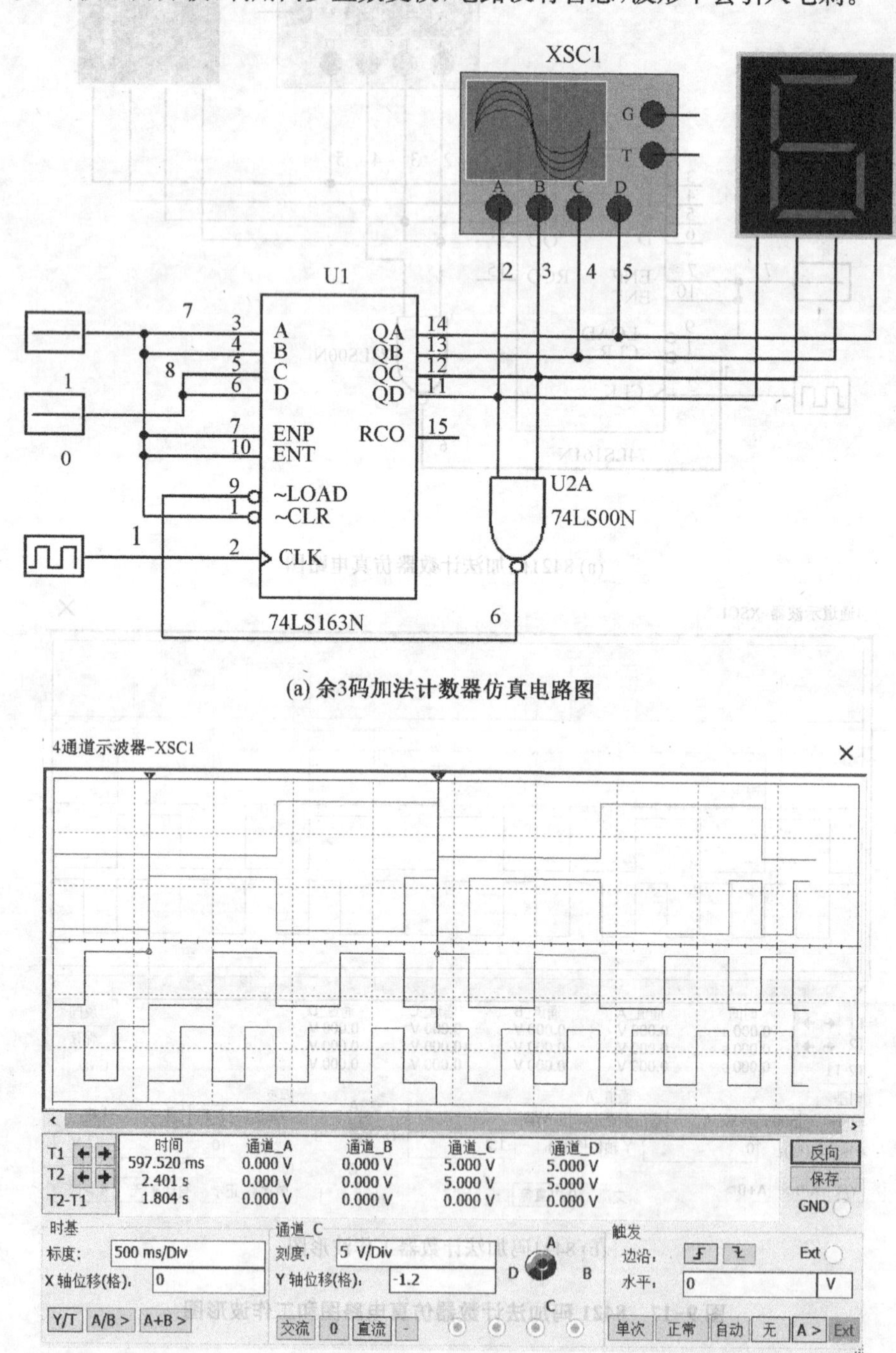

(a) 余3码加法计数器仿真电路图

(b) 余3码加法计数器工作波形图

图 9-18　余 3 码加法计数器仿真电路图和工作波形图

9.5.2　24小时计时器

24小时计时器是对时钟脉冲进行计数的二十四进制加法计数器，利用两片74LS161和逻辑门构成24小时计数器，其仿真电路图如图9-19所示，数字时钟作为时钟输入，数字常量1、0实现高、低电平输入，两片74LS161同步级联(右片为低位)并通过逻辑门实现变模和进位，两个七段数码管显示计数器状态。运行仿真电路可见，低位(右片)计数器逢10向高位(左片)计数器进1，当两片计数器计数到23时，在时钟脉冲作用下计数会回到00，电路计数范围为00～23，实现24进制加法计数。

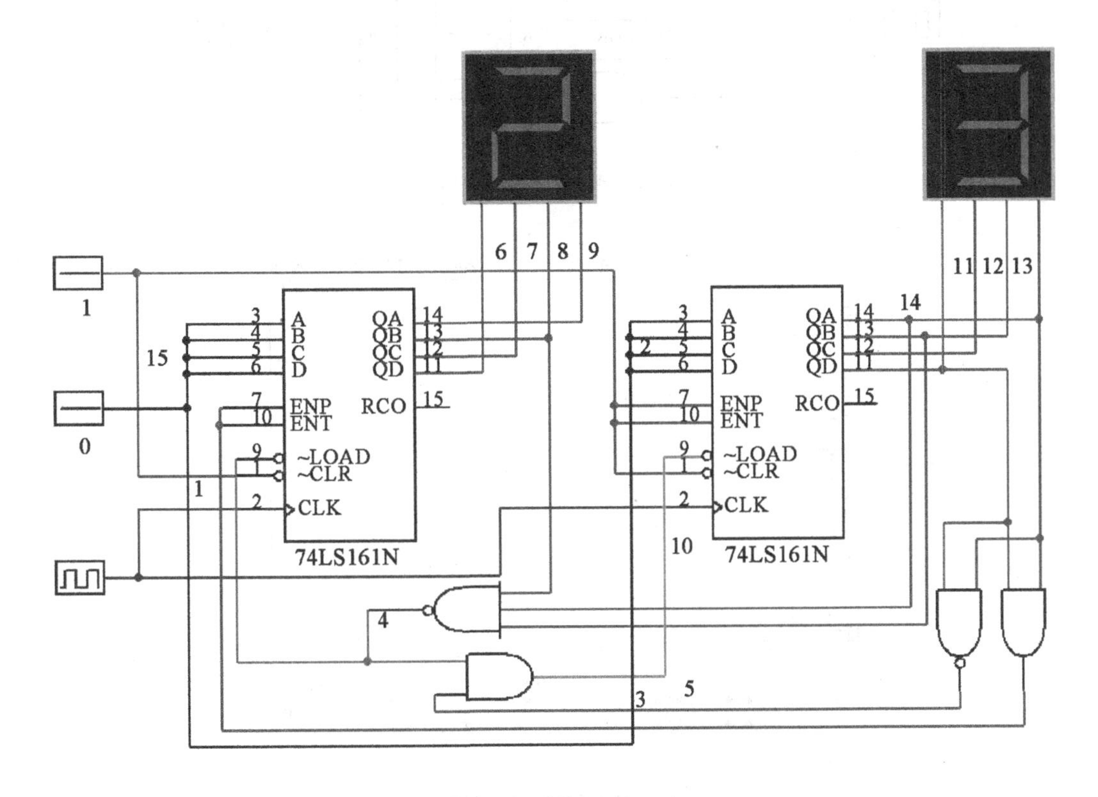

图9-19　24小时计时器仿真电路图

9.5.3　扭环形计数器

由集成移位寄存器74LS194和非门可以构成扭环形计数器，其仿真电路如图9-20(a)所示，数字时钟作为时钟输入，数字常量1、0实现高、低电平输入，74LS194的*QD*接非门输入端，非门输出接右移输入端*SR*。为了保证电路能自启动，利用非门和与非门实现异步复位，*QA*、*QB*、*QC*分别为0、1、0时，复位端有效，电路跳过死循环。图9-20(b)是逻辑分析仪显示界面，自上到下分别为*CLK*、*QA*、*QB*、*QC*、*QD*的波形。运行仿真电路，从逻辑分析仪中可见，两指针间为一个状态循环周期，有8个时钟脉冲，该扭环形计数器的模为8。

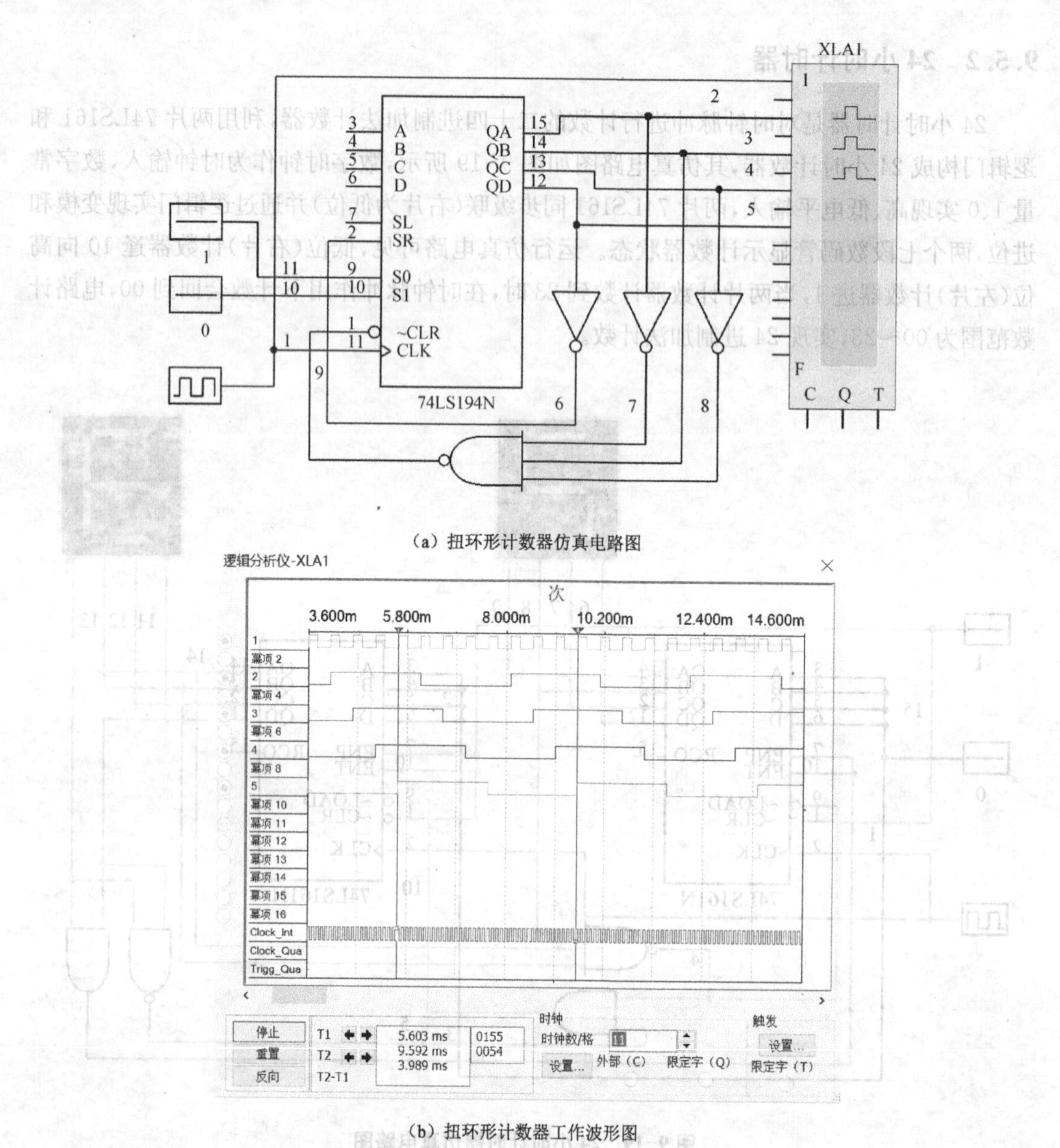

（a）扭环形计数器仿真电路图

（b）扭环形计数器工作波形图

图 9-20　扭环形计数器仿真电路图和工作波形图

9.5.4　序列发生器

由集成移位寄存器 74LS194 和异或门可以构成序列发生器，其仿真电路如图 9-21(a) 所示，数字时钟作为时钟输入，数字常量 1、0 实现高、低电平输入，*QD* 为周期序列输出端，*QD* 和 *QC* 接异或门输入端，异或门输出接右移输入端 *SR*。为了保证电路能自启动，利用或门、非门实现同步置数，一旦状态为 0000，同步置入 0001，电路跳过死循环。图 9-21(b)是逻辑分析仪显示界面，自上到下分别为 *CLK*、*QA*、*QB*、*QC*、*QD* 的波形。运行仿真电路，从逻辑分析仪中可见，两指针间为输出序列的一个周期，有 15 个时钟脉冲，*QD* 的值依次为

"100010011010111"，因此该电路为"100010011010111"周期序列发生器。

(a) 序列发生器仿真电路图

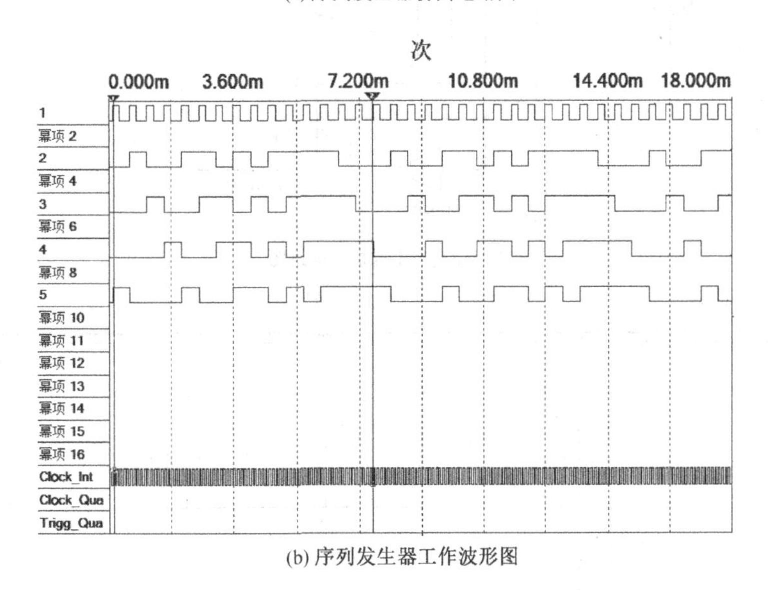

(b) 序列发生器工作波形图

图 9-21　序列发生器仿真电路图和工作波形图

9.6　综合性电路仿真实例

在数字电路基础实验中，可采用组合和时序器件设计一些有难度、有趣味性的综合性电路，如巴克码序列发生器、流水灯电路、电子抢答电路等。利用 Multisim 仿真，可设计、验证、调试电路，提高数字电路设计能力。

9.6.1　巴克码序列发生器

由集成计数器 74LS163 和 74LS153 构成巴克码"01110010"序列发生器，其仿真电路如

图 9-22(a)所示，数字时钟作为时钟输入，数字常量 1、0 实现高、低电平输入，74LS163 实现八进制加法计数，利用非门和或门使得 74LS153 构成 8 选 1 选择器，指示灯 X_1 显示序列输出；图 9-22(b)是示波器显示界面，从上到下分别为时钟和输出序列的工作波形。运行仿真电路，从示波器中可见，在输入脉冲作用下，电路输出周期序列“01110010”。

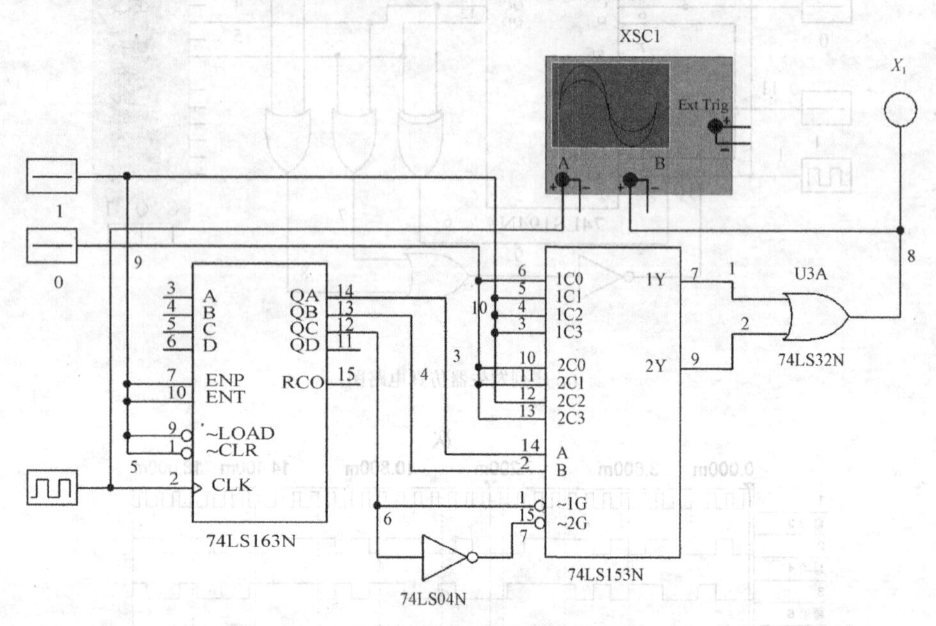

(a) 巴克码序列产生器仿真电路图

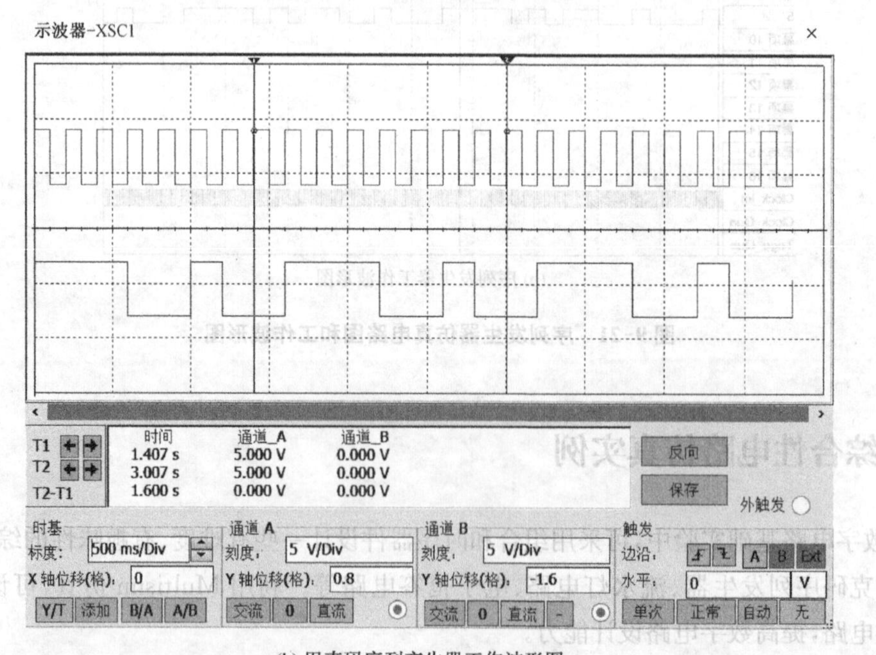

(b) 巴克码序列产生器工作波形图

图 9-22　巴克码序列产生器仿真电路图和工作波形图

9.6.2 汽车尾灯控制电路

由 JK 触发器和逻辑门构成汽车尾灯控制电路，其 Multisim 仿真电路图如图 9-23(a)

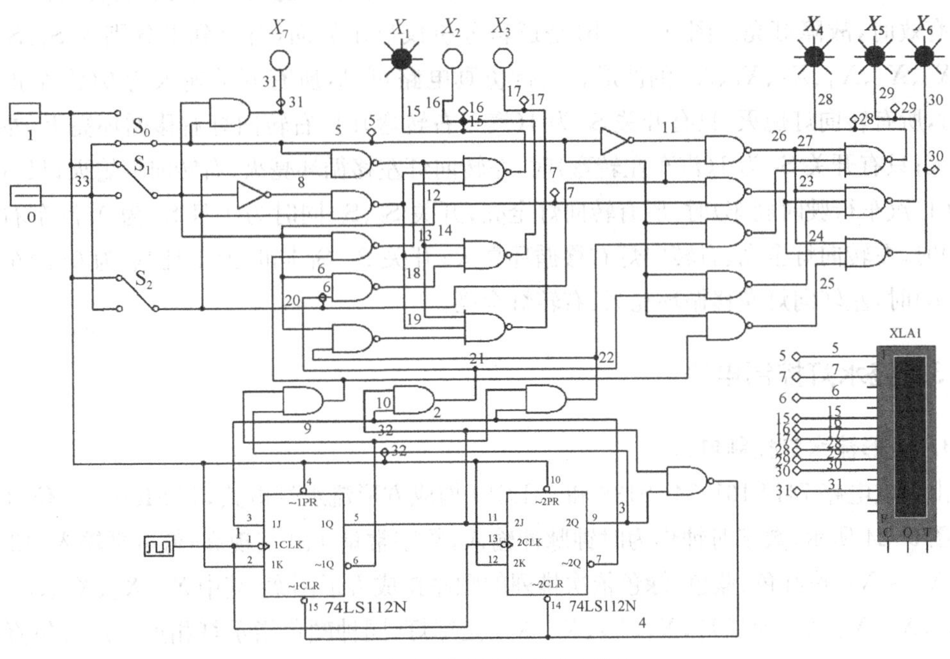

(a) 汽车尾灯控制电路仿真电路图

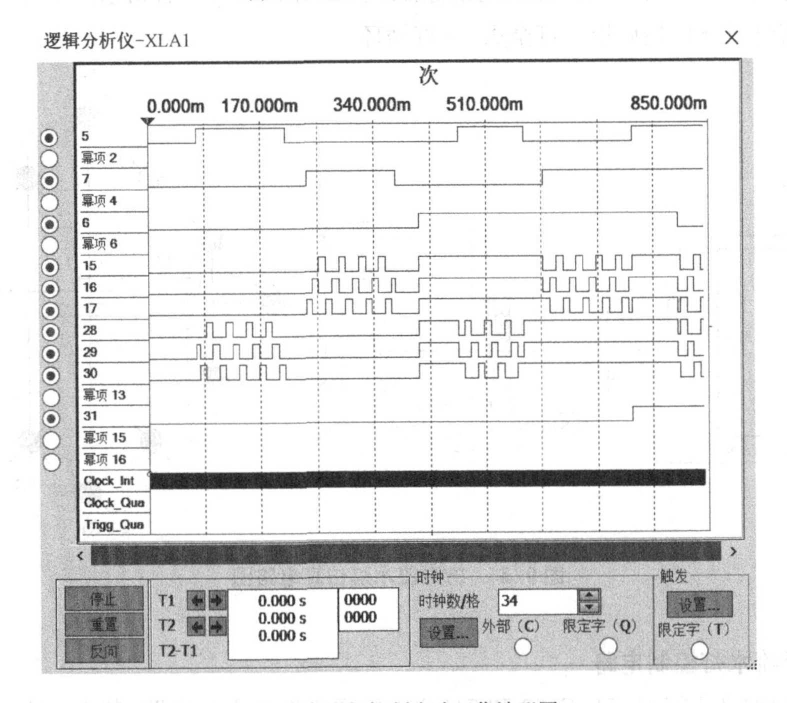

(b) 汽车尾灯控制电路工作波形图

图 9-23 汽车尾灯控制电路仿真电路图和工作波形图

所示，数字时钟作为时钟输入，数字常量 1、0 实现高、低电平输入，开关 S_2 为制动（刹车）开关、S_1 为左转开关、S_0 为右转开关，均为高电平有效；指示灯 X_1、X_2、X_3 为左转向灯，X_4、X_5、X_6 是右转向灯，X_7 为故障灯。2个 JK 触发器构成三进制加法计数器，其状态输出经过与门译码，与转弯信号与非后实现转向灯循环亮灭；车辆不可能同时左转和右转，若 S_0 和 S_1 同时有效时，故障灯亮。图 9-23(b)是逻辑分析仪显示界面，自上到下分别为 S_0、S_1、S_2、X_1、X_2、X_3、X_4、X_5、X_6、X_7 的波形。运行仿真电路可见，所有开关输入为 0（汽车正常行驶）时，所有转向灯熄灭；只有开关 S_0 为 1（汽车右转弯）时，右转向灯右移循环亮灭、左转向灯熄灭；只有开关 S_1 为 1（汽车左转弯）时，左转向灯左移循环亮灭、右转向灯熄灭；只有开关 S_2 为 1（汽车行驶时刹车）时，所有转向灯全亮；开关 S_2、S_0 同时为 1 且 S_1 为 0（汽车右转时刹车）时，左转向灯全亮、右转向灯右移循环亮灭；开关 S_2、S_1 同时为 1 且 S_0 为 0（汽车左转时刹车）时，左转向灯左移循环亮灭、右转灯全亮。

9.6.3 流水灯控制电路

1. 方形流水灯控制电路

由集成电路 74LS161、74LS138 和 74LS10 构成方形流水灯电路，其 Multisim 仿真电路图如图 9-24 所示，数字时钟作为时钟脉冲输入，数字常量 1、0 实现高、低电平输入，12 个指示灯 $X_1 \sim X_{12}$ 按红色、蓝色、绿色依次排列的顺序排成方形图案，其中 X_1、X_4、X_7、X_{10} 是红灯，X_2、X_5、X_8、X_{11} 是蓝灯，X_3、X_6、X_9、X_{12} 是绿灯，同种颜色指示灯相连。运行仿真电路可见，在时钟脉冲的作用下，顺时针单独点亮红灯、蓝灯、绿灯，然后指示灯全亮，逆时针单独熄灭绿灯、蓝灯、红灯，最后指示灯全灭，一直循环。

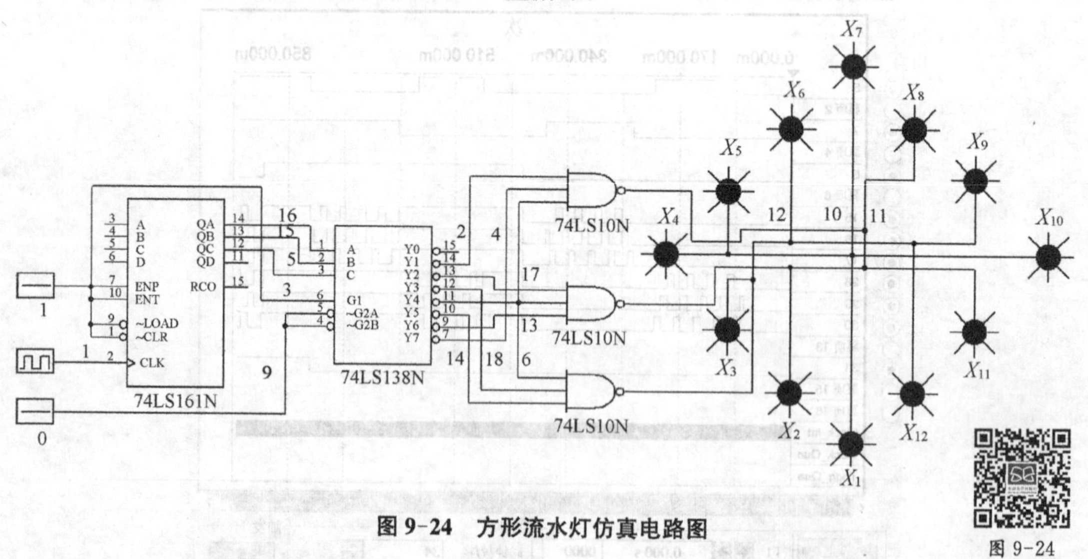

图 9-24　方形流水灯仿真电路图

2. 心形流水灯控制电路

由集成电路 74LS194、74LS163 和 74LS04 构成心形流水灯电路，其 Multisim 仿真电路图和波形图如图 9-25 所示，数字时钟作为时钟脉冲输入，数字常量 1、0 实现高、低电平输入，两片 74LS194 同步级联成 8 位移位寄存器，其 8 个输出依次接排成心形图案的指示灯。运行仿真电路可见，在时钟信号的触发下，流水灯从 1 号灯开始逆时针依次点亮，显示心形图案，然后顺时针依次熄灭，周而复始。

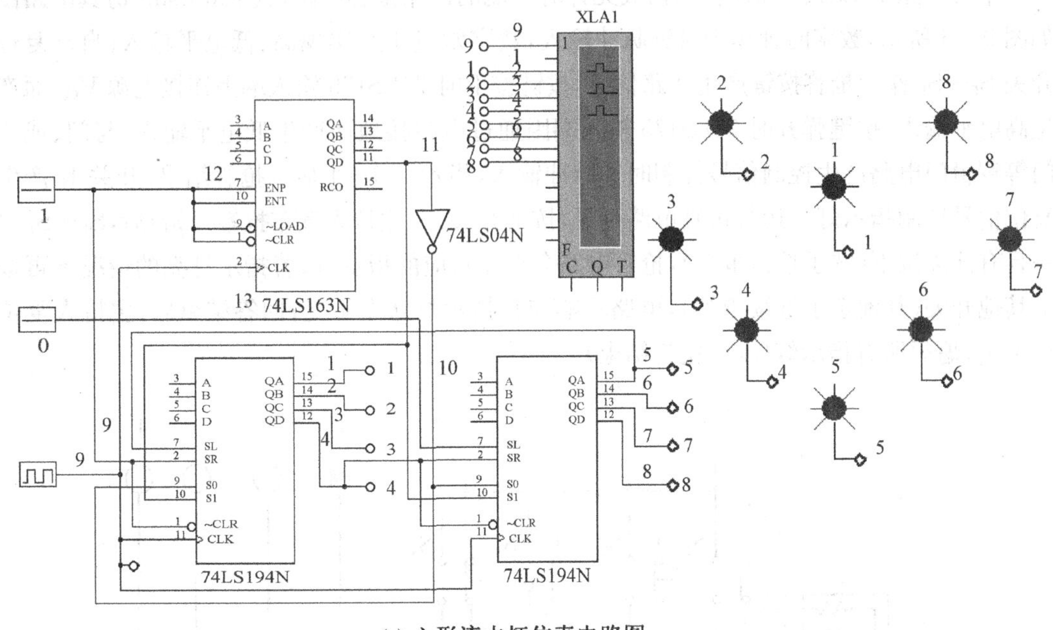

(a) 心形流水灯仿真电路图

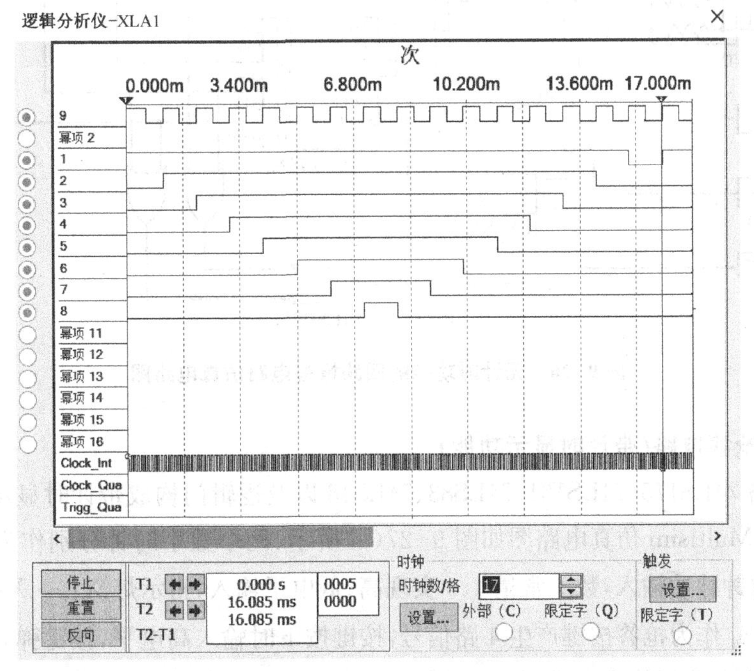

(b) 心形流水灯电路工作波形图

图 9-25　心形流水灯仿真电路图和工作波形图

9.6.4 四路抢答电路

1. 四路抢答电路(无计时功能)

集成电路 74LS175 和逻辑门构成无计时功能的四路抢答电路,其 Multisim 仿真电路图如图 9-26 所示,数字时钟作为时钟脉冲输入,数字常量 1、0 实现高、低电平输入;自动复位开关 S_1~S_4 作为抢答按键产生 4 路信号,按键按下时 74LS175 输入端因连接电源 V_{CC} 而产生高电平输入,按键弹开时 74LS175 输入端因通过电阻接地而产生低电平输入;与门、或非门等逻辑门电路产生控制信号控制时钟脉冲输入,指示灯 1~4 显示抢答结果,开关 J_1 产生复位信号控制指示灯。运行仿真电路可见,按下开关 J_1(主持人宣布抢答开始)后,S_1~S_4 中一旦有开关按下(选手按键抢答),抢答电路会点亮对应的指示灯;若指示灯亮的情况下再按下其他开关(其他选手继续抢答),电路不响应且指示灯状态不变;回答结束后,主持人复位开关 J_1,熄灭所有指示灯(本轮抢答结束)。

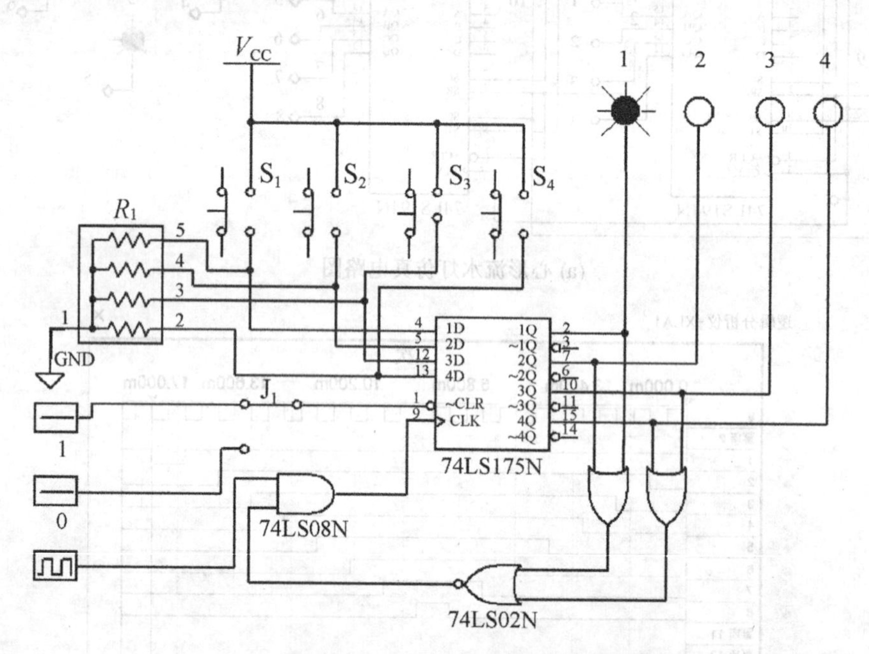

图 9-26 无计时功能的四路抢答电路仿真电路图

2. 四路抢答电路(带计时显示功能)

集成电路 74LS175、74LS161、74LS83、74LS48 以及逻辑门构成带计时显示功能的四路抢答电路,其 Multisim 仿真电路图如图 9-27(a)所示,两个数字时钟分别作为 74LS175 和 74LS161 的时钟脉冲输入,数字常量 1、0 实现高、低电平输入,指示灯 X_1 ~ X_4 显示抢答结果;开关 S_1~S_4 作为抢答按键产生 4 路信号,按键按下时输入高电平,按键弹开时输入低电平;74LS161 和与非门构成十进制加法计数器,与非门产生的变模信号又作为 74LS175 的复位信号控制指示灯,74LS161 的时钟频率设为 1 Hz 时,这部分构成 10 s 计时电路;74LS83 和非门电路将加法计数转换成减法计数,信号经 74LS48 译码后由七段数码管显示 10 s 倒计时(9～0)。图9-23(b)是逻辑分析仪显示界面，自上到下分别为4路抢答信号、74LS175复位信号、4路指示灯信号、74LS161时钟脉冲、复位信号和计数状态信号。

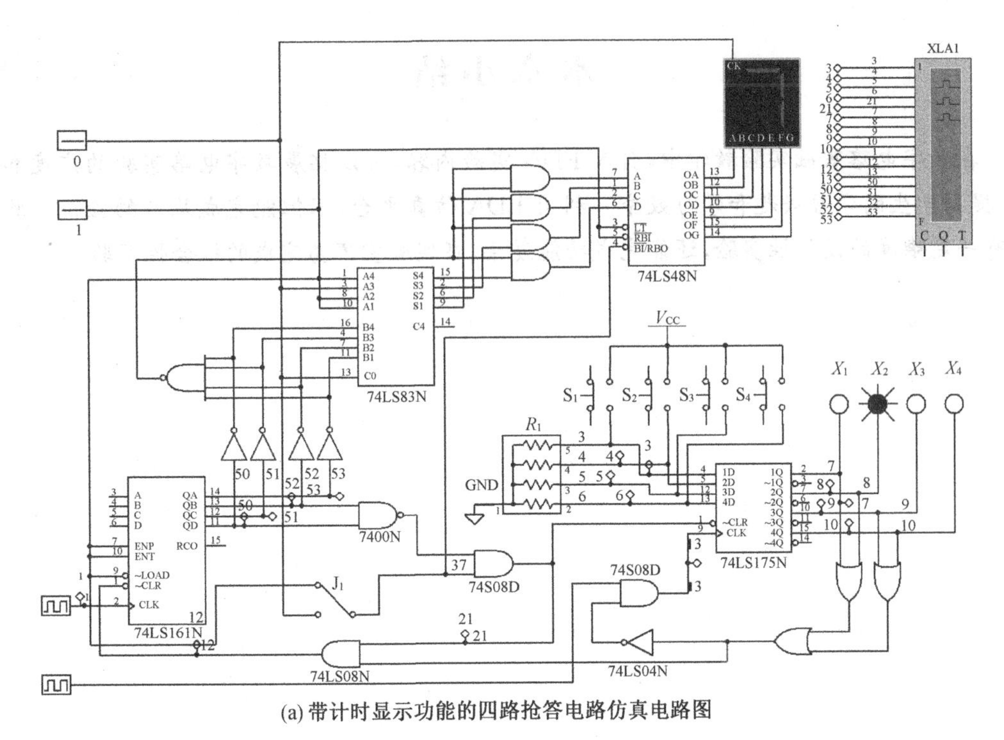

(a) 带计时显示功能的四路抢答电路仿真电路图

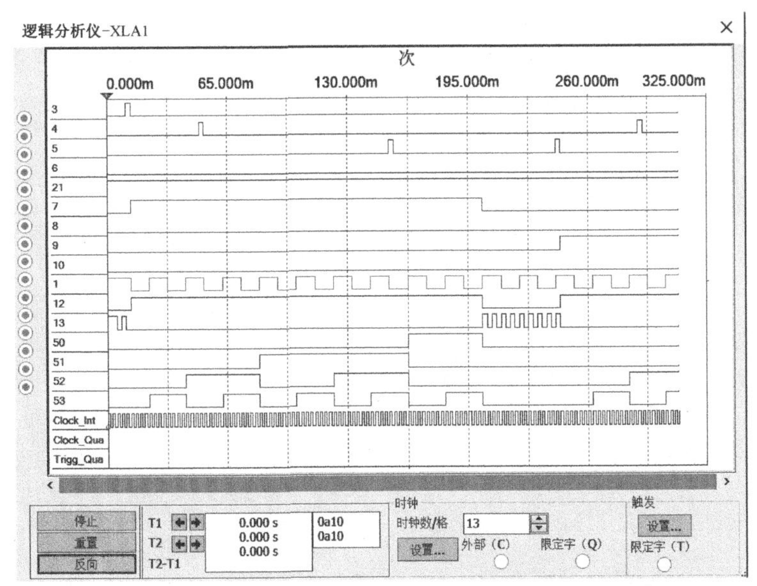

(b) 带计时显示功能的四路抢答电路工作波形图

图9-27 带计时显示功能的四路抢答电路仿真电路图和工作波形图

运行仿真电路可见，主持人打开开关J_1宣布抢答开始，数码管显示0；一旦有按键按下，指示灯点亮，数码管显示从9开始倒计时；倒计时过程中，电路不再响应按键且指示灯也不变;10 s过后倒计时结束(回答超时),数码管显示0且指示灯熄灭,电路响应按键变化(所有选手可再次抢答);回答结束后,主持人需复位开关J_1,熄灭指示灯和数码管,本轮抢答结束。

本章小结

在数字电路基础实验教学中,引入EDA实验内容,可以拓展数字电路实验的广度和深度,提高学生的学习兴趣和学习效率。利用EDA仿真平台,不但能完成基本的验证实验以及有一定难度的设计性实验,还能完成功能复杂、在实验室不易完成的综合性实验。

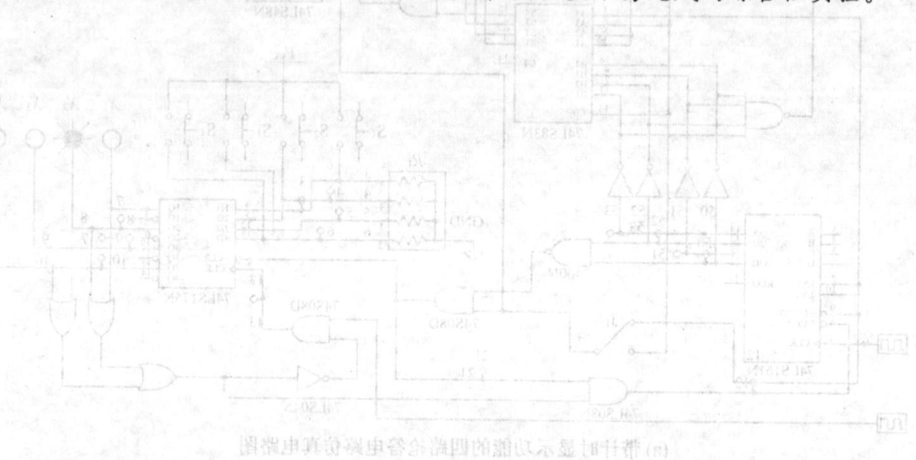

参考文献

[1] 丁伟. 电子技术基础[M]. 北京:机械工业出版社,2020.

[2] 唐介,刘蕴红. 电工学:少学时[M]. 4版. 北京:高等教育出版社,2014.

[3] 杨志忠. 数字电子技术[M]. 5版. 北京:高等教育出版社,2018.

[4] 阎石. 数字电子技术基础[M]. 6版. 北京:高等教育出版社,2016.

[5] 高吉祥,丁文霞. 数字电子技术[M]. 4版. 北京:电子工业出版社,2016.

[6] 华中科技大学电子技术课程组,康华光. 电子技术基础: 数字部分[M]. 6版. 北京:高等教育出版社,2014.

[7] 邓元庆. 电子技术基础[M]. 北京:电子工业出版社,2014.

[8] 罗杰,秦臻. 电子技术基础数字部分第六版学习辅导与习题解答[M]. 北京:高等教育出版社,2013.

[9] 焦素敏. 数字电子技术基础[M]. 2版. 北京:人民邮电出版社,2012.

[10] 邓元庆,关宇,贾鹏,等. 数字设计基础与应用[M]. 2版. 北京:清华大学出版社,2010.

附录 A　部分数字集成电路引脚图

型号	逻辑功能	引脚图	逻辑符号
74LS00	四 2 输入 与非门	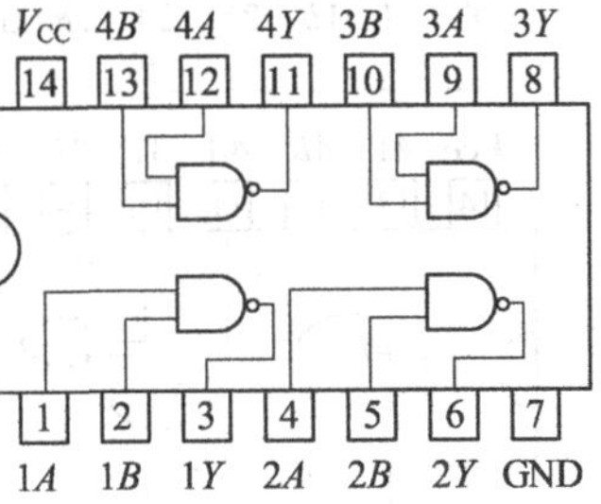 V_{CC} 4*B* 4*A* 4*Y* 3*B* 3*A* 3*Y* 14 13 12 11 10 9 8 1 2 3 4 5 6 7 1*A* 1*B* 1*Y* 2*A* 2*B* 2*Y* GND	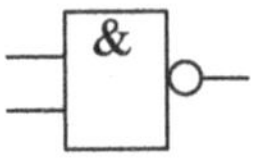 &
74LS10	三 3 输入 与非门	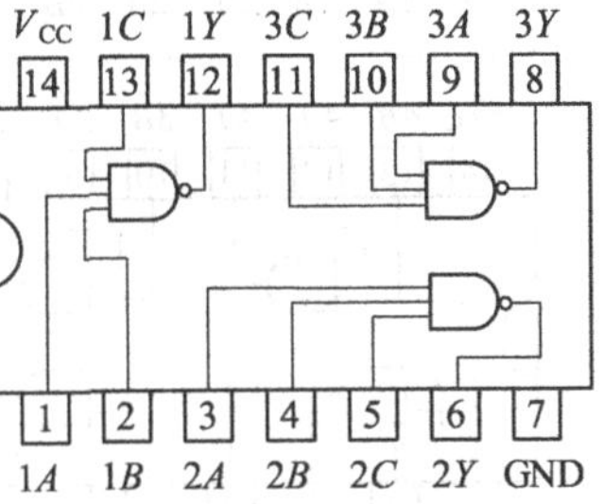 V_{CC} 1*C* 1*Y* 3*C* 3*B* 3*A* 3*Y* 14 13 12 11 10 9 8 1 2 3 4 5 6 7 1*A* 1*B* 2*A* 2*B* 2*C* 2*Y* GND	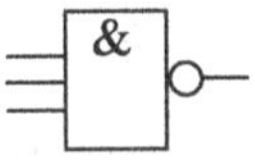 &
74LS20	双 4 输入 与非门	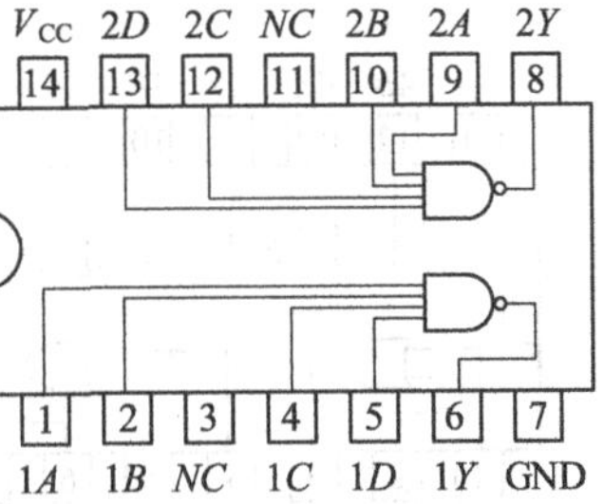 V_{CC} 2*D* 2*C* *NC* 2*B* 2*A* 2*Y* 14 13 12 11 10 9 8 1 2 3 4 5 6 7 1*A* 1*B* *NC* 1*C* 1*D* 1*Y* GND	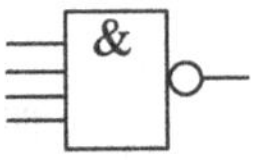 &
74LS04	六非门 (六反相器)	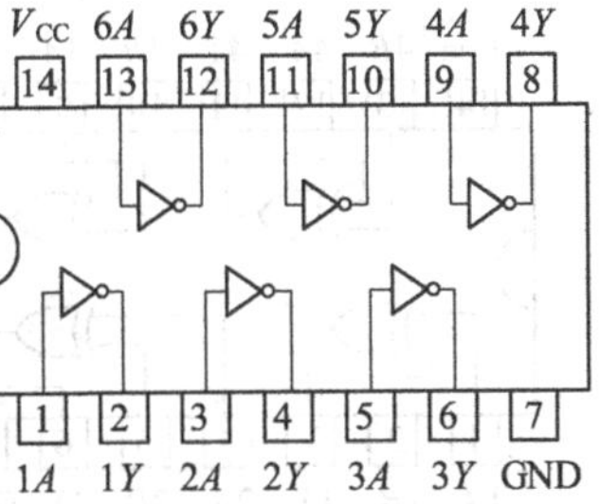 V_{CC} 6*A* 6*Y* 5*A* 5*Y* 4*A* 4*Y* 14 13 12 11 10 9 8 1 2 3 4 5 6 7 1*A* 1*Y* 2*A* 2*Y* 3*A* 3*Y* GND	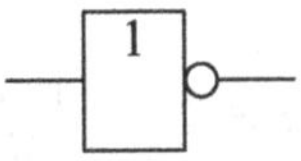 1

（续表）

型号	逻辑功能	引脚图	逻辑符号
74LS02	四2输入或非门	V_{CC} 4Y 4B 4A 3Y 3B 3A 14 13 12 11 10 9 8 1 2 3 4 5 6 7 1Y 1A 1B 2Y 2A 2B GND	≥1
74LS27	三3输入或非门	V_{CC} 4Y 4B 4A 3Y 3B 3A 14 13 12 11 10 9 8 1 2 3 4 5 6 7 1Y 1A 1B 2Y 2A 2B GND	≥1
74LS08	四2输入与门	V_{CC} 4B 4A 4Y 3B 3A 3Y 14 13 12 11 10 9 8 1 2 3 4 5 6 7 1A 1B 1Y 2A 2B 2Y GND	&
74LS32	四2输入或门	V_{CC} 4B 4A 4Y 3B 3A 3Y 14 13 12 11 10 9 8 1 2 3 4 5 6 7 1A 1B 1Y 2A 2B 2Y GND	≥1
74LS86	四2输入异或门	V_{CC} 4B 4A 4Y 3B 3A 3Y 14 13 12 11 10 9 8 1 2 3 4 5 6 7 1A 1B 1Y 2A 2B 2Y GND	=1

（续表）

型号	逻辑功能	引脚图	逻辑符号
CD4001	四 2 输入或非门	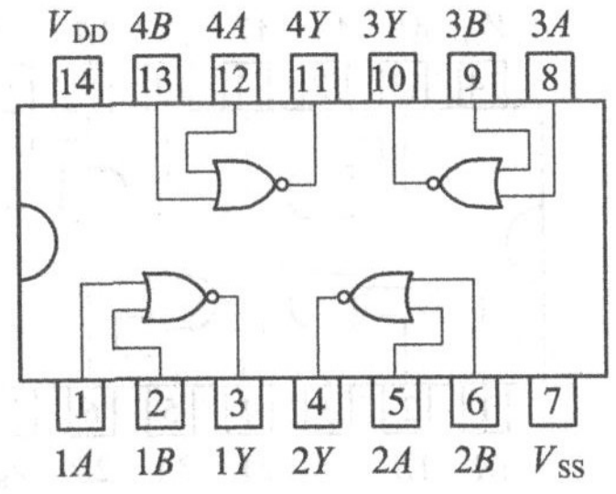 V_{DD} 4B 4A 4Y 3Y 3B 3A (14 13 12 11 10 9 8) (1 2 3 4 5 6 7) 1A 1B 1Y 2Y 2A 2B V_{SS}	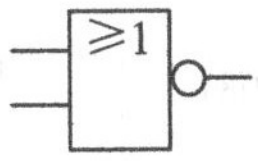 ≥1
CD4002	双 4 输入或非门	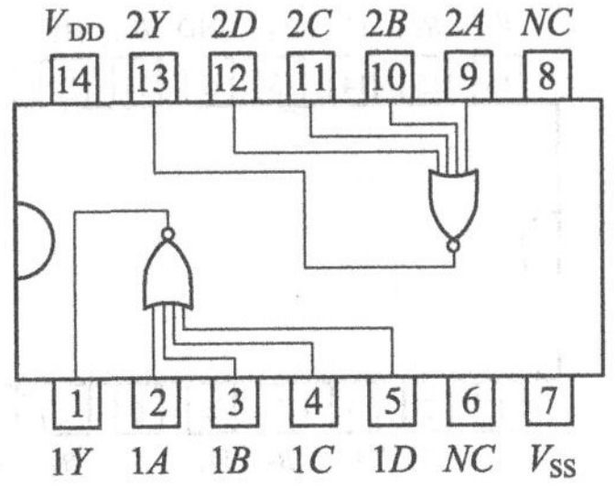 V_{DD} 2Y 2D 2C 2B 2A NC (14 13 12 11 10 9 8) (1 2 3 4 5 6 7) 1Y 1A 1B 1C 1D NC V_{SS}	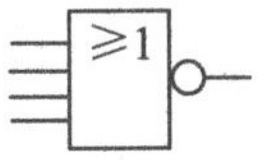 ≥1
CD4011	四 2 输入与非门	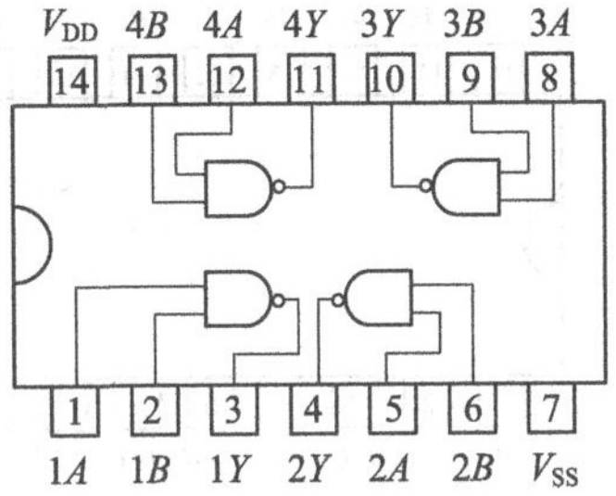 V_{DD} 4B 4A 4Y 3Y 3B 3A (14 13 12 11 10 9 8) (1 2 3 4 5 6 7) 1A 1B 1Y 2Y 2A 2B V_{SS}	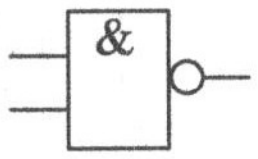 &
CD4071	四 2 输入或门	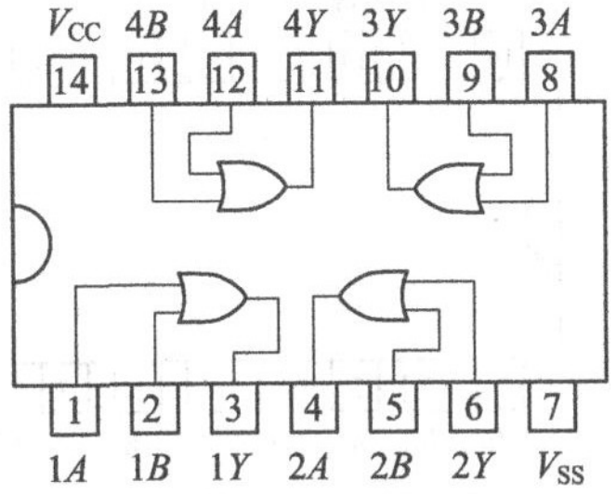 V_{CC} 4B 4A 4Y 3Y 3B 3A (14 13 12 11 10 9 8) (1 2 3 4 5 6 7) 1A 1B 1Y 2A 2B 2Y V_{SS}	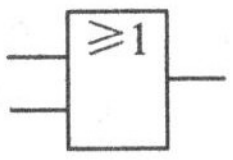 ≥1
CD4072	四 4 输入或门	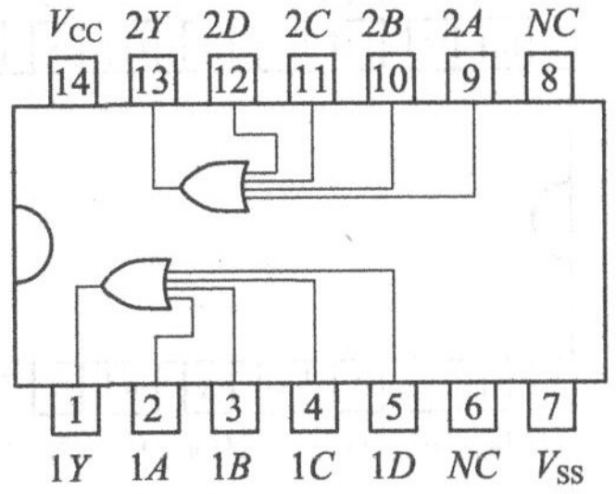 V_{CC} 2Y 2D 2C 2B 2A NC (14 13 12 11 10 9 8) (1 2 3 4 5 6 7) 1Y 1A 1B 1C 1D NC V_{SS}	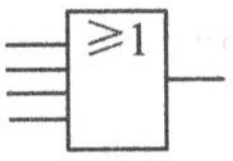 ≥1

（续表）

型号	逻辑功能	引脚图	逻辑符号
CD4081	四2输入与门	V_{DD} 4B 4A 4Y 3Y 3B 3A 14 13 12 11 10 9 8 1 2 3 4 5 6 7 1A 1B 1Y 2Y 2A 2B V_{SS}	&
74LS83	4位二进制全加器	B_3 S_3 C_4 C_0 GND B_0 A_0 S_0 16 15 14 13 12 11 10 9 1 2 3 4 5 6 7 8 A_3 S_2 A_2 B_2 V_{CC} S_1 B_1 A_1	S_3 S_2 S_1 S_0 C_4 7483 C_0 $A_3A_2A_1A_0$ $B_3B_2B_1B_0$
74LS85	4位二进制比较器	V_{CC} A_3 B_2 A_2 A_1 B_1 A_0 B_0 16 15 14 13 12 11 10 9 1 2 3 4 5 6 7 8 B_3 $a<b$ $a=b$ $a>b$ $A>B$ $A=B$ $A<B$ GND	$a>b$ $A>B$ $a=b$ 7485 $A=B$ $a<b$ $A<B$ A_3 A_2 A_1 A_0 B_3 B_2 B_1 B_0
74LS148	8线-3线优先编码器	V_{CC} EO GS I_3 I_2 I_1 I_0 A_0 16 15 14 13 12 11 10 9 1 2 3 4 5 6 7 8 I_4 I_5 I_6 I_7 EI A_2 A_1 GND	EI EO GS I_0 I_1 I_2 74148 I_3 I_4 A_0 I_5 A_1 I_6 A_2 I_7
74LS138	3线-8线译码器	V_{CC} Y_0 Y_1 Y_2 Y_3 Y_4 Y_5 Y_6 16 15 14 13 12 11 10 9 1 2 3 4 5 6 7 8 A_0 A_1 A_2 G_{2A} G_{2B} G_1 Y_7 GND	Y_7 Y_6 Y_5 Y_4 Y_3 Y_2 Y_1 Y_0 74138 A_2 A_1 A_0 G_1 G_{2A} G_{2B}

（续表）

型号	逻辑功能	引脚图	逻辑符号
74LS153	双 4 选 1 数据选择器	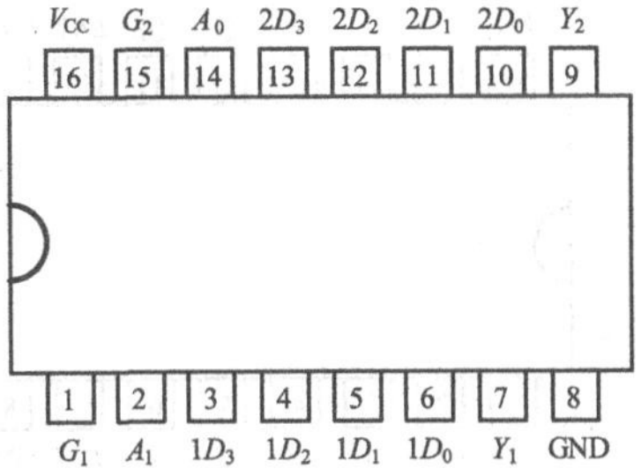 V_{CC} G_2 A_0 $2D_3$ $2D_2$ $2D_1$ $2D_0$ Y_2 16 15 14 13 12 11 10 9 1 2 3 4 5 6 7 8 G_1 A_1 $1D_3$ $1D_2$ $1D_1$ $1D_0$ Y_1 GND	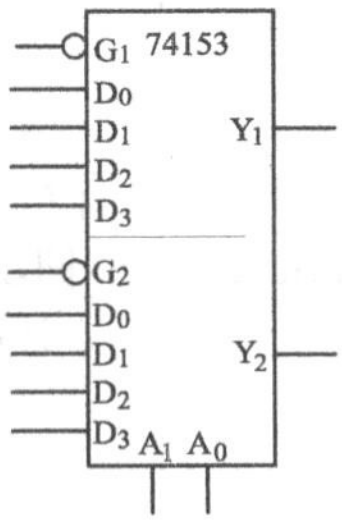 74153 G_1 D_0 D_1 D_2 D_3 Y_1 G_2 D_0 D_1 D_2 D_3 A_1 A_0 Y_2
74LS74	双上升沿 *D* 触发器	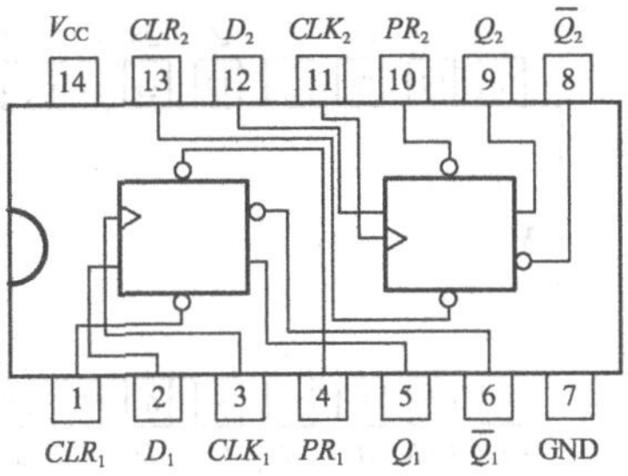 V_{CC} CLR_2 D_2 CLK_2 PR_2 Q_2 $\overline{Q}_2$ 14 13 12 11 10 9 8 1 2 3 4 5 6 7 CLR_1 D_1 CLK_1 PR_1 Q_1 $\overline{Q}_1$ GND	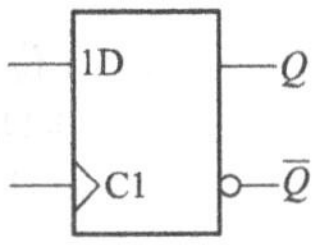 1D C1 Q $\overline{Q}$
74LS112	双下降沿 *JK* 触发器	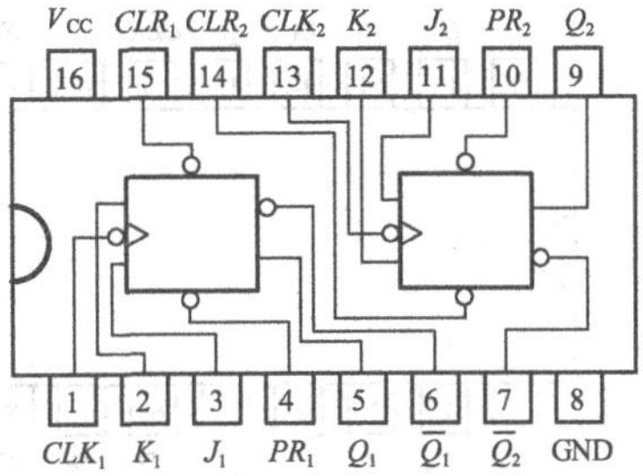 V_{CC} CLR_1 CLR_2 CLK_2 K_2 J_2 PR_2 Q_2 16 15 14 13 12 11 10 9 1 2 3 4 5 6 7 8 CLK_1 K_1 J_1 PR_1 Q_1 $\overline{Q}_1$ $\overline{Q}_2$ GND	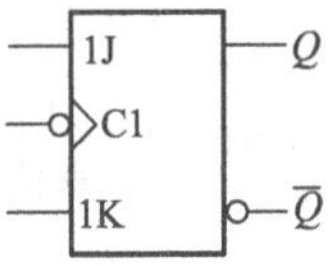 1J C1 1K Q $\overline{Q}$
74LS175	四上升沿 *D* 触发器	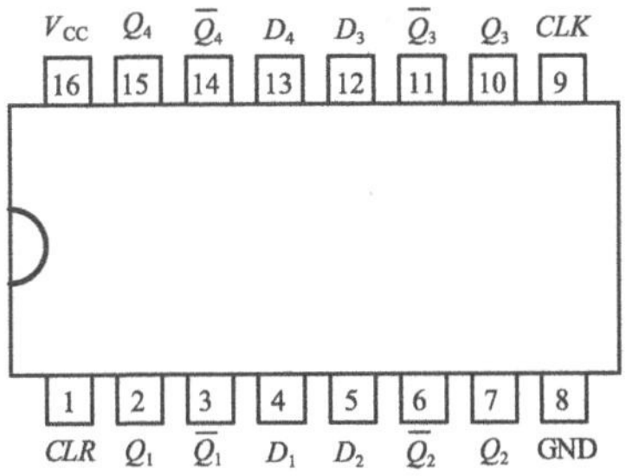 V_{CC} Q_4 $\overline{Q}_4$ D_4 D_3 $\overline{Q}_3$ Q_3 CLK 16 15 14 13 12 11 10 9 1 2 3 4 5 6 7 8 CLR Q_1 $\overline{Q}_1$ D_1 D_2 $\overline{Q}_2$ Q_2 GND	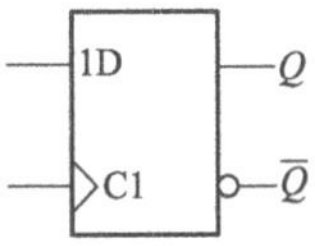 1D C1 Q $\overline{Q}$
74LS93	2－8－16 进制 异步加法计数器	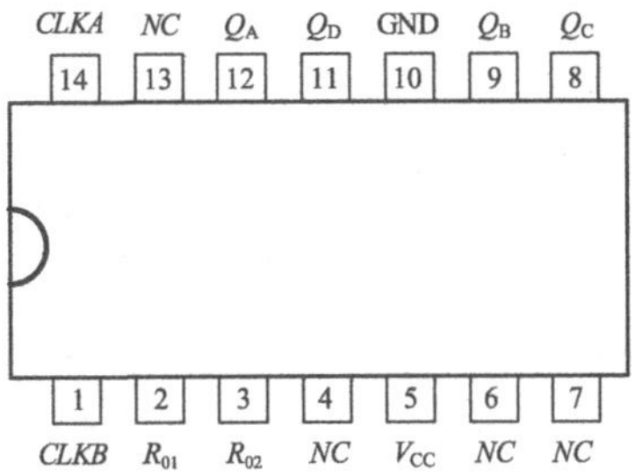 $CLKA$ NC Q_A Q_D GND Q_B Q_C 14 13 12 11 10 9 8 1 2 3 4 5 6 7 $CLKB$ R_{01} R_{02} NC V_{CC} NC NC	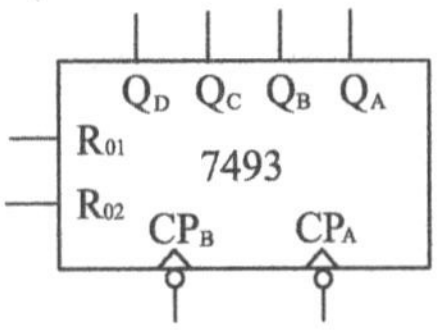 7493 Q_D Q_C Q_B Q_A R_{01} R_{02} CP_B CP_A

（续表）

型号	逻辑功能	引脚图	逻辑符号
74LS161	4位二进制同步加法计数器	V_{CC} CO Q_A Q_B Q_C Q_D ENT LOAD (16 15 14 13 12 11 10 9); CLR CLK A B C D ENP GND (1 2 3 4 5 6 7 8)	CO Q_D Q_C Q_B Q_A LD; CLR; 74161; P; T; CP; D C B A
74LS163	4位二进制同步加法计数器	V_{CC} CO Q_A Q_B Q_C Q_D ENT LOAD (16 15 14 13 12 11 10 9); CLR CLK A B C D ENP GND (1 2 3 4 5 6 7 8)	CO Q_D Q_C Q_B Q_A LD; CLR; 74163; P; T; CP; D C B A
74LS194	4位双向移位寄存器	V_{CC} Q_A Q_B Q_C Q_D CLK S_1 S_0 (16 15 14 13 12 11 10 9); CLR D_R A B C D D_L GND (1 2 3 4 5 6 7 8)	Q_A Q_B Q_C Q_D; CLR; S_1; 74194; CP; S_0; D_R A B C D D_L